国家“十一五”重点规划图书
电子服务优秀专(译)著系列丛书

服务建模:原理与应用

Service Modelling: Principles and Applications

Vilho Räisänen 著

吴晓波 陈 琦 严素蓉 译

图书在版编目（CIP）数据

服务建模：原理与应用 /（芬）雷伊塞宁著；吴晓波等译. —杭州：浙江大学出版社，2010.1
（电子服务优秀专（译）著系列丛书）
Service Modelling：Principles and Applications
ISBN 978-7-308-07274-8

Ⅰ.服… Ⅱ.①雷…②吴… Ⅲ.计算机网络—服务—研究 Ⅳ.TP393

中国版本图书馆 CIP 数据核字（2009）第 242529 号

浙江省版权局著作权合同登记图字：11—2007—105

服务建模：原理与应用

Service Modelling：Principles and Applications

Vilho Räisänen 著
吴晓波　陈　琦　严素蓉 译

丛书策划　希　言　许佳颖
责任编辑　黄娟琴
封面设计　陈　辉
出版发行　浙江大学出版社
（杭州市天目山路 148 号　邮政编码 310028）
（网址：http://www.zjupress.com）
排　　版　杭州中大图文设计有限公司
印　　刷　杭州杭新印务有限公司
开　　本　787mm×1092mm　1/16
印　　张　16
字　　数　323 千
版 印 次　2010 年 1 月第 1 版　2010 年 1 月第 1 次印刷
书　　号　ISBN 978-7-308-07274-8
定　　价　42.00 元

电子服务优秀专(译)著系列丛书编委会

序

电子服务是在全球经济向服务型转化，我国加快发展现代服务业大背景下产生的新兴交叉学科。在《国家中长期科技发展规划纲要(2006—2020)》中，国家对现代服务业的发展给予了高度重视，专门设立了“信息产业与现代服务业”领域，并把“现代服务业信息支撑技术及大型软件”作为优先主题；科技部进而设立了“现代服务业共性技术支撑体系与应用示范工程”重大专项，并从2006年开始正式实施。特别是自2007年3月国务院发布《国务院关于加快发展服务业的若干意见》以来，各地加快了促进现代服务业发展的政策制订和人才培养工作，电子商务、电子政务、电子金融、现代物流、数字教育、电子医疗等现代服务业发展日新月异。

近几年，我国高校在为现代服务业培养复合型人才方面进行了积极的探索，北京大学2005年第一个成立了电子服务系，清华大学2006年首先建立了现代服务科学与技术研究中心，浙江大学则在2006年底率先设立了电子服务博士点和硕士点，2007年由国务院学位办审核批准并于2008年正式开始招生。2007年7月，浙江大学联合计算机、管理、经济等学科的教授组建了浙江大学电子服务研究中心，以期充分发挥重点大学学科齐全、交叉研究的优势，通过复合型学科团队联合参与国家现代服务业科技攻关，逐步形成交叉型的高层次人才培养体系。这种将现代服务科学理论知识、计算机应用与服务工程技术、现代管理与电子事务能力等综合交叉的人才培养模式，将大大推进国内电子服务学科建设和科学研究的深入，进而推动我国的服务经济健康发展。

《电子服务优秀专(译)著系列丛书》是在教育部高教司、科技部高新技术司、商务部信息化司、中国互联网协会、中国电子商务协会电子服务专家委员会、教育部高等学校电子商务专业教学指导委员会、浙江大学电子服务研究中心等单位的大力支持和指导下组织推出的。

丛书从整体上把握了现代服务领域电子服务的发展范畴，既包括电子服务的支撑技术，也包括电子服务在行业领域中的应用，融合了国内外在电子服务学科的研究成果和最新动态。我相信，系列丛书的出版不仅将填补国内电子服务专业书籍的空白，也会有力地促进交叉学科的发展，促进高校教学科研与服务产业的融合。

衷心祝愿丛书出版获得成功！

2008年1月18日

译者前言

近年来，基于信息技术的现代服务技术迅速渗入社会经济发展的各个领域，其飞速发展和全方位应用引发了人类服务需求的多样化、综合化和广泛的社会化。服务技术，特别是数字服务技术的发展，正迅速地改变人们的生活方式，从本质上促进了当代社会经济发展的方式转变。

本书阐述了数字服务建模（即用结构化的方法来表征服务信息的建模方法）的原理及其在不同环境下的应用。全书以电信管理论坛（TMF）、世界无线研究论坛（WWEF）等的相关机构研究（如，服务构架组（SFT）、增强电信运营图（eTOM）以及共享信息/数据模型（SID）等）作为参考框架，并以大量的实例贯穿始终，具有很强的现实指导性。其作者 Vilho Räisänen 是诺基亚公司服务管理技术方面的首席工程师。他是在诺基亚公司的支持以及众多业内专家和学者的帮助下，完成本书的。因而本书在许多方面具有鲜明的应用特色，并代表了服务建模领域的最新思想。该书出版后受到了人们的广泛关注，很快被业内作为重要的参考书。为了方便不同层次的读者阅读，作者还特意添加了导读部分进行指引；同时在不同的案例分析中采用了统一的分析结构，以期能够让读者便捷地了解不同背景下服务建模模式的异同。作者的良苦用心使得本书无论从内容、形式，还是结构安排等方面均有很高的质量。

翻译过程中，我们遵循了以下原则：尽量使用规范的专业用语，对大部分专有名词和专业术语，尽可能使用在国内已经被广泛接受的译名；对少部分国内尚未形成共识的专有名词和专业术语，参考了诺基亚公司电信词典中的翻译，同时在书后附了专业缩写词和常用专业词语对照表；为增加语句的通畅性，在确保不影响原意的前提下多处采用了意译的方法。

在本译著的出版过程中，郑素丽博士做了大量的修改工作，在此表示深深的谢意。

本人由衷地希望将一部代表服务建模领域前沿思想的精品奉献给广大读者，也为之付出了极大的努力。但由于本人水平有限，翻译不当之处仍可能存在，敬请广大读者批评指正。

吴晓波

2009 年 10 月 31 日于浙大求是园

作者前言

随着社会的进步,服务的重要性与日俱增。在欧洲和美国,服务业的从业人员不断增加;在欧盟,服务业的全面发展是一个非常受关注的讨论主题。

数字服务已经非常成熟并实现了大规模的市场接受,同时供应商的数量也在不断增加。因此,提供服务的有效方式就变得越来越重要了。这种情况与实现复杂产品生产率提高的制造业提升时期相类似。近期,研究“服务科学”的文献也随之不断涌现。

本书的主题是关于数字服务的建模。我们将从最近的研究开始,同时描述技术发展水平和发展趋势。我们采用技术、业务和终端用户的视角来进行分析。同时,我们选择了一些可供将来进行服务建模的研究项目,并描述了使用服务建模的框架。

为了尽可能地通用化,本书的例子使用了多供应商的价值网络。

Vilho Räisänen

致　谢

首先，感谢诺基亚公司参与对本书有贡献的各项活动。另外，作者非常感谢以下等人（按姓名字母排序）对原稿不同部分的评论：Paul Hendriks，Jenny Huang，Mika Klemettinen，和 Veli Kokkonen。感谢他们和另一位匿名评论者对本书的贡献。如果在本书最终的版本中他们的评论存在着任何问题，作者将对此承担所有责任。

同时，作者也得益于那些在电信管理论坛的服务框架团队（Service Framework Team of Tele-Management Forum（TMF））、欧盟第六框架计划 MobiLife 项目和世界无线研究论坛（Wireless Word Research Forum ，WWRF）的架构工作分组（The Architecture Work Package ）中的技术讨论。对 TMF 中大量与 NGOSS（新一代开源软件）、SID（共享信息/数据[模型]）和 eTOM 活动有关文献的阅读，使作者对本书的主题领域有更深入的认识。

对于像本书这样具有相对抽象主题的书来说，能够清晰地表达特定应用情景中的知识是非常重要的。本书实现了这个目的。在彼此信任的基础上，很多个人和组织提供了非常有价值的建议，在此不能一一列举。在诺基亚内部，与诺基亚研究中心 Kimmo Raatikainen 和诺基亚网络 Ulla Koivukoski 的讨论同样也使作者收获颇丰。

本书几乎完全是使用 LATEX、ArgoUML、XFig 和 GNU/Linux 系统上的 Dia 来完成的。Mozilla FirefoxTM 和 OpenSSH 为此提供了必要的相关支持。

如何阅读本书

本书分为4个部分，共11章。下面我们将对每个部分进行介绍，并说明它们之间的相互关系。

4个部分的介绍

第1部分构建了本书的基础，介绍了服务建模所需要解决的问题。它包括对技术发展状况和发展趋势的讨论（第1章）、建模的范式和技术（第2章）、行业的举措（第3章）。

第2部分涉及实际的服务建模。它包括：通过列举服务建模的要求来阐明服务建模收益（第4章）、管理框架的说明（第5章）、介绍服务模型所使用的服务框架同时对服务的特征和要求的总结（第6章）和介绍服务建模的模式（第7章）。

第3部分提供了通过案例来使用服务建模的例子。第8章提供了一个固定网络服务建模的例子，第9章是移动网络的例子，第10章是一个分布式网络的建模例子。

第4部分对本书的中心内容进行了总结，同时略述了未来值得研究的一些领域。

如何阅读第1和第2部分

第1部分提供了第2部分中模型的假设，第2部分的开始部分对这些假设进行了总结，第3部分举例说明了建模概念的使用。对基于分组的服务比较熟悉的读者可以先从第2部分开始阅读，再回到第1部分中的具体主题信息。

第1部分基本上都是对技术发展状况的描述，一些读者对这个部分可能比较熟悉。为了使读者能够更加容易地阅读第1部分，我们选择了关键的信息（用如下方框中的粗体表示）：

这是本部分内容的关键。

对该主题比较了解的读者可以直接看方框中的内容，并根据自己的兴趣选择具体的内容来进行阅读。在所有的章节中，关键内容都会在各章的最后进行总结。

第 2 部分的结构较为特殊，它从服务建模的要求开始，以第 1 部分中背景的总结为基础。进而我们介绍了管理框架，构成了对利用服务建模流程的描述。在服务框架中，我们提供了一个进一步的构成模块，这个模块在服务描述的同时，使我们可以从服务质量和安全的角度更加便利地进行服务描述。该部分也提供了在典型的终端用户服务中应用服务框架的例子。必要的基础工作在前面几章中完成后，我们使用建模模式来对服务模型进行描述。服务建模的模式涉及管理框架和服务框架。

商标和版权信息

本书中包含了来自电信管理论坛、欧盟第六框架计划 MobiLife 项目和 3GPP 的图。所有的资料都受相关版权的保护。本书使用的这些资料都经过版权所有者的许可。

IETF RFCs 的版权归互联网社会(The Internet Society)所有。

TMF 指导书的版权归电信管理论坛所有。

Java 是 Sun Microsystems 公司所注册的商标。

UNIX 是开放组(The Open Group)所注册的商标。

Linux 是 Linus Torvalds 所注册的商标。

不承诺

本书的观点是作者的个人观点,并不代表诺基亚网络或诺基亚公司的官方观点。

目　录

第1部分　背　景

第 2 部分 服务建模的概念

第4部分 总　结

第 1 部分

背　　景

为了能够让读者了解服务建模，我们必须说明它的使用环境。在本书的第 1 部分中，我们将通过第 1 章来提供服务建模的定义，并描述它的使用背景。背景的描述包括回顾服务管理发展的驱动因素以及对该领域重要趋势的理解。同时也介绍了服务管理与服务建模之间的联系。

服务建模使用了很多通用的方法和范例，这些方法将在第 2 章中讨论。同时我们将紧密结合第 1、2 两章介绍第 3 章行业举措的内容。

第 2 部分内容是建立在第 1 部分的基础之上的，它涉及对框架的定义。第 3 部分的例子中我们将采用这个框架进行分析。

绪 论

可能大多数技术人员对服务建模这个概念还很陌生，但是，服务已经伴随了人类千百年。实际上，用有形商品来换取服务是旧石器时代文化的标志之一。相对于汽车或房子之类有形商品的生产而言，服务的生产将变得越来越重要，这是我们这个时代发展的必然趋势之一。当前，有形货物的大规模生产已经高度自动化，服务的创建和运作正在使得更多的人致力于相关的研究。

数字服务管理是当今富有挑战性的领域之一，挑战不在于是否要管理，而在于如何找到最佳途径来实现有效的管理。正如我们将在本章中所看到的，迄今，相关的管理逻辑往往只是基于“点解决方案”，导致了管理的框架和流程因服务和供应商的不同而不同。我们认为服务建模——广义而言还包含信息和流程建模——将对改善目前的状况有很大的作用。在本章及本书的后几章中，服务建模的重要性将在业务模式所依赖的技术、业务和范式的演变过程中得以体现。

本章将对服务建模进行定义，并解释为什么需要这种定义，同时将纵览服务行业的发展趋势并对一些相关的技术展开讨论，以说明服务建模的动因。第 2 章将展开讨论不同的建模方法，第 3 章将对前人所做的工作进行系统的总结。

1.1 服务建模的定义

服务建模的框架将在本书的第 2 部分中进行描述，那里我们还将给出本书中所使用的服务建模的详细定义。为了便于理解，在此我们首先给出服务建模的工作定义，以便能更好地评估它所处的背景及其与大技术、大业务环境间的交互。

服务建模一方面涉及服务与其支撑资源之间的关系，另一方面涉及服务与其实现方法之间的关系。在更详细地定义服务建模之前，我们需要界定我们希望研究的实体及实体间的相互依赖关系。本书逻辑的起点是服务这个概念本身。我们将从一个通用的定义开始，逐渐转向与我们的研究相关的定义，并会特别关注我们聚焦的定义所特有的问题。

在牛津英语辞典中，服务的定义包括如下几个：

- 提供一个供给公共需要的系统，例如：运输、供水、供气、供电、电话等；
- 为机器或设备的安装和维护提供必要供给；
- 产品售出之后，给客户的协助和建议；
- （给某人）提供服务。

OED(1995)对服务的定义是：在经济科学中，服务是无形商品；而货物是有形商品。

基于前面的定义，可以看出服务是被定义好的、由一方提供给另一方的无形的实体。无论是否收费，当一项服务在合同框架内提供给客户时，服务的精确定义变得非常重要。

服务可以基于合同来定义，这种合同可以是服务供应商和客户之间的合同，也可以隐含在通用条款中。前一种情况中，合同是根据提供的相应服务制订的；而在后一情况中，同一默式条款适用于大多数客户。两种类型的服务定义不一定互相排斥，可以同时并存。把多方的问题分成一个单独的实体类型，可以更清楚地分析问题，正如我们在下文中将要看到的那样。在任何情况下，服务的属性与提供给外部参与方的协议条款都是相关的。

服务通常需要资源来运作，以铁路服务为例，它需要火车车厢、机车和铁轨。理解资源和服务之间的差异是非常重要的，因为资源本身并不是一项服务。举例来说，铁轨网络需要伴随着维修活动，才可以被称为严格意义上的服务。养路是一个通常对终端用户不直接可见的服务的很好例子，但是它被另一种对终端用户直接可见的服务（铁路运输）使用。通常，服务供应商可以通过调整相关的参数，提供一系列的不同服务。

即使是对终端用户可见的服务，通常也不能直接提供给客户。因为，交易条款、定价和使用规则需要加入到服务的技术定义中。从顾客的角度来看，它们代表服务本质的一种结构化视图。以铁路为例，铁路运营商可以为列车按时间表运行提供保证。铁路运营商通常还为铁路服务提供了相对稳定的定价方案。

由此可以确定：

- 服务必须包装出售或以其他形式向客户提供；
- 服务有定义好的技术含义；
- 服务需要资源才能运作。

第一类和第二类实体的描述相对比较明确。第一类涉及使服务对客户可用的条件，而第二类是一个技术实体。值得注意的是，一项服务仍然可以对终端用户可见。关于第二个和第三个实体类型，我们会在本书后面看到，一个实体有时可以同时属于两类实体，具体归入哪类取决于所选择的视角。

服务为用户提供了对支撑资源的受控访问。

上述三个划分，使得我们可以把每一个基本实体作为单独的变量类型对待。最有可能的是通过使用不同的交付方式，以不同的形式来包装现有服务。铁路运输运营商可以为每天的往返者或者那些经常往返于两个城市的人提供特殊价格。

当然，还有第二种可能。如果确定了一个商业机会并且所需资源是可知的，那么就有可能通过调整现有的服务、参数，或者定义新的技术服务，从而实现业务和资源的良好匹配。这显然在一些行业比其他行业容易——如铁路运输方面，变动实际服务的可能性相当有限。而对于数字服务来说，新型技术的创新似乎有很大的空间。

第三，给定业务的边界条件和所提供的服务，就可以明确与资源开发有关的需求和趋势。交通流量增加，就需要在新路线上铺设轨道或在现有路线加装轨道，以扩大容量。

这里顺便补充一点，上面已经提到各类实体之间的相互关系可能是多样的。一项服务很明显需要多种资源来运作，正如上面在铁路例子中所阐述的那样。这同样也适用于销售给客户的东西和服务之间的关系：商业概念可以聚合多种技术服务。正如我们将会看到的，一般而言，产品可以聚合其他产品，服务也可以聚合其他服务，同样资源也可以聚合其他资源。

铁路例子的讨论说明了正确理解如何组合资源、服务，以及出售给终端用户的“分组”的重要性。铁路网基础设施服务供应商需要知道哪个路线要特别注意保养，在特定的路线有多少交通流量，实际运输服务的运营商需要保证铁路网处于理想状态。此外，在适当的时间、特定的地点，必须具备足够数量的引擎和铁路车辆。而这些又取决于不同的路线上使用的特定服务组合（一等、二等、特种）。

现在我们可以给出服务建模的第一个定义。

服务建模是提供给客户的服务、服务的技术定义以及运作服务所必需的资源三者之间的关系的表示。

上述定义又引出这个问题：我们在这里讨论的是什么样的关系。为了更深入了解该问题，我们应当从不同的视角看一看服务建模的典型的任务，即服务拓扑结构、利益相关者、流程和数据的所有关系。为了清楚起见，我们将每一个视角作为一个单一实体来讨论，但是应当记住，每一个视角的实际执行实际上可能是分布式的且由多重系统构成。

1. 服务拓扑

前面的讨论可以得出服务建模出现的第一个理由：在以不同方式包装技术服务、确定最大满足业务需求的技术服务，或者确定资源的开发需求时，提供给客户的项目、服务的技术执行和所需的资源这三个实体类型都可以被看作是“自由变量”，服务建模则可表示这三者之间的关系。实体间的相互依存关系的信息称之为服务拓扑，用来分析安排变动所带来的影响。

图 1.1 给出了一个简单的服务拓扑例子。它试图说明这样的事实：单个资源可以被多种技术服务使用，单个技术服务可以提供给客户的多个项目使用。为了简单起见，我们忽略了插图中同类型实体间的关系。

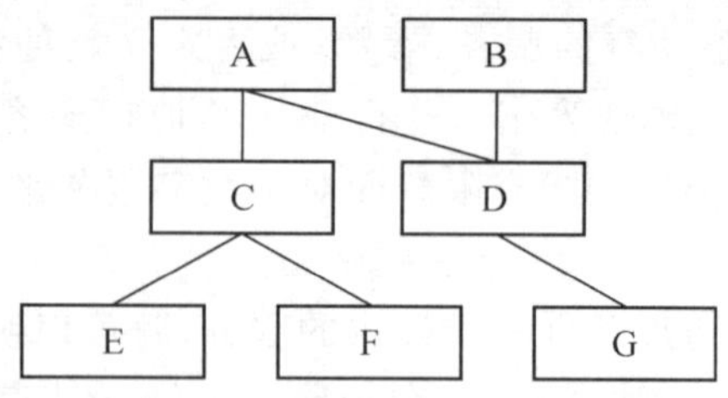

图 1.1 一个服务拓扑的例子

（实体 A 和 B 被提供给客户，而 C 和 D 是技术服务，E、F 和 G 是资源）

对于服务的创建、运作和管理来说，表示各类实体间依赖关系的能力是至关重要的。正如我们在本书后面将要看到的：日益复杂的服务和系统使服务拓扑的重要性凸显。服务创建期间，依赖关系告诉我们，服务运作需要配置哪些资源，哪个终端用户包依赖于某一特定的服务。在运作阶段，依赖关系允许单个资源的性能与服务及可销售对象进行链接。当服务被变更或撤销时，依赖关系可以再次帮助我们跟踪哪些资源需要加以配置，哪些可销售对象受到了影响。

服务拓扑表示资源、服务和供应实体之间的静态依赖关系。

在这里，我们对服务拓扑在具体服务中的使用作一些说明。服务拓扑通常根据实体类型来表示，例如：一个“A”类实体需要“C”和“D”类服务。为了确保有足够的资源对某一终端用户包的特定实例可用，一个“A”实例，要求“C”和“D”类实体的实例存在。在第 2 章中，我们会结合建模来区别类型和实例的差异。

由于上文所提到的实体分类的视角依赖性，不同的服务拓扑中不同参与者可以表示同一环境，因此服务拓扑也可能依赖于视角。后面我们将会看到，从一个单一的服务拓扑结构可产生多重视图的例子。

2. 利益相关者

在铁路例子中，我们把铁路网络服务供应商、铁路运输服务供应商和客户列为利益相关者。下面，我们将看到的情况可能更为复杂，涉及多个供应商。在这样的环境下，拥有相互关系的最新信息的好处变得更加明显。接下来，我们将提供一个比较通用的例子来说明在服务提供过程中涉及的利益相关者的类型，后面将会提到与本书的技术主题领域更直接相关的框架。利益相关者框架如图 1.2 所示。

利益相关者如下：

- 终端用户——服务的最终用户。

- 订户——服务为哪方提供。例如，可能是终端用户的雇主。
- 服务协导者——提供接入服务。可以是一个用于列车服务的铁路车站大楼的主人，或者经营移动分组数据业务的移动网络运营商。
- 服务供应商——提供定义好的服务作为给订户的供应实体，并为订户执行服务的包装。
- 聚集者——聚合基本的服务模块，为服务供应商执行服务的包装。这种利益相关者类型是分包商(从其他供应商处，购买部分服务)。
- 元件供应商——提供服务的单个模块，为聚集者执行服务的包装。

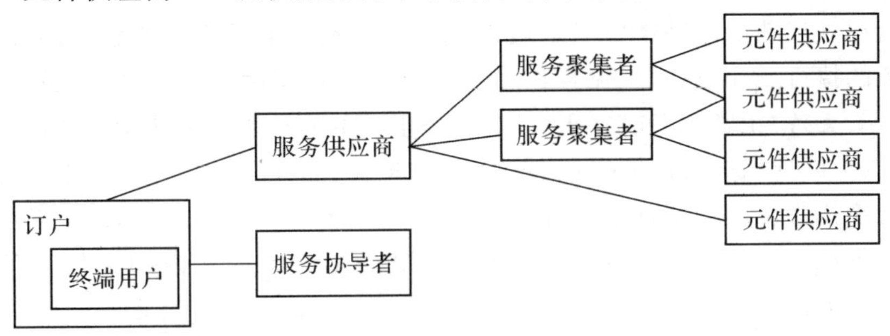

图 1.2 服务提供的利益相关者

我们可以观察到不同类型的服务包装——企业与客户之间，企业与企业之间。

上面列出的利益相关者是不完整的，我们会在本书的后面部分看到一些更为详细的框架例子。利益相关者通常与服务拓扑结构中的实体有定义好的关系。这方面的例子后面再提供。

让我们总结一下前面所讨论的内容。不同类型的利益相关者的引入，导致服务建模需要从不同的利益相关者的视角获得支持。我们可以再次参考铁路服务，可见铁路网络条件的详细情况与网络服务和运输服务的供应商有关；某一特定路线的时刻表的信息与服务的用户和服务的运营商相关。

> **利益相关者分析为服务建模提供多重视角。**

图 1.2 表示利益相关者的一种分类及其相互间的关系。应当指出，使用利益相关者框架图的目的，不是为了表示利益相关者的完整业务模型，而是在高层次上描绘价值网络。

3. 流程

服务管理与流程(或者说创建和运作服务所要求的不同任务的执行顺序)密切相关。下文中，我们将从流程管理和控制的角度讨论服务建模的含义。这里，流程管理将被看作是定义流程及其使用的控制机制，而控制则涉及在流程的一个实例中运用该机制。

以基于分组的服务创建为例。一般而言，服务创建可以分为以下几个通用阶段(Koivukoski and Räisänen，2005)：

- 业务分析和业务要求定义；
- 技术设计；
- 技术执行；
- 配置和提供。

在后面一个更通用的环境中，我们将更详细地讨论这些阶段。例如我们将看到，人们可以更深入钻研服务的运作管理。

流程管理功能的基本要求是促进一个任务到几个子任务的划分，控制每个子任务的执行顺序，以及把流程作为一个整体从正反两个方向进行跟踪。控制功能需要支持“正常流”和“纠正流”。参考上面的简单服务创建阶段的例子，“正常流”按上面列出的阶段顺序，从业务到技术依次执行。另一方面，“纠正流”基于在技术执行阶段的调查结果，可能意味着返回到技术设计阶段，甚至是业务要求定义阶段。“纠正流”也可以涉及反向跟踪一个大任务内的子任务的路径序列。

即使通用模型可以在一个相当高的抽象层次上确定，与服务管理有关的流程通常也需要具体到一个企业。这方面的例子将在本书后面部分提供。关于流程控制系统的要求的一个典型例子是能追踪当前正在进行的流程流的现状，同时与它的计划时间表进行比较。

流程管理要求能够回滚一个流程或其中的一部分。在流程执行受到阻碍的情况下，它能回滚到一个(至少部分)功能状态。

流程控制功能，还必须支持把流程的各个部分灵活地分配到流程的成员管理中。系统还应该支持每项任务的时间表的定义和监督。

流程管理与控制的要求，主要依赖于生产系统所受到的影响程度。需要新路线可以铺新的路轨，但往往与正常交通无关，除非把新路轨连接到现有的网络。在城市中心更换故障的电车是一种不同的例子，它具有把对正常的交通的影响减低到最小的额外要求。

流程表示服务建模的动态问题。

总的来说，服务建模应该支持流程流的定义和监督，每一个流程流由有序的序列步骤组成。同时，应对流程流的条件分支予以支持。服务模型应该有利于支持返回到流程的早期阶段。

4. 信息管理

服务管理的一个重要组成部分，是确保为手头上的工作提供及时且具有正确格式的信息。举例来说，这可能包括不同的储存设施之间的信息传递、数据转换或某一特定信息的不同表示。

信息存储本身就是一个很重要的主题——在大公司，为了提供必要的量制，需要从多个地方收集业务管理所需的信息，并用特定的方法进行组合和处理。如果基础设施系统是由多厂商提供，那么会引起技术整合、数据一致性和正确的数据转换等问题。信息管理优化的解决方案可能涉及储存位置和数据格式。

在一个多供应商环境中，信息管理除了满足来自计算机运行的明显要求，如备份支持，支持定义和执行对信息的访问权利外，也应该积极支持跨企业边界的信息管理。

权限管理、同步和表示格式是信息管理的典型的实用性问题。

信息管理应该以某种理想的方式链接到服务拓扑、涉及的利益相关者以及流程，即信息管理应该成为其他视角的一个赋能者，并且在不同的视角下重叠工作是最低的。

5. 小结

我们已经把服务管理定义为由出售给客户的东西、作为技术执行的服务和支持服务的资源三者之间的相互关系组成。我们从服务的拓扑结构、利益相关者、流程和信息管理视角，讨论了相互关系的表示。

我们已经看到：服务拓扑需要能够表示实体和特定环境下的支撑实例之间的依赖关系，并且能够为不同的利益相关者根据他们的视角所使用。同时，服务建模需要支持对流程按时序的描述，以及满足信息管理的要求而恢复到流程的某一阶段。对服务模型的不同表示也同样需要予以支持，同时数据访问权的管理对多利益相关者环境的应用是非常重要的。

到目前为止，我们关于服务建模的讨论还相当笼统，接下来我们开始讨论基于分组的服务。

1.2 基于分组的服务

在本节中，我们将目光转向基于分组的服务领域，讨论与提供基于分组服务有关的一些行业趋势。我们将使用多重视角来说明基于分组服务的现状和新兴的趋势；现状和趋势的总结将作为本书其他部分的背景，包括 1.3 节关于新兴技术的探讨、第 2 章建模的回顾和第 3 章的行业举措。对第 4 章描述的服务建模的要求来说，这也是有用的背景。

“基于分组”是指使用分组交换范式传递数字内容。虽然本节标题为基于分组的服务，但是并不意味着所有协议都是基于分组的。例如，在通用服务建模(GSM)的系统中使用无线应用协议(WAP)服务，可以使用基于分组交换的通用分组无线服务(GPRS)或基于电路交换的数据。同样，固定互联网接入，可以利用非对称数字用户线路(ADSL)或公共电话交换网(PSTN)。在随后的技术实例中，我们将主要使用GPRS和通用移动通信系统(UMTS)。

基于分组的交换服务涉及通过不同的接入技术传递数字内容。

国际电信联盟(ITU)描述了全球信息基础设施(ITU-T Recommendation Y.110，1998)，可以帮助我们构筑目前的讨论。推荐标准一开始说，这种设施应使人们能够安全地使用通信服务；独立于地点和时间，以能接受的成本和质量来使用开放的应用和各种方式的通信。全球信息基础设施被认为在电讯、资讯和娱乐的交集中诞生。这个描述似乎非常实用，而且移动服务的有些部分已经得到了实现，但是与之相关的问题也随之而来。(ITU-T Recommendation Y.110，1998)的方法，以及在这里讨论的其他一些活动，都是为了分析在角色和模型方面的情况。这节的内容可以被看成是为这种加工提供“原材料”的一种尝试。

接下来，我们将尝试分析固定因特网和移动通信网络。我们将从现状的简单总结开始，然后描写一些相关行业的发展趋势。我们把重点放在互联网时代，撇开早期的技术，如X.25。

1.2.1 现状

我们将使用三个视角(技术、业务模型和终端用户)来描述现状。

1. 技术

在企业环境和PSTN中，基于分组的服务首先以像Ethernet/802.3的2Base-T、5Base-T和10Base-T的变形这样的技术，通过固定互联网接入技术大规模地提供给消费者。企业应用方面，在固定接入方面的可用技术频谱已经扩大到十亿字节和万兆以太网；家庭消费方面，基于光纤的技术已经成为了主要的发展趋势。

基于分组的服务目前已经可以实现了，被像GPRS和UTMS这样的系统作为基于GSM革新的样例技术来使用，并推动其向前发展。第三代移动通信系统，如UMTS，具有先进的多服务能力和较先进的服务质量支持能力(Koodli and Puuskari，2001；Laiho and Acker，2005)。

对于固定和移动接入技术而言，由技术革新产生的最明显的特征，是经由一个单一连接获得高吞吐量。对于单用户而言，在UMTS的宽带码分多址(WCDMA)变体中，理论上最大下行链路层的吞吐量可达到2Mbit/s。若采用高速下行分组接入(HSDPA)，吞吐量将增加至约10Mbit/s。在上行方向对应的提升计划则是高速上行分组接入(HSUPA)(HSDPA和HSUPA的结合称为高速分组接入——HSPA)。它们可以媲美ADSL的表现。WCDMA+GPRS+HSPA的广域托管性能，可以以热点技术辅之，如802.11无线局域网(WLAN)。

与单用户的吞吐量增加相对应，其他趋势与提供基于分组的服务也具有相关性。现在已经实现自动拨号来连接互联网。GPRS和UMTS的手机可以自动连接到互联网，家庭用户可以使用家庭网关或自动拨号脚本接入互联网。

GPRS、UMTS 和 ADSL，也可以处理“永远在线”的上网服务。尽管这个特征如今已经非常明显了，但是它是基于分组服务的一个强有力的赋能者。举例来说，企业邮箱的“随身电邮”，或获取新电子邮件的即时通知，通常就是利用永远在线的连接。

> **吞吐量的增加和“永远在线”是数字服务使用过程中的主要技术发展。**

上述因素作用的一个结果是，除了传统的电子邮件、数据上传/下载和互联网浏览以外，还有更多创新的服务可利用。而即时通讯(IM)、出席(Presence)和 IP 电话(VoIP)等服务就是由科技进步推动服务的例子，其中一些服务可以经由几乎任何类型的互联网接入，而其他则需要更先进的解决方案。VoIP 是后者的一个例子——独立于网络中当前用户集的服务需求，提供真正与电话质量一样的语音服务(Räisänen，2003a)。在基于分组交换服务领域的创新中，也产生了“轻量级”版本服务。如 VoIP 就是用“对讲机”(一键通)方式进行通信，而不是“全双工”(互联网电话)方式，从而大大降低了网络要求。在第 6 章中我们会更详细地讨论服务的要求和特征。

从终端用户的角度来看，服务性能的可预测性和一致性是非常重要的(Bouch *et al.*，2000)。通常终端用户对服务质量参数并不感兴趣，但服务质量的分配则应该是透明的。在技术上，服务对于网络传输有不同的要求，并且有不同的特征。互联网电话要求低的端到端延时，并保证最小带宽；而对于数据传输应用而言，统计的是总下载时间。互联网电话就是一个很好的具有内在服务质量要求的例子，而数据传输性能通常可以进行设计(Räisänen，2003a)。当设法实现最大化收入时，网络供应商必须能够分配网络资源，以同时满足这两种服务(Räisänen，2004)。在无线网络运营中频谱资源是非常昂贵的，所以资源利用是一个特别重要的问题。

> **可预测的服务质量对于终端用户而言非常重要。对用户来说，不变的服务质量可能比可变的高服务质量更好。**

在 GPRS/UMTS 网络中，除了服务类型以外，服务都与移动承载相关。移动承载的属性可以根据订户概况来提供，这使得它可以按照服务类型透明地分配不同的服务质量。在 3GPP 的静态服务提供架构中，概念上承载参数是与服务提供分开管理的(Laiho and Acker，2005)。在这个方案中，服务与一个服务接入点(SAP)相关，它决定用于连接服务的服务质量。这种机制适合客户机/服务器型应用。该提供方案如图 1.3 所示。

IP 多媒体子系统(IMS)，已经被第三代合作伙伴计划(3GPP)开发成为一个基于 IP 连接服务的通用服务平台(Poikselkä *et al.*，2004)。IMS 的实时服务可以有会话有关的参数，因此 3GPP 的架构支持将 IMS 会话的属性动态链接到网络资源。图 1.3 中描绘静态服务质量提供，该动态链接可以适当地称为会话到承载的动态链接。在这里承载意味着服务使用的接入通道。IMS 是一个由因特网工程任务组（IETF）定义的会话初始协议（SIP）框架的实现（Handley *et al.*，1999）。

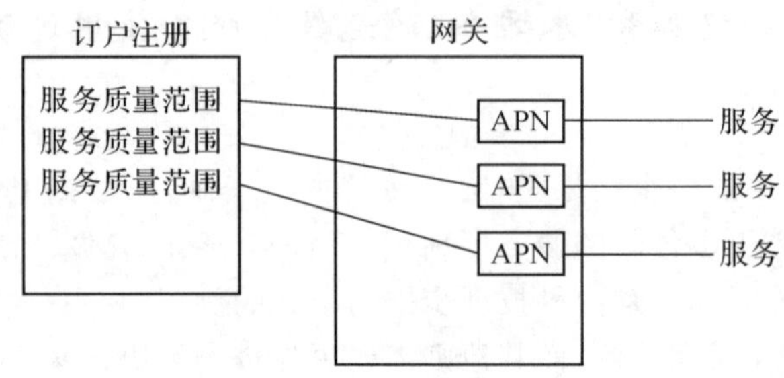

图 1.3　第三代伙伴计划（3GPP）体系"静态"提供模型

（订户的服务质量（QoS）概况定义了为每一个 APN 服务的质量范围）

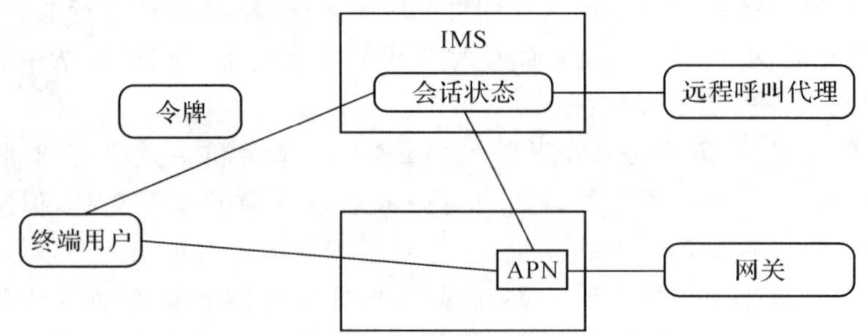

图 1.4　第三代伙伴计划（3GPP）体系"动态"提供模型

（IMS 和终端使用一种特殊的信令来使多媒体会话和承载性质相互关联）

SIP 框架提供可达支持和会话管理，在会话期间允许媒体组件的动态管理和协商（图 1.4）。IMS 系统被设计为 SIP 框架的一个优化的移动实施。与此同时，它是一个基于 SIP 应用的完整架构。为了能在其他接入技术中使用，业内一直在进行 IMS 系统的通用化工作（Ahmavaara *et al.*，2003）。目前，普遍认为 IMS 系统将广泛应用于固定和移动网络，并为固定—移动融合（FMC）提供一个平台。

> **这里我们用 3GPP 的移动网络来说明静态和动态服务提供范式。**

关于 3GPP 服务提供的更多信息，可以参考附录 A。

IP 协议提供一个汇聚层，以便利用多路接入技术来提供服务。这是实现横跨不同的接入方法来提供服务的一个机会。发展的第一阶段就是虚拟专用网（VPN）客户端的出现。因此给雇员配备一台笔记本电脑，通过办公室的 RJ45

电缆、通过 WLAN 连接机场的一个热点，或在蜂窝网络覆盖的任何地点利用手机作为调制解调器，就可以阅读电子邮件、访问企业内部互联网。对于那些具有更严格的内在服务质量要求的服务而言，接入技术的特征知识也可以用来为某一特定接入技术优化服务（Koivukoski and Räisänen，2005；Räisänen，2004）。

IP 协议是数字服务的一个汇聚层。

现阶段，虽然并不是所有的先进功能都在运营网络中部署，但是技术能力对于提供新服务来说也是较为先进的。随着网络技术和服务日趋复杂，对网络和服务的管理也将构成一个挑战。额外的限制来自于网络和服务供应商之间越来越激烈的竞争。这种状况已经导致了时间和成本的压力，这就要求管理系统有效地、准确地运作。竞争的另一个后果就是在服务提供中，使用转包的情况在不断增加。例如，移动运营商可以给订户一个门户，该门户包含来自特定供应商的新闻和气象预报内容。相比较于传统的工作方式，对于端到端服务供应价值网中的参与者来说，这代表着一种业务逻辑上的变化。

目前的网络管理系统、业务支持系统（BSS）和运营支撑系统（OSS）是相对独立的。基于分组的终端用户服务管理被认为与 BSS 和 OSS 都有关，所以它正在引起范式的转变。我们将在本书后面再讨论这一问题。

通常，运营商系统本质上是多厂商的系统，它由经过长期购买的不同构造和型号的系统组成。另外，运营商也使用自己开发的系统。从系统管理的角度来看，不同厂商的系统往往采用不同的信息模型（Martin-Flatin *et al.*，2003），这导致了他们需要建立一个运营商的生产系统作为一系列系统集成项目。从力求快速准确地服务供应的角度看，这显然是次优的，且往往在创建新服务时需要很长时间（Koivukoski and Räaisänen，2005）。不同的信息模型也使得创建和管理终端用户服务及其性能水平非常困难。

目前，私有数据模型构成了多厂商集成的主要挑战。

从长远目标看，“筒仓世界”范式也不符合服务供应商或厂商利益。今天的系统通常没有对多供应商价值网提供充分的支持，因此难以适应跨企业边界的快速创建服务。

就目前来说，我们还是采用专用的管理方案来管理接入技术。不仅管理系统因厂商而异，而且在信息技术（IT）系统和移动通信网络中管理流程和模型也彼此不同。然而，在足够高的层次上，固定网络供应商和移动运营商内的流程可以用共同的模型表示。我们会在第 2 章中触及这个问题。

上述情况显然是有改进余地的。我们接下来看一看一些热门行业的发展趋势。

2. 业务模型

目前，客户的因特网连接是向接入网络运营商购买的。订户和接入网络供应商之间的业务关系可以基于合同的，或向供应商购买入网使用期限。对于计算机连接而言，这些派生的例子包括：企业和 ADSL 或光纤接入供应商之间的协议，信用卡支付漫游无线（WiFi）热点接入。对于移动通信网络而言，预付费和后付费订阅提供了对应的例子。订户和终端用户的关系，可是多对一，企业替雇员支付电话账单就是这样的一个例子。

在固定互联网中，订户通常与基于分组服务的供应商有单独的协议，除了订户所签订的协议之外，终端用户还可以与服务供应商有自己的协议。许多服务可能包含在接入价格中。接入和服务的脱钩虽然提供了更大的灵活性，但要求订户和不同的供应商之间有单独的协议和计费方案。

在移动领域，对于基于分组服务的计费有先进的处理能力。从方便订户的角度考虑，对服务使用的计费通常作为移动电话账单的一部分。接入供应商和服务供应商目前的接口连接形式较为僵化，通常支持关于既不是服务使用也不是计费信息的实时信息交换。目前，创建新的可计费服务需要一个略长的相对严格的流程。从服务供应商的角度看，由于如此安排需要面对多重接入网络供应商这一事实，情况更具挑战性。

在过去几年里，接入能力经销商的出现已经成为了一个主要趋势。在一些国家中，移动虚拟网络运营商（MVNOs）已经获得了一部分移动接入市场。从业务模型的角度来看，MVNOs 需要和（物理）网络接入供应商与服务供应商签订协议。

> **固定和移动网络的融合、支持新价值网络都要求有新的思维方式。**

IP 服务的灵活性为过去经由电路交换接入提供的服务开辟了新的领域。这也对业务利益相关者的类型造成了影响，在 1.2.2 中我们会重新讨论该问题。

3. 终端用户透视

在后工业化国家，因特网已经成为一种几乎像水和电一样的商品。竞争降低了价格，并且实现了获得同一信息的多种连接方式。作者最近体验了后者的实用价值：在奥地利维也纳的几天休假期间，在一家咖啡店内，使用 GPRS 接入一家著名互联网搜索机构，当场可以非常方便地查看乌拉妮娅的历史。但另一方面，客户在获得接入技术和服务供应商的特定账单时不是特别方便。

终端用户通常对接入技术细节不感兴趣。在不同的技术领域，除吞吐量的差异外，对一个特定服务跨越多种单个接入技术的使用体验应尽可能地统一。请注意这并不排除利用某一特定技术的优势特征，例如更大的带宽。我们将在第 2 部分进一步讨论这个问题。

跨越不同接入技术的服务质量应该是可预测的。

能够享受可预测的服务质量的重要性日益凸显。为了获得真正的终端用户接受,服务的有效性和质量以及交付方式的变化在服务使用期间和不同会话间都应该尽量最小化。在该领域,需要注意绝对的服务质量等级和服务质量的可预测性(Räisänen,2003a)。在第 6 章中,我们会再谈到这个问题。

不同接入域和服务的认证,对终端用户提出了可用性挑战。目前,终端用户必须记住多个密码、用户标识和个人识别码(PINS)。

1.2.2 趋势

接下来,我们将回顾几个与基于分组服务相关的行业发展趋势。关于行业和科研论坛的详细情况将在第 3 章中讨论。现在,我们使用与现状部分相同的分类结构。

1. 技术

提高操作灵敏性的需求,已经被认定为是服务供应商之间激烈竞争的结果。正如尼斯 2004 年在电信管理世界所说的那样,成本压力导致供应商需要提供日益精益的流程。在交易条款中,操作灵敏性和精益流程这两个风靡的概念等价于灵活性要求及维持资源在最优水平的要求。总体目标是能够从经营的角度确定什么是可行的,并为流程的下一阶段选择有效的设计、执行和运作方式。这不仅能使目前的服务有效地运作,而且能处理较小的、由于市场分割和服务时间而没有开拓的利基市场(Koivukoski and Räisänen,2005)。

上述趋势导致行业内对统一 BSS 和 OSS 的追求。技术系统与业务管理更密切的链接是简化操作的一个明显赋能者。正如后面我们将看到的,要实现这种链接,要求在观念上、程序上以及从信息建模的角度获得更多共同点。需要研究在实践中什么是必需的,以摆脱过时的、人为的界限。

市场的发展引发了提高运作效率和灵活性的需求。

这方面的一个例子是服务管理作为一门独立学科的出现。管理服务作为单独的实体,有助于缩小 BSS 和 OSS 之间的差距(图 1.5)。当然,服务管理的有效运作需要来自 BSS 和 OSS 的支持。从终端用户服务出发聚焦服务,可以以一套扎实的要求的形式为范式转变提供实际的指导。

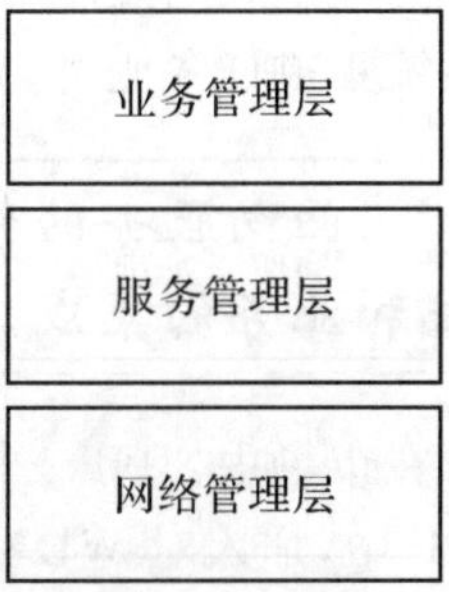

业务管理层
服务管理层
网络管理层

图 1.5 服务管理定位的图示

近年来大家日渐明显地意识到:服务管理需要在流程环境内进行理解(Koivukoski and Räisänen,2005)。我们后面将看到,理解服务管理的各个阶段以及服务管理用户的关系，是服务管理的一个非常宝贵的工具。这方面的例子将在第3章中连同电信管理论坛（TMF）服务框架一起讨论。

从信息管理的角度来看，目前共享的信息表示趋势已经显现。一个简单的例子就是近年来采用各种基于可扩展标记语言（XML）的格式。除了协议基础的精简，进一步的努力目标是信息模型的协调。公共信息模型有利于处理典型的供应商面临的多厂商挑战，它们还将有助于存储服务库中的有关信息。

与追求公共信息模型相对应，志在标准化的流程建模也已被证明是非常有用的。正如我们后面将看到的，这是业界已经表现出浓厚兴趣的领域之一，在记录当前最佳实践（BCP）描述的领域已经取得有用的成果，被IETF和TMF应用于很多不同的领域。

行业合作的重要性日益显现。

用于实现和提供基于分组交换服务的技术正在经历一系列的范式转变。用来提供服务的技术环境，正在被标准化。我们正在目睹对开放移动联盟（OMA）内服务赋能者相关工作的兴趣日益增加。这也是GSM电话和3GPP框架在更广泛意义上成功的真实原因。

服务运作平台的标准化，也使得运营商的服务创建流程和新服务的执行流程更加容易。我们在稍后再讨论这个问题。服务平台标准化和那些致力于网络技术的模块化设计的活动，如开放式基站架构倡议（OBSAI），并行进行。

目前，一个更基本的概念上的变化是，大多数注意力都转向了那些既能够实现一个组织内分布功能又能够实现不同利益相关者边界间分布功能的技术。设计上，目前的办法是基于业务逻辑与技术组件执行的分离。这意味着组件需要为外部提供清晰的接口，但组件使用的逻辑不应该取决于组件本身的执行。正在进行的这方面工作之一是面向服务的架构（SoA）。相关的工作也以面向服务的计算（SoC）的名义进行着（Papazoglou and Georgapoulos，2003）。

保持业务逻辑与组件执行互相分离，有助于供应商系统彼此的整合更加密切。对于组织的敏捷性而言，这是一个潜在的强大赋能者，但是需要一个协议基础去匹配范式的要求。网络服务接口（WSI）提供一种此类的技术。我们希望除了系统集成任务之外，WSI技术还可以用来构建全新的交互方式。

面向服务的架构（SoA）有希望以新颖和创新的方式实现系统和业务的集成。

在市场中，真正支持跨多路互联网接入技术融合的系统已经初显端倪。在3GPP中，加入对WLAN接入域的支持是Release 6中内容的一部分。与此相对应，IMS系统正忙于对多路接入技术的支持。

允许内容以经济的方式分布到大量通信端点的广播技术正在试行，手持数字视频广播(DVB-H)就是一个例子。DVB-H 允许为终端用户和内容供应商以经济的方式将大规模内容进行分布。

Web 服务也开始从终端用户服务的角度实现自己的承诺。据报道,在 2005 年 5 月网上房地产服务和地图服务联合成了一项新的服务,这两项服务在过去单独存在。该新服务允许用户在城市地图上走动,寻找可用公寓的位置。这只是 Web 服务的一个小例子。

如果不涉及点对点(P2P)的服务,我们这个简短的回顾是不完整的。终端设备,诸如家庭个人计算机(PCs)或移动设备,可以运行诸如 Web 服务这样的程序。终端用户服务,如 VoIP,可以通过与终端设备直接连接得以执行。目录和支持目录注册可以增强运行在终端设备上的服务的可达性,如某些互联网电话服务。服务的内在要求设定了点对点服务的一些质量边界。

未来的服务管理系统需要考虑点对点服务。

网络运营越来越趋向于作为服务来提供。目前,这些类型的服务由许多移动和 IT 领域厂商提供,同时包括一些专门的服务供应商。

2. 业务模型

由于费用和时间的压力,以及新兴技术的推动,使用"竞合"这个概念成为一个明显的趋势——在竞争环境中的合作 (Koivukoski and Räisänen,2005)。标准化机构的形成是竞争对手间竞合的一个例子。此外,近几年已经有很多在某一领域的竞争对手为了就具体技术问题补充标准而展开合作的例子。

显然,不同的业务实体之间有必要加深一体化。在移动网络中,服务供应商和服务接入供应商都将受益于迅速地自动化地创建新的可收费服务的能力。显然,促进服务使用的实时信息交换也是有用的。从业务角度来看,业务流程在这方面的紧密整合,要求能够支持不必进行业务协议的重新协商就能对技术参数作自动修改。为了达到这个目标,传统的协议可以辅之以电子商务框架。

业务实体之间的深度业务一体化是当前的趋势。

越来越多地使用 IP 作为服务的一个统一协议平台以及业务关系的日趋自动化,使得各种新型的轻量级的服务供应商,可能与现有的供应商在目前和新型的服务领域内展开竞争。各种互联网电话服务供应商可能是这方面最好的例子。最简单的是,只需网站注册和宽带接入就可进行国际间的语音通话。这种情况不应该完全被解释成是目前供应商的挑战。长远而言,能够在接入域支持会话有关的服务质量参数将会发挥重要作用。图 1.4 中的会话有关的服务质量支持是这方面的一个例子。

3. 终端用户

目前,正在投入使用和正在设计的系统,正为从终端用户隐藏接入技术的细节逐步提供更好的支持。那些在不同的技术领域中支持同等服务质量的映射的方法是这些系统进步的强大推动力量。另外一个隐藏不必要的技术细节的例子是单点登录技术(SSO)的采用，该技术减轻了终端用户在不同的接入领域和不同的服务供应商分别注册的负担。

并不是所有接入领域的特征都从终端用户隐藏是有可能的。甚至，终端用户连续意识到接入领域间的基本差异也是可能的，如可用的吞吐量。

规定并自动应用个人偏好的能力的重要性将日益凸显。这种技术建立在已有模块之上并对其进行通用化处理，诸如转换内容以匹配终端能力的能力。对于功能强大的新的基于内容的服务而言，这种功能是保持易用性的一个本质因素。

终端用户视角：无关的接入技术有关的细节应该隐藏，相关的接入技术有关的细节应保留其可见性。对个人偏好的管理和运用应该予以支持。

个人信息管理日益重要。存储内容如图片和视频录像有关的元数据的能力，使得有可能对个人内容使用强有力的搜索方法。

为了看清服务管理的长远发展情况，接下来，我们将看一看目前正在研究的一些新兴技术。

1.3 新兴技术

我们在上一节中指出：接入通道的特征变化是大规模采用基于分组服务的重要因素之一。我们相信这一基本状况在未来不会彻底改变。事实上，未来人们将更关注如何将接入技术整合到业务环境中的方法。

前面提到过频谱成本的重要性。在许可的频段上运营服务，影响了系统构建的方式，使昂贵的资源可以最大可能地得到利用。研究表明，现阶段无线电频谱的利用效率不高，因而美国联邦通讯委员会(FCC)以及其他机构，已经在积极展开提高频谱效率的活动。目前业界正在研究频谱资源的动态共享和动态交易，及其与软件无线电(SDR)的关系，例如在欧洲联盟(EU)第六个框架计划(FP6)WINNER项目(Winner,2006)内的活动。如果这些发展变成现实，可以预期，一方面会影响许可频谱的价格走势，另一方面会使许可和非许可频谱资源之间的差别变得模糊。

目前，在接入技术领域，对基于市场机制自动化的应用研究已经有一段时间了(Kelly,2000)；同时也对利用它们的不同机制进行了研究，例如：在区分服务框架环境内的研究(Killkki,1999；Ruutu and Kilkki,1998)。除了在网络技术层为包优先和背压机制应用基于市场的机制，中间商网络接入的成熟系统也已经在文献(Cortese *et al.*,2003；Semret *et al.*,2000)中出现。这些技术有助于更有效地利用网络资源。除了涉及的各种供应商以外，也已经有专家对通信终端的基于市场机制的运用进行了研究。在 Personal Router Whitepaper(2006)中描述了用于协商互联网接入的通信终端技术。这种模型将使终端用户和供应商之间的关系更加动态化。

日益复杂的服务，以及在服务提供过程中价值网络的多元化，导致了一系列从终端用户视角和相关提供方视角来寻求结果的相关活动。我们的总目标是要提供更多的服务使用和供应自动化，同时使服务多样化。例如，社区参与就是一类日益重要的服务(Churchill *et al.*，2004)。

上一节中所提到的 WSI 框架为动态组建和使用服务提供了构成模块。然而，目前的形式中核心是基于面向注册的机制，它并没有为在可变的环境中的服务组合提供智能。在 Ferguson *et al.* (2004)中可以找到在一个更通用的框架中使用 WSI 的例子。我们将智能的广义概念加入到服务中，并称之为语义 Web (Berners-Lee *et al.*，2001；Davies *et al.*，2004)，其目标是要开发一个系统，在该系统内智能代理可以代表用户组建服务。

> **新兴趋势包括软件定义的无线电、网络的市场化机制和自动化服务提供系统。**

我们接下来描述两个研究活动，并勾勒未来的分组服务的要素。

1.3.1 WWRF

无线世界研究论坛(WWRF)是一个全球性论坛，它旨在寻求无线技术在后3G(B3G)时代的长远共识及传播相关的工作成果。行业和学术机构都参与其中，同时它还对发起的研究方案提供指导。在无线世界倡议 (WWI)方案内，正在进行的欧盟(EU)项目就是这样的例子。

WWRF 有一个服务架构工作组，该工作组为提供分布式服务管理平台分析技术基础，最新的工作成果记录在(Tafazolli，2004)中。除了架构工作组以外，WWRF 同样也有工作组去分析未来服务、合作和无线自组织网络、新的空中接口、短距离通信系统以及可重配置的面向用户和业务的问题。WWRF 工作的结果，可以参阅(deMarca *et al.*，2004)。

WWRF 的整个工作计划都是建立在以用户为中心的原则之上。以用户为中心的 WWRF 分析，始于一个基本马斯洛式等级生存、安全、自我实践和人的能力增强。与 WWRF 有关的用户价值(观)是正反馈、一致性、控制和隐私，这些价值需要与使用的方便性进行权衡。系统支持的增值能力包括自然交互、内容感知、个性化、无处不在的通信和信息接入。

1.3.2 MobiLife

另外一个正在进行的项目级活动的例子是，欧洲联盟(EU)第六个框架计划的 MobiLife(the EU FP6 Project MobiLife)。它正从终端用户的角度研究近期内基于分组的服务(Aftelak *et al.*,2004;MobiLife,2006)。它是前面提到的 WWI 方案的一部分,MobiLife 内的工作被组织成工作分组(WPs),工作分组包括用户体验 WPs、个人域 WPs、组背景 WPs、广域 WPs、架构 WPs。

在广域环境、面向群体和个人领域的内容信息的利用构成了 MobiLife 中的广泛用例类型。关于供应商对服务的看法,MobiLife 项目中有一个架构工作组在研究 MobiLife 时代的服务管理。考虑到点对点服务的角色,MobiLife 架构允许通过结合来自电信级运营商和端点的服务要素来链接服务。

除了要研究实际的服务架构以外,MobiLife 还处理一些服务管理的程序方面的问题。图 1.6 显示了通用的服务生命周期的初稿,这是我们会在本书的后面遇到的一个主题。生命周期为单个服务生命周期中涉及的各类活动提供了一个全面的纵览。MobiLife 服务的生命周期作为广义的生命周期的一部分,通过推动面向 WSI 的动态组合和使用来补充面向电信的管理视图。

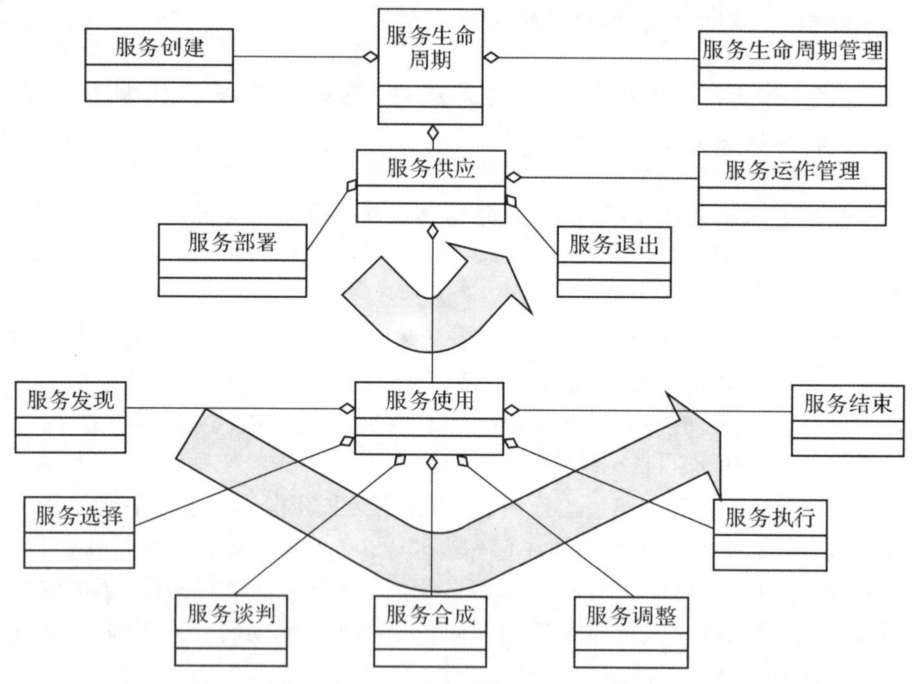

图 1.6 MobiLife 服务生命周期

(该图的复制得到 MobiLife 联盟的许可)

MobiLife 架构工作的一个分支——服务生命周期与服务管理范例演进的关系,已经在文献中进行了更深入的分析(Räisänen *et al.*,2005)。该文章确定的范例包括:

- "条块"管理。这是目前的情况,各类服务分开进行管理。
- 基于组件的服务管理。通过立足于可以整合到流程中的组件管理,该阶段又向前迈进了一步。

• 分布式服务管理。该阶段的确切含义仍在研究之中，但预计服务的实时运行组合将是这一阶段的特征。

服务的整个生命周期应该在设计服务管理过程中予以考虑。

类似于 WWRF，MobiLife 项目也涉及业务方面的问题。这包括确定有关服务提供的利益相关者，以及单个利益相关者的业务模型演化分析。MobiLife 项目还有助于无线世界倡议(WWI)方案的广泛作用，例如，可操作性障碍分析。

1.4 小　结

在这一章中，我们提供了服务建模的第一个定义，并讨论了需要将它作为独立学科的理由。另外，全面纵览了服务建模在行业内的相关现状和趋势。

挑战在于同时管理由于服务复杂度、网络技术复杂度的增加以及预期的业务价值网络的多样化所产生的作用结果。所有这一切都需要在一个注重及时和有效的执行环境中实行。经得起未来考验的服务管理需要应付互相冲突的要求：如，一方面采用流水化的流程；另一方面，能够在日趋多样化的技术环境中管理日益复杂的服务。

上述驱动力导致一个明显的趋势：从一种新服务的创建需要新的硬件和软件的范式，转向使用管理参数可以创建终端用户服务的服务平台型系统。IMS 与 3GPP 核心网络的能力一起，共同提供了一个这样的平台。在 OMA 内的一个更普遍的框架中正在进行通用服务平台的研究。如果与此工作相关的预期能够实现，它们不仅会简化服务管理，而且还可以简化服务建模。

在 WWRF 和 EU FP6 中正在开展的处理网络重配置(E2R，2006)和网络组合(Ambient，2006)的对应活动，也对服务管理有影响。因为这些活动的开展，服务管理和接入网络的接口连接应该变得更容易。这些活动的开展也影响牵涉的参与者的业务模型。

许多潜在影响服务管理的新技术，已经初显端倪。可喜的是，不同形式的国际合作早在在标准化之前就已经展开了，并在这些未来面临的潜在挑战真正出现之前就能对其进行评估。WWI 方案的跨项目可操作性障碍分析是这方面的一个很好例子。

我们已经从一个比较通用的角度，描述了基于分组服务的服务和服务管理。在下一章中，我们将随着对相关范例的总结，进入建模领域。在第 3 章中，我们将研究一些相关的行业举措。在第 2 部分，我们将描述我们的建模框架，它建立在第一阶段构建的基础工作之上。

或许设计一个模型的最大挑战与选择最适当的表示格式有关。第 1 部分的讨论为第 2 部分引入的服务模型打下了良好的基础，同时在第 3 部分中使用案例使模型具体化。

1.5 本章要点

本章需要铭记的十点：

- 精简服务管理需要服务建模。
- 服务建模等价于对产品、服务和资源间的相互关系进行建模。
- 服务建模需要覆盖信息实体和流程。
- 必须考虑到参与价值网络的利益相关者。
- 通用服务建模的目标应该独立于有关的业务模型。
- 现有和新兴的服务平台，如 IMS 系统和 OMA 开发的服务供应商环境，使服务的创建和运作变得容易的同时也带来挑战。
- 在服务管理中，终端用户视角很重要。
- 在产业中进行 OSS 和 BSS 的统一极为重要。
- 分布式服务模型带来新的可能性和挑战。
- 目前，欧盟第六框架 MobiLife 项目和 WWRF 方案正在进行的工作是，研究与未来的服务平台有关的业务模型、框架和技术。

2 建模方法

在上一章中，我们给出了服务建模的初步定义，但是没有说明如何进行建模。在这一章中，我们将研究一些范式，这些范式有助于把第2部分将要介绍的建模框架纳入到一个更广阔的视野中。与前文一样，本章也采用一个以建模为中心的视角，这对很多领域都是适用的，而不仅仅局限在服务建模上。

2.1 建模的引入

建模是一个涉及面很宽的学科，相同的问题可以以几种不同的方式建模。下文中，我们总结了一些建模者可以使用的工具。

牛津英文字典(OED，1995年)指出，模型是为了方便计算和预测而对系统作出的简单描述。因此我们可以认为，建模就是构建一个系统的模型。

从上述定义中可以判断：一个模型捕捉了一个系统的有用特征部分，而其他与当前目的无关的部分不予以建模。因此，建模应该先从所讨论的系统的定义开始，并且模型的界定应该说明哪些特征已经包含于模型中，哪些特征模型没有讨论。理论上说，系统描述无法完备，但它必须提供超过模型范围的系统特征。哪些特征应该被包括在内由使用该模型的目的决定。好的模型还可以用于本来目的之外的其他情况，但是我们不能指望一个模型能适用于所有情况。现实生活中，实用性往往比理论价值更重要。

模型可以用于不同的目的，包括系统设计、概念论证、系统论证和作为信息交换的基础。在软件开发中，模型的角色可视为建筑的蓝图(UML，2003)。蓝图的方法与“包含万物的理论”不同，蓝图的方法在对细节的处理上停留在适当的水平，而“包含万物的理论”却深入到所有细节。分组级仿真模型是工程中详细建模的一个例子，它可以仿真某一特定网络负载情况对一个移动终端用户体验的服务质量的影响。在本书中，我们最感兴趣的是“蓝图”，而非仿真的模型。

模型就是为了某一特定目的而对现实作出的一个简化。

一般来说，理想的模型应该是简单、形式化和直观的。就简单而言，爱因斯坦曾说“使事情尽可能简单，而不是更简单”。显然，模型的复杂度受所讨论的系统本身以及使用模型的目的影响。形式化取决于模型的预期用途，在所有情况中都把形式化放在首位是不可取的。例如，对于绘制用户接口的模型来说，服从人性化的工作方式可能比形式化更重要。同一系统的不同模型，可以用来满足不同的使用目的。最后，模型应当没有内置冗余，最大限度地符合奥克姆的剃刀原则（Occam's razor）。

一些研究文献已经发现了建模认知的重要性。事实上，易于被人类感知比准确地反映世界的真实本体格局更重要（Parsons，1996）。注意本原则不仅仅限于用户接口，在解决其他问题时也是适用的。在物理学中，简谐振子的行为（弹簧下挂一个重物）很好理解。因此，许多物理问题都部分地借鉴简谐振子的模型来建模。顺其自然地利用并不是一件坏事，只要它能服务于当前的目的。

来自多年的教育经验，这里将模型的特性总结成几个“C”（Mayer，1989）：

- 完全性（Completeness）；
- 简洁性（Conciseness）；
- 一致性（Coherence）；
- 具体性（Concreteness）；
- 概念性（Conceptuality）；
- 正确性（Correctness）；
- 考虑（Consideration）。

尤其对于复杂的系统来说，设计一个由多重视图组成的模型往往是有益的。视图的正确选择可以降低模型复杂度。正如我们将在下文中看到的那样，经常使用的视图包括信息组织、行为视图和时序视图。

一个特定系统的模型可以使用不同的方法设计。模型的某一版本常被称为方案（来自希腊语 σχημα，意味着一张图）。为了设计“蓝图”类的模型，通常在抽象层次上进行系统的描述和建模，以便不同的建模方法可以互相比较。可以使用元建模来实现对方案的特征进行建模，元模型为方案提供了规则和语法（即所谓建模语言）（Henderson-Sellers，2003）。在该范式中，方案被视为元模型的实例，并且元模型中实体的关系对应于方案中实体的关系。

一个模型可以分层，其中最高层次模型潜在地被多个低层方案例证。

接下来，我们看一些建模的范式，这些范式可能看似有些莫名其妙，但在本章末尾我们将概述其与我们主题的关系。软件开发作为一个流程和服务开发有些类似，因此它的经验对我们十分有用。面向对象建模就是一个很好的例子，此外还有专家系统、面向服务的结构、数据库设计、体系设计方法论等。

2.2 软件工程范式

软件开发可以有不同的开发目的和方式。“传统”的软件开发方法是开发一款新软件或软件套装，作为一个独立实体出售给多家客户。另一类针对特定环境开发的软件，则采用一个量身定制的解决方案。后来，进一步出现了由分布式团体开发的开源软件。接下来，我们将简单地讨论每一种类型。

传统的商业软件开发范式是基于市场需求来开发软件，这种需求可能是预期的未来需求或现有的需求。传统方法中，关键在于正确地识别市场需求，进而定义将要开发的软件，并以最优方式给项目分配资源。软件开发范式的鼻祖是瀑布模型，一般包含以下几个阶段：

(1)业务需求定义；

(2)技术要求定义；

(3)技术设计；

(4)执行；

(5)测试；

(6)部署。

在现实生活中，还有安装和售后阶段。

经过几十年的经验积累，这个范式的缺点也逐渐体现出来了。其中最重要的一点经验就是商业软件开发很少是一个纯粹的线性过程，通常需要不断改进在前期阶段所作的假设。因此，在现实生活中的软件项目，时常会需要反复。随着软件复杂度的增加，这一趋势已经凸显。据电气电子工程师协会(IEEE)的资料显示，Linux 操作系统的某些版本包含了 200 万行代码。

第二个重要的经验是，每个阶段的地位都是不相同的。相比于开发的后期阶段，在早期阶段就确定问题成本要小很多。第三个注意事项涉及业务需求的管理。全球市场都在寻求提高效率，竞争总量增加了，因竞争和客户需求变化而导致的业务需求改变的风险也增加了。一个优化的软件开发范式，必须在程序上满足以上这些内容。

传统软件开发范式面临的最大挑战是需求定义与变化管理。

另一方面，在定制的软件项目中，环境通常相对稳定，客户的要求仍然可能会有变化，但在协议定义阶段的责任条款可以减轻对双方财务方面的影响。否则，在从要求到部署的过程中的挑战，基本上与传统范式相同。

开放源代码项目以足够庞大的开发人员为基础，相比于封闭的、资源匮乏的项目，它是一种更容易实现良好测试的软件。在某些情况下，开放源代码项目的成果已经非常优秀，其中 GNU/Linux based 系统就是一个很好的例子。开放源代码项目的挑战在于既要能够吸引大批临时的开发人员汇聚到项目中，又要能保持参与者的忠诚度。如果一个开放源代码项目仅仅依靠自愿参加，对项目的承诺可能会随时间而改变。最近，其他的危险也出现了，如一些对项目起中心作用的特定工具可能无法永久免费可用。

上述三种情况的共同之处是对软件产品的支持相当重要。对那些不存在正常的售后组织的开放源代码软件，尤其重要。由于这个原因，为开放源代码软件提供支持的公司是有市场潜力的，特别是那些结合具体的开放软件包来提供支持的公司。例如，随着 GNU/Linux 发行，这种模型开始流行起来。

为了改善瀑布范例，大家曾提出过各种建议。在这里我们对这些建议不作评论，而是介绍两种较新的范式作为例子，即极限编程（XP）和以用户为中心的设计（UCD）。通常情况下，改善瀑布范例需要在开发流程的早期密切联合客户和终端用户或其他利益相关者。客户较早参与设计阶段也带来了挑战，这时需要特别注意维持整体解决方案的稳定性和一致性。在这方面，Goldstein（2005）提到了最近一个不太成功的例子。

在上面所列的所有范式中，软件的可重用性（Re-usability）很重要。对于整合来自不同厂商的软件进入顾客环境来说，接口标准化是一个重要的赋能者。目前的趋势似乎正在远离严格的应用编程接口（APIs），而转向辅以语义定义的轻量级接口。

软件模型的一个重要层面，是供应商和供应商之间的关系。以下是 Brereton（2004）定义的关系开发的几个阶段：

- 商业现成软件（COTS）；
- 基于组件工程（CBE）；
- 软件服务工程（SSE）。

在第一阶段，客户的系统由商用的单机软件产品组成。在第二阶段，出售软件组件而非完整的程序。在第三阶段，从全球市场购买服务而不是软件。

据预测，软件开发将越来越从 COTS 转向服务工程。

上面所描述的软件工程的趋势使得信息建模的重要性正在与日俱增。只有标准化的接口是不够的，而迈向网络化服务的世界同样要求可以灵活地管理通过该接口进行交换的信息。同样的关注也涉及前面讨论过的现代网络管理系统（Martin-Flatin *et al.*，2003）。

Jones（2005）认为参与者之间信息交换的便利在软件开发流程中起着重要作用，尤其是对下文将讨论的新的分布式服务范式。文章作者认为“根据合同设计”的思维很重要，它可以作为一个策略来避免不同开发商就服务如何工作而产生的相互矛盾的看法。

上面提到的“蓝图”方法与软件开发有着重要的关系。本范式中以下两个典型要求，在本书的后面将会更加引起注意：

- 执行独立性。模型不应该与平台有关，而应该适合执行于任何类型的计算机系统。

- 可追踪性。模型应该支持链接到软件流程的执行和设计阶段。

2.3 面向对象建模

面向对象编程(OOP)由于其支持重用、执行与接口的分离,以及清晰的实体和方法的组织结构,因此自从它被开发以来一直流行至今。编程语言如C++为实现 OOP 的基本方面提供了机制(Strostroup,1997)。面向对象编程(OOP)的建模部分——面向对象建模(OOM),我们可以认为其本身就提供了一个建模范式。以面向对象建模(OOM)为中心是把重点放在了实体及其相互间的关系上。多年的经验表明,这种建模的模式是有益的。

面向对象建模可能被最广泛接受的方面包括:

- 聚合;
- 通用化;
- 使用观点。

聚合是一种关系,在该关系中一个实体聚合了一些其他实体。在铁路世界,一个"火车"型实体聚合一个或多个发动机和一辆或多辆火车。它是两个实体之间的一种特殊的依赖类型。

通用化指代一种关系,在该关系中,多个实体可以聚合成一个单一的、更通用的实体。起初,一个铁路 OOP 模型,可能只包括柴油发动机;在后面的阶段中,加入了电动引擎。在后一阶段,两种类型引擎可以通用化成一个"引擎"型实体,该"引擎"型实体包含两个子类型的公共特征。定义一个通用实体,面向对象建模器可以继续导出进一步的子类型。这就是通常所谓的继承,允许继承通用实体的属性。

对 OOM 范式的现代使用而言,运用多种视角或视图是很重要的方法,尤其是在软件开发中。通常,使用下列视角:

- 静态视图;
- 用例视图;
- 交互视图。

静态视图描述实体间的"本体"关系,如聚合和通用化。用例视图描述实体间的时序交互。一个用例视图,描述不同的实体如何使用,被谁使用。交互视图描述实体被引用或调用的顺序。除了提供关于使用角色和时序的信息以外,后两种视图还可以被看作是为"表测试"提供一个平台,并为静态视图开发提供输入。不同的视图指代同一实体,因此不是谈论不同模型,而是单一模型的不同视角。

具体到软件模式,已经确定了许多常见的 OOP 模式(Gamma *et al.*,2004),把一个实体的组合和原子派生通用化成一个抽象实体,就是这种模式的一个例子。这里我们不再作详细描述，但要事先申明，对应的模式还可以在应用于信息建模的“纯”OOM 中找到。

在 OOP 中，对象的一个完整定义通常包括属性以及外部实体可以应用于对象的方法。方法是对象的部分接口，便于隐藏实体的内部执行并提供与其他实体交互的一个明确定义。假设一个“引擎”型实体，在C++ 中这种方法接口可能看起来像这样：

```
Class engine{
   Private:
     MaximumSpeed;
     ...
   public:
     AttachRailwayCarSection();
     DetachRailwayCarSection();
     GoForward();
     GoBackward();
     StopNormally();
     EmergencyStop();
     ...
};
```

采用面向对象范式的系统设计或信息模型，通常是多步执行的，从半形式化描述出发转向形式化描述。如同软件设计的情况，基于使用较早版本获得的经验，对象模型通常可以改进。

> **面向对象建模采用诸如聚合和继承这样的关系，非常适合于建模模式的使用。**

面向对象建模对大型软件项目特别有效，所以在现代软件开发中都使用了它。举例来说，面向对象建模通过从执行中分离接口来支持模块化开发，因而适用于分布式开发。

2.4 专家系统

专家系统起源于人工智能(AI)，寻求采用更先进的信息表示方法使复杂问题的解决比使用现有常规的通用编程语言方法更加容易。当用传统的编程手段来解决问题时，复杂问题的表示往往要花相当多的努力。专家系统，有助于在一个有限域使用小的“编码开销”解决问题。为了达到这个目标，专家系统通常需要为某一个特定领域而专门建立。人们可能把专家系统与传统的编程语言间的差异，比作通用数据处理器与专用集成电路(ASIC)间的差异。这两种情况，都是降低环境的一般性，使它更加容易、更加快速地表达某一具体域的程序。

一般来说，一个专家系统由用户接口、知识库、推理引擎和工作记忆组成。通常，专家系统与具体的知识域有关。建立一个专家系统，可以确定的阶段大致类似于软件开发的步骤。建立一个专家系统需要的角色类型包括领域专家、知识工程师和用户。领域专家提供一个专家系统需要支持的领域信息，知识工程师以一种能被一个专家系统使用的格式来对信息进行编码。来自用户的反馈，往往有益于迭代地开发一个专家系统。

基于规则的编程是一个可以用于专家系统的范式之一。在基于规则的编程中，规则用来表示启发，由触发器和行动组成。一个触发器是一组模式，当匹配时触发规则。依次，行动描述当规则被调用时，采取哪些行动。为了评估一个规则是否需要触发，实际的情况必须同触发器进行比较。这就是所谓的模式匹配。

专家系统是为了特定的一组任务，编纂特定领域的知识以实现高度可表达的语言。

专家系统与服务建模的联系，在于体现了用对相关信息量身定制的接口来辅助域有关的任务的原则。当与服务管理有关的任务可以使用通用工具执行时，对服务管理的具体需求的关注提供了重要价值。

2.5 面向服务架构

面向服务架构(SoA)，是引导下一代服务架构设计的一个范式。它描述参与服务的系统如何执行及他们彼此交互的方式。现行的 SoA 有许多不同的定义。接下来，我们尝试从本书的角度去捕捉一些最本质的特征，而不是试图提供一个完整的学术描述。

SoA 的一个不可或缺的成分，是把一个架构描述为相对自治的服务的一个集合。单个服务经由定义好的接口可以互相通信。服务可以调用其他服务，并且可以结合其他服务建立较高层次的服务。单个服务不一定对终端用户可见。从 SoA 意义上来说，服务可以作为终端用户服务的模块使用。因此，SoA 便于重用和模块化。

另一个常被 SoA 引用的指导原则是业务逻辑与组件执行分离。这意味着组件所提供的接口，应该为业务交易的执行提供最大限度的灵活性。这样的系统为自动地整合单个利益相关者的业务流程提供了一个良好的基础。

在概念上，SoA 可以分四层(Hill,2004)：

- 表示层，管理与终端用户的交互；
- 流程层，执行业务逻辑；
- 服务层，由可重用的功能组成；

- 系统层，由支持服务的系统组成。

服务层常被认为是封装底层系统，或者作为 Web 服务展现出来。

SoA 的典型执行，包括发现和使用服务的方法，以及界定服务互相交互的方式。同时也需要有支持单个服务间通信的方法。

在 SoA 中，功能被表示为适合在不同的业务流程中使用的服务。

从理论角度来看，服务组合可以是静态的也可以是动态的。静态定义比较容易应付我们现阶段采用的 SoA 的早期版本。随后，通过把单个子系统在广义描述、发现和集成(UDDI)中注册为服务，可以实现静态组合服务在系统集成中的使用。使用注册的动态整合在一定程度上也有可能出现在今天的系统中，例如可以用于负载共享。采用“模糊”描述的服务的目标和使用非精确匹配的能力，引领我们进入语义网络域；目前它仍是一个研究主题(Lassila and Dixit, 2004)。例如，相关技术也正在被前面提到的 MobiLife 项目加以研究。

即使是用于软件开发的支持系统，也不在本书的范围内。注重实际的读者可能对 Jones 2005 年发表的文章有兴趣，它传达了这一消息：即坚守 SoA 就要求有开发工具的支持，文章还强调了标准化和公共信息模型对 SoA 的重要性。

最后，Foster(2005)指出，为了充分利用面向服务范式，需要某种形式的文化变革来伴随 SoA 的技术性问题。这反映了更普遍的趋势，即本书开始时所提到的服务提供方式的转变。

2.6 数据库

数据库设计在信息建模等领域是一个既定的学科，它为这本书所涉及的工作提供了有益的背景。

数据库设计包括数据对象、它们之间的关系及可应用于它们的操作。数据库设计，可以说是由数据模型和功能模型构成的。前者界定了有什么在数据库中以及以什么样的格式存储，而后者定义了如何处理这些存储的数据。

数据库的主导思想是关系数据库范式，可以追溯到 1970 年。一个关系数据库由二维关系表组成，二维关系表的每一列有预先确定的含义。每个关系表的一行构成了一条记录，并且被关系表的一个码字唯一识别，码也可以用于多表信息的连接。

关系表是信息展现给访问这些信息的人或系统的一种格式。数据的内部存储格式可能有所不同。当信息存储在多个数据结构中时，一些方面的重要性凸显了。在下面的段落中，我们将讨论完整性和规范化问题。

完整性意味着它应当能够一致地访问存储在数据库中的数据而不管数据的结构如何。这里记录的码字管理发挥了重要作用，因为它们可以用于识别记录以及关系表之间的关系。

规范化是一个过程，致力于消除关系表中的冗余信息，并确保它们可以被一致地修改。也可以说是规范化消除数据库结构中的异常。在研究文献中已经确定了不同程度的规范化，称之为范式(NFs)。大体来说，高阶的NFs除去更多间接异常。目前已经确定了五个NFs，但一个数据库并不一定要规范化到第五范式(5NF)。最常提到的常规范式是第三范式(3NF)，它便于操作，如给记录添加一个与其他关系表无关的属性。

关系建模作为一个范例，不是根本上正交于对象建模，但是这两个方面的结合导致了"对象/关系阻抗错配"类挑战的存在。在写本书时，对这一个问题在何等程度上只是思维方式问题仍在讨论当中。涉及挑战的一个例子与OOM的继承关系的最优表示有关。

关系模型与面向对象的匹配并不总是直截了当的。

2.7 架构设计

对系统架构设计的需要可以从不同角度看待，视个人倾向而定。一方面，一些因特网相关的标准化机构，如互联网工程任务组(IETF)已经明确宣布他们不会标准化架构。表面看来，SoA似乎也向这个方向发展。

另一方面，日益复杂的软件系统显然需要一个架构以方便设计和执行。同样，基于IETF协议的系统也需要建立在对单个协议接口角色的理解之上。其他情况，如3GPP系统，架构工作具有核心作用。如果建模是对应于一幢建筑大楼的蓝图，那么系统架构则显示出其与其他建筑的关系；而且方便基础设施的设计，如水管、电力等。这样，架构也是一种模型，是一个高层次的模型。

美国电气和电子工程师协会(IEEE)为软件密集系统IEEE架构推荐标准(2000)的架构描述提出了一个简短但有趣的推荐型实践文档，它包含了概念性框架和架构描述实践。该推荐标准就是用来创建架构的。概念性框架涉及的问题有架构用途定义、系统定义以及有关的利益相关者列表和他们的视角和关注等方面。对于某一特定架构，架构描述实践描述如何把概念框架组合成为一整体。

IEEE文档描述了为软件系统设计一个架构的流程。在实际的架构设计中，行业的大量工具，如用例、系统规范、接口规范，都可以应用于其中。

构建架构流程对取得好的结果非常重要。

系统与运行其上的服务日趋复杂，因此，把系统作为一个整体来研究其要求而不是仅限于子系统或接口水平的重要性就凸显出来了。架构工作为大系统带来了凝聚力，并使得安排构成整体系统的子系统的开发更为容易。

2.8 其他建模方法

前面回顾了一些与本书主题相关的主要建模学科和思想流派。有些具体的建模技术或模式也与本书有关，下面我们将对其中一些进行讨论。

“笛米特法则”是一项用于设计面向对象系统的设计规则。该规则的名字源自希腊农业女神，想必是指代对象模型的逐步“耕作”。“笛米特法则”最常引用的形式是“只与你的朋友交流”，或者更完整的表达形式是“只与关注你的朋友交流”。在原始形式中，该法则意味着对象应该只了解对象模型中与他们密切相关的部分。在服务方面，可以解读为服务应该只需知道其运营所需要的服务。这里，可以看到与 SoA 思想的一个链接。

举例来说，模型/视图/控制器是一种经常用于图形用户接口(GUIs)中的模式。在这类应用中需要管理局部的或者多种视图的数据。模式的“模型”部分维护数据，“视图”部分为某一特定用途绘制数据，“控制器”部分处理与模型或视图有关的事件。这就是一个把“顶层”服务分解成分布式功能的很好例子。

系统模型经常划分成管理层、控制层和用户层，例如，通讯系统。用户层牵涉到用户数据路径。用户数据的实时处理受控制层的影响。系统行为由管理层来定义，管理层通常被视为是在离线方式下运行，虽然一个新配置也可能立即付诸实施。参考本书早期描述的 3GPP 例子，使用管理层执行静态服务提供体现在 GPRS 网关支持节点(GGSN)的控制层作为 APNs 的配置上。APNs 的配置决定用户层传输到分组数据协议(PDP)环境及应用于传输的措施的映射。

通信系统常常表示成管理层、控制层和用户层的形式。

2.9 小　结

在这一章中，我们讨论了一些建模方法。我们从软件开发开始，因为从某种意义上说，这门学科也是基于建模的。实践表明：软件开发的许多方面和技术可以用于建模，尤其是当辅之以有关的生命周期的大图景时。我们将在第 5.3 节中处理这个大图景。

谈到服务管理，除了信息建模本身，流程建模也很重要。上面的软件开发同样较为倾向于流程，而讨论的其他视角，大多涉及信息建模。

在软件开发范式中，大家已经发现瀑布模型的原始形式无法胜任现代开发环境，并且已经建议改为迭代技术。这些改变引起了人们需要加以注意的新缺陷。大体而言，相同的要求与信息建模有关。

面向对象的范式构成实体/关系(ER)模型的一个子集，它也适用于信息建模。一般而言，元模型/实体/实例的划分对信息建模特别有用。对象建模允许采用通用模式，这为本书第 2 部分的中心主题提供了指导。

数据库范式擅长处理冗余和异常控制。凡是相关的地方，都需要仔细规划面向对象模型到数据库表示的映射。

从现代的观点来看，即使专家系统有助于技术的发展和有用的流程模型的开发，甚至越来越如此，但其自身也许并不是一个范例。例如，基于规则的编程与基于策略的管理(PBM)原则的比较，揭示了两者相同的基本规则结构。所不同的是制订规则的方法，PBM 依靠形式化的规则结构，而专家系统往往允许更多的“模糊”描述。系统用户和涉及支持用户的特定领域的知识法规，一如既往地即刻成为专家系统中的有用信息。

SoA 范式寻求把功能表示成对外部形体具有良好定义接口的服务。它设定了关于涉及单个服务的信息表示的要求。此外 SoA 本质上便于重用。目前，涉及把 SoA 投入实践的实用工作方式仍在摸索过程中。

架构和相关的工作程序的使用，不仅在软件设计中重要，而且在信息建模中也很重要。视图和关注分离的使用，对设计复杂的软件系统和服务模型都有利。

一般来说，信息模型往往被视为由以下三层组成：

- 概念模型；
- 逻辑模型；
- 物理模型。

概念模型定义“讨论域”，然后在逻辑模型的一个特定域进行改进。物理模型界定属于实时运行数据的细节。进一步分层的采用与否，取决于流程的要求。对于概念模型来说，元建模层的使用就是一个例子。

我们想提醒读者注意的是，这本书的目的不是抓住业务建模进行深入地研究。下文仅描述与基本价值网络有关的问题。其次，实际的业务模型也不在此范围之内。

关于产品数据建模(PDM)，也称为产品生命周期管理(PLM)，需要作一些注解。我们可以看出它并未单列一节，因为笔者不认为它是一个单独的建模范式；它采用了行业的公共技术，并且实际上构成了服务建模的一个子集。相似地，企业数据仓库(EDW)，这里也不作单独描述。同样，既然基于事件的业务流程建模(Hollander *et al.*，2000) 定义了触发器和行动，那么我们也可以从概念上把它视为与 PBM 有相同的基类。

上面总结的所有的建模方法有共同之处。虽然它们都属于建模，但是来自不同角度的方法，强调不同的问题。从服务管理的角度看，与软件开发有关的流程与基于分组服务的创建流程没有根本上的不同。然而，为了能处理整个服务管理领域，应该把服务管理比喻成软件产品的整个生命周期和涉及管理一个 IT 基础设施的流程。上面提到的 SSE 趋势进一步增强了这个类比。

然而，大家已经认识到了软件开发范式和服务管理间的一些差异。其中之一就是日益注重关于终端用户分段价值的服务管理。这也影响到相关的技术配置的管理。另一方面，软件开发通常转向提供“战略”价值，而不是一个“战术”水平上的价值，并因此比服务管理有较长的时间规模。如果软件行业能够包含诸如 XP 这样的范例，这些差异可减至最低。

另一点不同来自这一事实：对于新服务，服务管理越来越关乎配置管理，而不是建立新系统。正如上面所讨论的，在服务供应过程中，先进服务平台的使用促进了这种转变。这意味着创建服务的责任，从软件开发商转向负责管理系统方，负责管理系统方可以是供应商自己的员工或一个外部方。

利用在软件开发和其他学科领域中积累的专门技术，对服务管理来说是一个好方法。正如我们将看到的，多视图的使用给服务建模带来了价值。在下一章中，我们将先关注一些相关的行业活动和举措。

2.10 本章要点

本章需要铭记的十点：

• 当模型被人们直接使用时，应考虑到认知问题。

• 软件工程范式有些方面类似于与服务管理有关的问题。

• 面向对象建模可以用于软件开发和服务。

• 元建模数据的采用，有利于根据通用性程度构建信息。

• 专家系统是一个对目标域建立一个专门视图的例子。

• 对于增强服务组件的重用性，面向服务架构是一个很有希望的候选范式。

• 在数据库的设计中，异常避免是一个重要方面。

• IEEE 已经创建了架构设计指导方针，该指导方针描述创建软件系统的一个流程。

• 在分布式系统中，限制服务彼此间的了解有助于更好地构建管理。

• 分布式服务功能可以处理专门任务，例如绘制模型的一种视图。

3 行业举措

在前面的章节中，我们已经回顾了行业的现状和发展趋势，以及与服务建模有关的建模技术。现在，我们结合这两个趋势描述行业的举措，这些举措旨在运用建模技术来应对技术和业务的挑战。本章中的描述有助于第 2 部分列出的要求，因而它并不仅限于服务建模领域。

3.1 引　言

我们首先谈几句行业举措的定位，主要是标准化情况和行业需求。在 IT 和移动行业，标准的重要性早已被认可。即使是那些曾经只沉浸于私有执行或把现有标准的派生当作实际标准的商业玩家，最近也对以标准化的形式合作表现出兴趣。进一步地，开放标准的重要性与日俱增。因特网工程任务小组(IETF)标准的成功，如传输控制协议(TCP)和超文本传输协议(HTTP)，就证明了这一点。

这些发展的原因已经在第 1 章中说明。类似的原因也增加了在比标准化更广阔的背景下合作的兴趣。有许多行业合作论坛，致力于推广和拓展在单个标准化组织(SDO)内的工作。这类活动补充了主要的标准化组织的联络活动。

新类型活动的实例包括跨越许多接入技术的通用化架构工作。这类活动解决了移动服务接入的非许可频段使用(UMA，2006)和后 3G 技术(B3G，2006)研究。在其他类似活动中，属于无线世界倡议(WWI)方案的无线世界研究论坛(WWRF)和欧盟研发(EUR&D)项目，在实际标准化发生之前，为技术的广泛研究提供了平台。

有一类活动，除了提供系统设计外，也正在寻求用于描述未来系统的方法。举例来说，对象管理组(OMG)和电信管理论坛(TMF)都参与这种工作。即使现有技术的基本集合已经被大家所熟悉，从变化的业务环境角度来看，稳健的技术解决方案的实现得益于大量具有不同观点和背景的专家的参与。至少部分降低了从互相难以整合的子系统中建立复杂系统的风险。

人们对从事方法论和信息模型领域的行业合作论坛的兴趣在不断增加。

下文中，我们会看一看各个论坛所做的工作，并在本章结尾总结调查结果。我们首先看看方法论论坛，然后转向更多技术有关的论坛。

制订一个服务模型时，以下几个问题很重要：

- 信息建模如何表示，使用什么工具？
- 流程如何表示？
- 基于分组的服务如何建模？
- 多路接入网络以什么方式表示？
- 服务生命周期的不同阶段如何表示？

上述问题使得我们可以结合本书的主题对不同活动进行定位。最后，我们将总结我们所发现的内容。

3.2 面向对象管理组

面向对象管理组(2006)是一个开放成员关系的非营利性组织，它旨在为互操作的企业应用制订规范，并且特别注重分布式应用。其中最有名的是模型驱动架构(MDA)(Miller and Mukerji，2003)和统一建模语言(UML)(UML，2003)。此外，OMG 不仅以元建模对象机构(MOF)形式为元建模制订规范(MOF，2000)，而且还制订了一个对象管理架构。OMG 以 XML 元数据交换的形式定义了对象交换格式(XMI 2.0，2002)，同时定义了一个接口描述语言(IDL，2001)以配合它的中间件架构——通用对象请求中间商结构(CORBA)(CORBA，2004)。同时定义了诸如 C、C++、Python 这样的语言到 IDL 的映射。接下来，我们将从元建模概念开始，把不同的工作领域联系在一起。

3.2.1 元建模视角

OMG 与元建模的关系共分为四层(见表 3.1)。不同层级之间的联系涉及元建模的一个“松散”释义(Henderson－Sellers，2003)。对元建模的严格解释有兴趣的读者，可以参阅该文。

表 3.1 OMG 建模层

建模层次	OMG 概念	例子
元一元模型	元对象设施	硬连线元模型
元模型	UML	结构化数据类型的描述
模型	用户概念	结构化变量
数据	用户实时运行数据	变量的具体值

(改编自 Henderson-Sellers，2003)和(MOF，2000)

鉴于先前关于元建模的讨论，表 3.1 中的两个中间层是不言而喻的。最顶层非常有趣，因为它定义了设计元模型使用的语言。最低一层，可具体到一个实时运行环境。模型驱动架构涉及元建模层作为整个系统的一部分所使用的方法。我们以后会再谈这个话题。

3.2.2 MOF

MOF 是一种元建模语言，其作用可以从两个角度来看：一方面是为一个领域定义了元模型，另一方面是对某一个特定领域内信息的管理。实际的 MOF 规范，定义了一套由 OMG 提供的 CORBAIDL 接口，并可以描述拓展到特定用途方面的一个核心集合。MOF 可以被用来为一个元一元模型定义元模型。企业数据仓储的元数据管理的自动化，也是 MOF 的一个可能使用领域。

与 UML 相比，MOF 的当前版本有一些限制。这方面的例子都是只支持二元关系，缺少关系类。

3.2.3 MDA

MDA 最初设想去解决应用程序生命周期中的不同问题，包括设计、部署、整合与管理(Miller and Mukerji，2003)。MDA 的设计目标包括可移植性、互操作性、域有关性和生产力。正如我们之前所看到的，也将与本书后面看到的一样，力求一方面满足通用化，同时另一方面满足域专用性，这样看似正交的要求有助于带来增值。

MDA 的基本概念包括系统、模型、架构、平台和视角。模型是为了某一特定用途对一个系统所作的描述或规范。在一个系统内，架构由零件规格、连接器和交互规则组成。平台指代一套子系统，该子系统提供一组连贯的功能集合。视角作为一种抽象的技术用来处理特定的关注。MDA 的视角包括：

- 计算独立视角，侧重于一个系统的环境和要求。
- 平台独立视角，侧重于一个系统的运作。
- 平台相关视角，侧重于一个特定平台的有关需要。

在 MDA 中，不同类型的模型被设计用于满足特定视角的需要，包括计算独立模型(CIM)、平台独立模型(PIM)，以及平台相关模型(PSM)，它们分别与上述三个视角相对应。转换是某一特定类型的模型转化为另一类模型的一个过程。如果采用适当的映射，元模型诸如 MOF，除了可以用于 CIM 以外，还可以用于 PIM 和 PSM。映射也可以用于 PIM 到 PSM 的转换。诸如实体标记和模式应用这样的技术也可以用于转换。

MDA 在建模过程中采用计算独立、平台独立和平台具体视角。

上述三种视角把需求阶段分析从一个特定域的视角转移到一个平台有关的视角，旨在解决通用性和域专用性这两个冲突的要求。

3.2.4 UML

UML是一种半形式化的描述语言，适合元建模和建模。在UML环境中，理解“半形式化”的含义是很重要的。与非结构化表示相比，虽然UML的不同表示格式规定了形式化的程度，但并不足以能独自提供一个严格的模型。这是有多种原因的，如，事实上通常一个单一UML图表不可能表示整个模型。一个系统的各个视图需要多个图表来表示，这自然会导致这一问题：如何以最好的方式选择所使用的视图。另一个原因是在UML图表中，实体名称及其相互关系并不足以全面地记录下它们的意思。因此，通常情况下，文字和例子用于补充UML模型。

除了用于软件系统设计外，UML规范(UML,2003)还把业务模型和非软件系统列为潜在的应用领域。除了面向建模的目标之外，提高抽象水平与整合最佳实践也被列为UML的目标。该规范明确表示UML有目的地流程独立，并且认为流程通常是与企业有关的。在本章后面，我们会回到最后这个问题，UML文档还特别强调了可视化在建模中的作用。这明显与前面章节关于认知方面的讨论有关。

为了支持在本章前面讨论过的建模的通用目标，UML提供一个分层图表，见表3.2。

表3.2 UML 1.5的图型等级

图表类型	子类型	子子类型
用例图表		
类图表		
行为图表：		
	状态图表	
	活动图表	
	互动图表：	
		序列图表
		协作图表
执行图表：		
	组件图表	
	部署图表	

关于先前讨论过的四个建模层，见表3.1，UML本身在逻辑元模型层上描述。就这一点而论，它处理便于公布的语义学，相关的执行应该遵照该语义学。UML的元模型描述由图表、自然语言和形式化的符号组成。

作者考虑了使用一种语言来描述自身所带来的理论问题，我们认为这种模式在实践中是可行的。总体而言，我们使用抽象语法、控制什么是良定义的规则和语义来描述UML的软件包。对于第二项，对象约束语言(OCL)也被作为

UML 规范的一部分而包含在内。

在建模行业中，UML 是一种广泛使用的工具，并且是一种可供各种 UML 建模任务使用的良好工具。大部分 UML 工具，允许从 UML 模型生成多种面向对象编程语言的代码"存根"，如C++ 、Java(TM)。作为一种半形式化方法，它需要被纳入到一个更广泛的流程环境中去产生严谨的结果。尽管如此，它还是被大量地使用。UML 为模型的探讨提供了一个相对定义好的环境，同样也证明了它在应用域中非常有用。

3.2.5 CORBA

CORBA 中描述了一个分布式架构，一个集合中的对象可以互相通信。这些对象通过一个接口来提供一种支持基于请求的服务调用的方法，它从接口处为请求的服务隐藏执行细节，是面向对象原理的一种实现。消息通过一个对象请求中间商在客户端和服务器之间(ORB)传送。我们使用 OMGIDL 语言来定义相关对象的接口。多个 ORB 之间的通信也是有可能的。除了消息，CORBA 还包括与对象生命周期有关的功能。

CORBA 技术列入本总结的原因有二：首先，CORBA 是 OMG 的一个产品，并且是分布式体系结构的一类代表；第二，CORBA 不是唯一的选择，Java 远程方法调用(RMI)是其他情况的一个例子。尽管如此，CORBA 是一个众所周知且容易获得的参考文件。正如我们前面提到的那样，分布式架构将来会承担更加重要的角色。从接口连接范式的角度来看，CORBA 可以归类为面向应用程序接口(API)。

CORBA 描述了一种分布式计算架构。

接下来，我们将描述一些由具体行业部门的需求推动而形成的行业论坛。

3.3 业务流程管理

3.3.1 工作流管理联盟

工作流管理是一门过程控制学科，它等价于一个系统。该系统把一项任务分解成多个子任务，并分配给人员，同时监督子任务的流程。

工作流管理联盟(WfMC)声明其使命是通过制订与术语、互操作性和跨单个产品的连接有关的标准来提升和开发工作流的使用 WfMC(2006)。WfMC 已经制订出了一个工作流参考模型来作为其工作流 WfMC 参考模型(1995)的一个基础(Hollingsworth，1995)。参考模型包括组件和相关术语的描述。

在 WfMC 内，工作流被定义为部分或全部业务流程的一种简易化或自动化。工作流管理系统是一个系统，它完成工作流的定义和管理，并按照在计算机中预先定义好的工作流逻辑推进工作流实例的执行。

在 WfMC 参考模型的术语中，工作流管理系统的最重要部分是工作流定义工具、服务设定和应用。首先涉及子任务的定义和分配，其次涉及子任务的执行，而后者通过其他工具接口连接工作流管理系统。工作清单用来在服务设定和工作流参与方之间调处工作流项目。

WfMC 为工作流管理系统提供了标准的定义和参考架构。

WfMC 作为一个行业论坛可以带来很多的益处：它提出的公共概念和术语有助于维持客户和卖方双方的底线。日益复杂的系统和业务环境进一步证明了这一点。

3.3.2 OASIS

先进结构化信息系统（OASIS）（OASIS，2006）组织是一个致力于推动电子商务标准发展和采用的论坛。它已经为 Web 服务发现协议制订了一个称为统一描述、发现和集成（UDDI）协议的规范。OASIS 还制订了与 Web 服务的使用方法有关的规范。业务流程执行语言（BPEL）是这方面的一个例子（Davies *et al.*，2004）。它在协调 Web 服务方面，提供了业务流程的定义方法。近日，OASIS 也开始着手关于面向服务架构的参考模型工作（OASIS－SoA，2005）。

BPEL 不是 Web 服务编排的唯一方法，但它提供了一个很好的例子在简单的对象访问协议（SOAP）/UDDI/Web 服务描述语言（WSDL）栈的顶层建立增值。服务模型必须通过这种或那种形式适应这种运作。满足电子商务的需求也是服务建模的一个重要视角。

3.3.3 BPMI.org

业务流程管理计划（BPMI）将建立更好、更快的新流程的需求来作为其首选驱动力（Driver）。其他驱动力包括流程的强化理解和简单流程的自动化。为了实现这些目标，BPMI 寻求定义业务流程管理符号（BPMN）和业务流程语义模型（BPSM），以建立于 W3C 和 OASIS 组件之上，如 BPEL。

3.3.4 RosettaNet

RosettaNet 以全球供应链通用标准的开发为使命，将减少周期时间和库存成本以及提高生产力作为实际的预期成果。

RosettaNet 标准涉及贸易伙伴、相关术语和执行框架之间的业务流程匹配。

3.4 国际电信联盟

国际电信联盟（ITU）是一个为了协调全球电信网络和服务的国际组织。其成员包括政府和私营部门。ITU 制订的国际推荐标准得到了全国性或区域性 SDOs 的认可。ITU 最广为人知的活动可能是许可的无线频率的国际分配技术,如全球移动通信系统(GSM)和通用移动通信系统(UMTS)。ITU 电信标准化部门(ITU-T)为不同的电信领域制订推荐标准。

ITU-T 制订出许多我们感兴趣的概念模型。通信承载模型就是其中之一,它可以用来在信息接入点(SAPs)之间传递信息。作为 ITU 对传统电话系统影响的一种结果,承载的原始定义与面向连接的承载有关。随后,定义也已经通用化到包括无连接承载(ITU-T Recommendation G. 809,2003)。无连接承载可以用于建模路由网络,例如 IP 领域。ITU-T 还提供了对服务质量(QoS)的一个概念分析,并从服务所涉及的供应商和客户的不同视角进行了分解(ITU-T Recommendation G. 1000,2001)。就在本书后面,我们将回到这个定义。还有一个推荐标准列出了多媒体服务质量的分类(ITU-T Recommendation G. 1010,2001)。ITU 也致力于其他领域的工作,如网络管理和下一代多路接入通信系统。

ITU-T 制订了与服务质量和通信承载有关的概念模型。

从建模的角度看,关于基本概念之间的相互关系,ITU-T 已经作了概念性分析。因此,有助于我们在不同种模型中使用这些概念。ITU-T 的陈述能力已经广为传播,这是一个明确的优势。

3.5 第三代伙伴计划

3GPP 网络是亚洲和欧洲标准化机构间的一个合作协议。工作范围是将宽带码分多址(WCDMA)和基于 GSM 网络发展到第三代系统。3GPP 不仅为移动系统实施广泛的体系化和标准化工作,而且还把自己的版图拓展到无线局域网(WLAN)与其他非蜂窝接入技术的整合。

3GPP 有一个服务提供模型和服务质量(QoS)架构,与本书的主题直接有关,我们将在下面进行总结。请回想我们在第 1 章讨论过的基本的 3GPP 服务提供方式,我们也将在本书后面章节参考 3GPP 其他的一些工作。

3GPP 的服务质量架构(3GPP TS23. 107,2004;3GPP TS23. 207,2004)基于一个端到端的承载概念,该承载由通讯端点请求。在 3GPP 服务质量架构中,承载属性作为活动请求的一部分来提供。网络可能降低终端请求的承载的服务质量等级。这导致在终端和网络之间存在着一个服务质量协商程序(Koodli and Puuskari,2001;Räisänen,2004)。在 3GPP 模型中,承载属性的端点控制是一个中心因素。端点不仅控制承载的创建和修改,也控制着与连接有关的成本。

根据服务的类型以及每个订户的质量概况的属性,我们可以为某一特定服务类分配最高服务质量等级的服务。质量概况的使用,关乎第 1 章所述的静态和动态提供方式。服务可以通过基于 IP 分类标准（如，IP 地址或协议号）来检测（Räisänen，2003a）。在 3GPP 第 5 版中，支持 IP 多媒体子系统（IMS）和会话属性与承载属性的动态链接（Laiho and Acker，2005；Poikselkä *et al.*，2004）。作为服务实例的一部分，我们可以将它称为服务质量支持实例（Räisänen，2003a）。

3GPP 的服务质量框架引起了人们注意，原因是它提供了真正的多服务支持，而且目前已经在进行部署。它可以与许多服务提供方式一起使用，这使它变得更加灵活。在此同时，在当今的多厂商世界中提供技术先进、新颖、相对复杂的系统，是否具有可操作性是一个挑战（Koivukoski and Räisänen，2005；Räisänen *et al.*，2005）。关于 3GPP 的服务质量框架及服务提供的更多信息，可以查阅附录 A。

在第 6 版（R6）中，3GPP 架构被进一步通用化，不再是蜂窝技术专用的了。该类工作的一个例子是通用认证体系（GAA）。我们可以在那些旨在 IMS 与非蜂窝接入网络的接口连接的活动中看到对应的开发工作。

> **3GPP 制订出一个包含静态和动态提供的服务质量架构，并且一直从事汇聚支持工作。**

3GPP 为建模带来有价值的输入，它既带来了挑战也提供了解决方案。就第一点而言，3GPP——尤其是其第三代派生——是最先广泛部署的多服务平台之一。这给它带来了一组明确的需求，有利于使建模要求更加具体。因为 3GPP 系统的部署正进入成熟阶段，解决方案和系统也是可以获得的。

3.6 电信管理论坛

TMF 是一个国际组织，它以提高信息和通信服务的运作和管理水平为目标。TMF 致力于提供一个制订、记录和传播最佳当前实践（BCP）描述的论坛，并且根据企业特定需求进行应用和拓展。

正如在第 1 章讨论的那样，BSS 和 OSS 概念的精简一直是 TMF 的一个重要工作领域。该工作已经作为新一代运营支撑系统（NGOSS）方案的一部分来执行，来自电信服务供应商、厂家和系统集成商的代表都参与其中。此外，还有应用团队为 NGOSS 框架在具体的技术领域提供指导。NGOSS 的主要工作领域包括业务流程图、信息建模、集成框架和一致性标准。NGOSS 从四个角度考虑系统开发：业务、设计、执行和部署。多个应用团队支持核心的 NGOSS 团队，这些应用团队对他们的工作提供输入和指导。

> **TMF 制订 BCPs 描述并将它作为在企业特定环境中使用的一个基础。**

多年来，TMF 已经从事了多项研究，一个早期成果的例子就是无线服务度量队（WSMT）。它为无线系统（无线度量服务手册，2004）制订了关键质量指标（KQI）和关键绩效指标（KPI）。服务等级协议（SLA）手册（SLA Management Handbook），2001）已经是另外的一个工作领域。TMF 还制订了一个技术中立架构（TNA）的描述，基于分布式架构通过使用组件和接口来提供不透明执行（Technology－Neutral Architecture，2004）。业务逻辑从执行中分离已经是 TNA 的目标之一。在 NGOSS Methodology（2004）中描述了一种将系统设计从业务层定义转向系统设计、执行和部署的方法论。

接下来，我们将描述另外一些与本书主题有关的 TMF 团队。

3.6.1 增强电信运营图

增强电信运营图（eTOM）小组也许是 NGOSS 方案最有名的组成部分。它是旧的电信运营图活动的一个延续，并制订了一个后来被 ITU-T 采纳的业务流程框架（eTOM，2004）。其目标是为服务供应商使用的所有业务流程描述一个框架。它也包括了与供应商之间运作有关的流程。除了流程分类以外，eTOM 还包括流程流实例，以及一个附录，描述 eTOM 到 IT 基础设施库（ITIL）的映射。在本章后面我们将总结 ITIL 的工作及其与 eTOM 的关系。

eTOM 的工作被组编成三个主要部分或流程区域：

- 战略，基础设施和产品；
- 运作；
- 企业管理。

第一区域负责创建可销售的产品和服务；第二区域负责产品和服务的运作；第三区域负责企业的业务管理。在每个主要部分内，流程按照流程区域以及功能进行组织。eTOM 为企业的流程提供多重视图，这样下一级视图可以提供上一级视图的一种改进。视图被编号，所以 L0 粗略对应前面所述的三方，L1～L3 对 L0 提供逐步的改善。

eTOM 模型是被广泛用来作为电信通信的一个参考，并且已经被 ETU-T 采用。

许多公司已经公开宣布在其运营中使用 eTOM。这种例子可以在 TMF 的网站上（TMF，2006）找到。eTOM 是关于流程分类建模如何执行和使用的一个很好例子。

3.6.2 共享信息/数据模型

共享信息/数据（SID）模型是 NGOSS 方案与信息建模有关的一个活动（SID，2004）。SID 建立在 IETF、分布式管理任务组（DMTF）、目录驱动网络（DEN）以及 ITU-T 内先前的信息建模活动基础之上。SID 可以映射到 eTOM，但目前并不涵盖 eTOM 的整个区域。

SID 包括一个聚合的业务实体(ABE)框架，许多处理具体的各类信息实体的附录都属于某一特定业务实体域。类似于 eTOM 的基本结构，顶层域的例子包括市场和销售、产品、服务与资源。每个域的详细建模结合使用 UML 图表和散文在一个附录中进行描述。SID 的 UML 部分可以看作是为相关的实体描述一个本体。

因为用于 SID 的产品、服务和资源的概念将在本书后面部分提到，所以这里稍作提及。产品是可以被客户购买的东西。服务由资源支撑，是产品的一个技术执行。SID 没有从严格意义上界定服务，但它申明在 SID 内，服务紧紧与产品绑定。SID 对面向客户服务(CFS)和面向资源服务(RFS)加以区分，前者对终端用户可见，而后者则不可见。资源可以是逻辑或物理的，后者特征化为可被挑选的东西。依次，逻辑资源又代表抽象功能，如操作系统或软件。

SID 模型为信息建模开发了一个基础，并且支持在产品、服务和资源间的链接表示。

SID 通过 Java(OSS/J)计划，可以被映射到 OSS 的通用业务实体(CBEs)，映射到相关的实体存在于 SID 的程度(OSS/J White Paper，2004)。OSS/JCBEs 也可能构成对 SID 的扩展。

作为一种模型，SID 并不涵盖一切。然而，SID 以经验和来自前面提及的建模的输出为基础。这是 SID 的明确优势，也是为什么 SID 广泛用作参考的一个主要的原因。SID 提供了详细的例子来说明架构是如何应用于固定网络技术，包括虚拟专用网(VPN)和多协议标签交换技术(MPLS)网络。SID 也聚拢了许多已经发现在行业内有用的建模模式。除了产品、服务和资源间的相互关系以外，在本书的后面部分中还会引用聚合和角色模式。

3.6.3 服务框架

eTOM 及 SID 从事与服务供应商的业务有关的流程和信息描述。照此，它们并没有规定它们如何共同解决实际问题。如果给定适应区域的范围，这就构成了真正的挑战。为了更好地洞察这些挑战，服务框架团队(SFT)孕育而生了。这是前面所提到的 TMF 应用团队之一。它从服务供应商的角度研究可用的 TMF 工具，并提出一些它自己的概念。SFT 与其他 TMF 团队的关系如图 3.1 所示。

正如在前面章节所描述的，在服务管理过程中，一些基本挑战与任务的执行次序有关，也与相关的流程链接和信息所有权问题有关。SFT 已经着手通过服务管理角色来处理该问题，并分析其与服务生命周期的关系。服务创建作为服务生命周期的一部分，被选出来作更为详细的分析。详细分析涉及角色在创建过程中出现的次序、相关的 eTOM 流程的识别以及相应的与角色相关的 SID 聚合业务实体的确定(图 3.2)。就此而论,一个角色实际上是一组活动,可以被一名或多名雇员执行,并且单一雇员可以参与一个或多个角色。

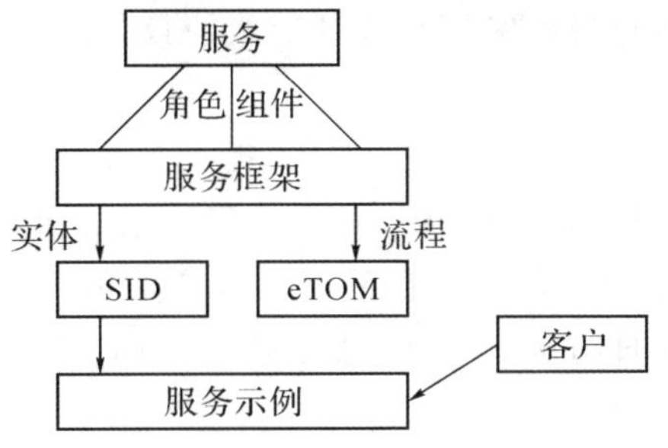

图 3.1 对于 SID 和 eTOM 的服务框架角色图示

引用自(服务框架,2004)(该图的复制得到电信管理论坛的许可)

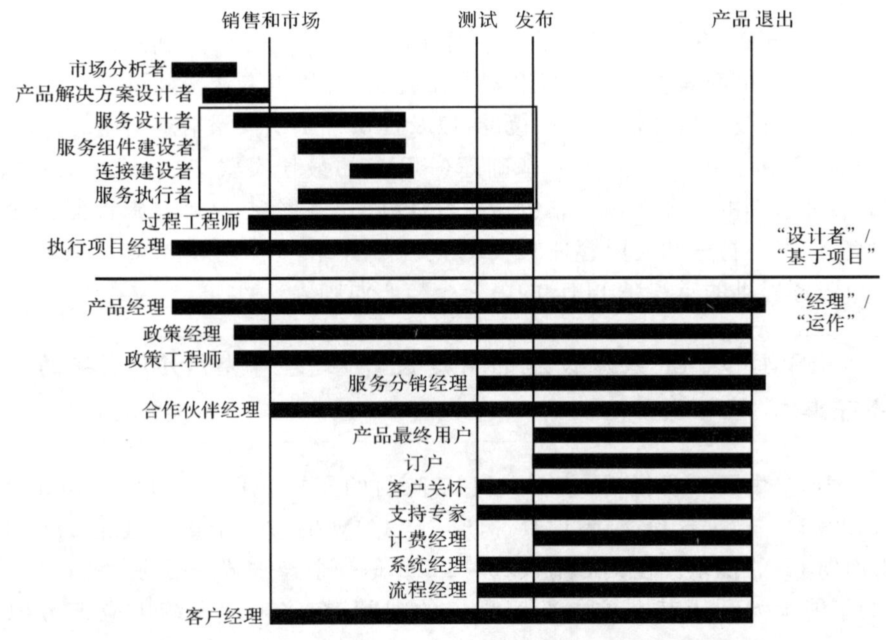

图 3.2 服务管理角色在服务产生和运作中的参与图示

红色长方形框包括了细节分析的部分。引自(服务框架,2004)(该图的复制得到电信管理论坛的许可)

SFT 团队成立,以研究 NGOSS 其余工作的实际要求。

从建模本身的角度来看,SFT 并未真正带来新的建模模式。然而,有价值的是其在处理具体问题过程中使用现有的工具和技术手段所凭借的流程。

3.6.4 IP 服务

IP 服务(SoIP),是另外一种 TMF 应用团队。它旨在为支持资源和服务管理的运作功能陈述一组公共要求(SoIP business requirements,2005)。SoIP 工作的目标是触发用于获取相关系统接口的开发和交付。在一个多厂商环境中,快速的服务提供、可靠的服务保证和服务等级协议(SLAs)相关的任务已经被列为 SoIP 的业务重点。

SoIP 工作对建模的重要性体现在上文提到过的对服务和资源模式的描述上。在他们的文档中,研究小组使用 IP 电话作为第一个案例研究。与 3GPP 一样,SoIP 工作的第一个应用领域与在部署环境方面的一组明确的实际需求联系在一起。在写这本书的时候,TMF 已经扩展 SoIP 工作去处理下一代网络(NGN)问题了。

3.7 IT 服务管理论坛

IT 服务管理论坛(itSMF)是一个国际性组织,一直致力于信息技术的服务管理。itSMF 申明其目标是开发和提升最佳实践、培养专业精神、提供一种传播媒介为其成员改善服务性能提供援助,以及提供一个供大家信息交流的论坛。

itSMF 制订了一个称为 IT 基础库(ITIL)的最佳实践文档,这个文档涵盖了 IT 服务管理的主要区域。它包括执行计划、业务透视、基础设施管理、服务支持和交付、安全管理和应用管理。ITIL 的一个介绍(ITIL Summary,2004)中说对客户服务提供的重视是 ITIL 的另一个核心原则。

> **itSMF 从 IT 基础设施的角度设计,处理了 eTOM 流程的一个子集。**

TMF 提供了一份描述 eTOM/ITIL 映射的文档(eTOM/ITIL Application Note,2005)。根据这份文档,ITIL 构成了 eTOM 的一个子集并且比 eTOM 更注重面向 IT 的视角。在其适用领域内 ITIL 是一个经常被使用的参考。至于建模,为了能最大利用其在这一部门积累的智慧,在将来的系统中应该考虑 IT 范例。

3.8 与互联网服务有关的活动

活动的最重要领域之一涉及 Web 服务。“Web 服务”是个含糊的名词。依赖使用的背景,它可以指任何事——从简单的网页浏览到语义 Web 技术使用。常被引用的特征是朝着简单性和互操作性的定位,而非详细的接口规范(ACM Queue,2005)。

我们可以采取切实可行的途径来回避潜在的具有争议性的关于 Web 服务的定义。多种行业论坛一直致力于那些与 Web 服务有关的技术所涉及规范的具体化。虽然在下文中我们将简述其中一些规范,但是我们还是宁愿拓宽标题为"互联网服务"而不是"Web 服务"。前面已经描述过的 OASIS 也属于这种类型。

3.8.1 万维网联盟

万维网联盟(W3C,2006)制订与 Web 技术有关的标准。W3C 制订的最广为人知的标准是可扩展标记语言(XML)。XML 方案被作为一种基于 XML 格式的元级描述来提供。对于 Web 服务,W3C 已经制订出称之为 SOAP 的基本交易规范,以及 WSDL 规范。W3C 还制订了与语义 Web 有关的规范,其中包括资源描述框架(RDF)和网络本体语言(OWL)。此外,W3C 还有涉及 Web 技术在移动环境中使用的活动,例如,Web 服务编排和语义 Web。

W3C 对建模的价值在于与 Web 服务有关的工具和范式。特别值得一提的是元数据描述语言、语义 Web 以及诸如补充基本 Web 服务技术的 WSDL 和 SOAP。W3C 标准在向一个轻量级方法调整以适合建立分布式系统。

3.8.2 WS-I

Web 服务互操作组织(WS-I,2006)是一个为了提升 WS-I 的开放组织。它已经为 W3C 和 OASIS Web 服务核心标准(SOAP,WSDL,UDDI)制订界定基本概况的规范,同时为互操作性简写标准。WS-Policy 为规定独立于域的服务的能力和要求提供了一个基于 XML 的框架。另外的规范涉及处理信任和联邦问题,例如 MOCKFORD(2004)。此外,WS-I 还为测试概况的执行提供工具。

作为 Web 服务领域的一个组织,WS-I 的角色可以比喻为 TMF 和 OSS/J 里的配合活动。它提供了一个场所来联合 Web 服务的积木和发现可能的遗漏部分。

尽管实行互操作性的透明度需要付出代价,但互操作性的解决依然非常重要。对 WS-I 框架各方面的顺应,为 SOAP、WSDL 和 UDDI 的简单基本 Web 服务框架增加了复杂度。

3.8.3 自由联盟

自由联盟(Liberty,2006)为隐私友好、安全和鲁棒的身份管理制订开放标准。在其他成果中,它为身份联邦和身份 Web 服务制订了框架。自由联盟已经使用服务供应商、身份供应商和用户为其基本积木描述出了一个整体架构。

自从大规模采用基于 IP 的服务以来,随着时间的推移,安全性的作用似乎越来越明显。随着系统、服务和商业价值网络越来越先进、越来越广泛分布,服务领域的重点也发生了转移。我们需要超越基本的安全技术(如,加密)来思考。

现在我们已经清楚地意识到隐私和信任问题在安全方面的重要性。关注联邦的另外驱动力来自对服务可实用性的日益注重。诸如自由联盟这样的组织的工作是极其宝贵的,服务模型擅长于支持自由隐私的利益相关者和信任框架,以及相关的方法,如联邦。

3.9 其他的机构和视角

上述列出的机构，从服务建模的观点看也许是最重要的。不过，其他机构也做过相关的工作。也有一些观点引人注意，但不涉及一个单一的行业合作。下面，我们将简要看看 SLAs 和 OMA 活动，并讨论语义 Web 服务对本书主题的意义。

3.9.1 服务等级协议

服务等级协议(SLAs)为供应商和客户就交付条款达成一致意见提供基础。本质上，SLA 是一个业务合同，除了正常的业务合同涉及的数据，诸如应用期限、责任的界定等等之外，SLA 还规定在技术条款方面的服务质量。依次，SLA 的技术部分通常包含定义与所讨论的服务有关的服务质量的度量方法，以及报告涉及的程序。与 SLA 相关的条款的管理，对目前日趋动态环境的业务价值网络很重要。后来，除了前面提到的 TMF 工作团队以外，别的团队也有在研究 SLAs。

IETF 的区分服务(DiffServ)工作组提出了与 SLAs 有关的术语(Grossman，2002)。根据区分服务 WG 的术语，SLA 是业务协议，而服务等级规范(SLS)是协议的技术部分。此外，传输调节协议(TCA)和传输调节规范(TCS)用来记录关于调节的假设。大体来说，等价于在协议的当事人之间就传输变化的规则达成一致。为了能在区分领域规定聚合服务质量等级，该工作组提出了另一个概念，即逐域行为(PDB)。我们在第 2 和第 3 部分中会充分利用这些概念。附录 B 中有关于 DiffServSLAs 和 PDBs 的更多信息。

IETF 和 TMF 已在 SLAs 区域做了工作。

传统上，SLAs 与其他业务协议一样，都被以同样的方式使用。在 EU 的 Premium IP Networks(CADENUS)项目中的终端用户服务的创建和部署，研究了使用先进的、动态服务质量支持来在 IP 网络中创建和部署终端用户服务(Cortese *et al.*，2003)。为了自动化服务质量管理，该框架采用各类中介实体，包括接入中介、服务中介以及资源中介。在服务供应商领域，接入中介连接通信终端和服务中介。在接入中介和服务中介间的接口可以看作是动态的 SLAs 信息的表示。照此，在服务中介和资源中介间的信息，更接近 SLAs 的技术部分，或 SLS。资源中介是一个宽带中介型元素，关于它的讨论可以参阅(Räisänen，2003a)。

SLAs 对服务模型的意义在于把服务质量与供应商和客户连接起来的能力。SLA 的技术定义，最后应适合在业务和技术上使用。在传统业务背景和自动化的中间商型代理商的环境下，有可能在服务模型中采用与 SLA 相关的概念。

3.9.2 开放移动联盟

开放移动联盟(OMA)始建于 2002 年，现有多个 SDOs 并入其中。它包括移动运营商、无线系统厂商、从事信息技术领域的公司、内容供应商以及其他参与者。

OMA 的使命是建立移动服务赋能者的规范，以增强互操作性和服务的易于采用性。OMA 的目标是以独立于网络技术的方式运行于一个操作系统之上。其结果用开放规范的形式记录。OMA 有多个技术工作组，如数据同步、设备管理、定位技术，出席、蜂窝一键通和安全。OMA 也有一个架构工作组，它描述了 OMA 的服务环境(OSE)。涉及服务供应商平台的工作已经在 OMA 服务供应商环境(OSPE)下实行；这些工作除了处理与基于组件服务平台本身有关的要求以外，还处理一组初步的服务生命周期的问题。

OMA 已经解决了技术独立的服务供应商环境的标准化。

OMA 是一个体现开放平台活动优势的很好例子。从建模角度来看，OMA 工作使建模必须利用组件来描述与标准服务执行环境有关的运作活动。

3.9.3 Web Services 的语义描述

OWL-S(前身为国防高级研究计划局(DARPA)代理标识语言，DAML-S)是一个基于 RDF 的 Web 服务的本体描述语言。OWL-S 的设计目标包括推进自动的 Web 服务发现、调用、组合和执行监管。OWL-S 的顶层本体包括：发现的服务概况、描述服务运作的服务模型、描述服务之间信息传递的服务基础。服务模型依次包括描述服务如何运作的流程本体和跟踪流程运作的流程控制本体。关于这方面具体的内容可以参阅 Davies *et al*.(2004)或 DAML-S(2003)。

与 OWL-S 目标相同的其他方法包括 Web 服务建模框架(WSWF)，它旨在用形式化的语义学扩大 OWL-S 的能力来描述 Web 服务的状态转换。它把重点放在经由中介服务的互操作性上。WSWF 由一个研究语义 Web 激活网络服务的 EU 项目来开发。目前 OWL-S 是一个比 WSWF 更广泛采用的范式。

语义 Web 服务技术带来的建模可以被代理动态解释服务描述需求，并推动比现有 Web 服务范例更灵活、更有用的服务需求。第 1 章中提到的 MobiLife 项目中，在其他论坛也研究过相关的技术。

3.10 小　结

下面我们总结一下服务建模在工业领域的举措。可以说我们为服务建模有很多的输入而感到幸运。好的信息模型和模式均可供信息和流程使用。在服务建模方面已经展开了基于分组的服务方面的分析工作。日益重要的多路接入系统，无疑将给服务建模在该领域带来更精细的模式。生命周期的表示不仅只为服务考虑，也为用于提供服务的产品和平台考虑。这一切对我们当前的研究来说，都是好消息。

我们已回顾了许多行业和学术界参与的论坛的工作。其中有些是传统的、封闭的 SDOs，而其他是基于开放成员的概念。除了标准化系统，越来越多的人认识到标准化信息管理方案的重要性。在这两种情况下，工作应该遵循一个有序的架构分析。除了标准，我们发现 BCPs 的记录也是有用的参考点。

诸如 OMG 这样的论坛，对它们所专注的方面——使 SoA 型分布式架构生效，提供了更深刻的见解。对基本机制的了解至关重要；对于具体的应用而言，它需要被引入到更为详细的层次。从事 Web 服务相关的技术、移动系统及可操作性焦点的组织，已经并继续为我们带来具体的焦点。他们的工作以研究项目和方案为补充，诸如早前已经提到的 WWI、MobiLife 和 WWRF。

运行于 IP 之上的所有服务相关的交易都由分组的流组成。从这个视角来看，IT 和移动服务有许多共性。毕竟，IETF 已经把 IP“市场化”为汇聚层：“一切经由 IP，IP 越过一切”。实际上，技术研究已经发现了不同的接入技术之间的许多共同点，同时有很多活动也支持这个事实，如 UMA。另一方面，注意接入技术的具体特征有助于以目前最优的方式提供服务。

类似的情况也存在于业务领域。一方面，服务供应商想要独立于分销渠道提供服务。另一方面，IT 和移动领域的历史以及构建当前系统基础的基本假设都各不相同。目前范式处于变化当中，同时我们又可以预计范式之间将有越来越多的共同点。

目前，从服务管理的角度看，IT 和移动领域已经很大程度地共享了开发系统的目标：信息表示和流程描述应该标准化。由于 IT 和移动通信服务提供给顾客的方式不同，两个范式处于同一概念开发的不同阶段。然而，流程图已经被纳入到 IT 和移动域，信息建模也越来越重要。

我们发现：尽可能地力求通用性原则和提供 PSMs 的要求为我们提供了有用的结果。为了给框架的用户带来最大价值，需要考虑从通用到具体的转换方法。OMG 的 CIM/PIM/PSM 结构和 TMFNGOSS 的四个视图是这类工作的成果。

上述活动使我们能够深入了解系统设计中使用模型的最优方法。使用多种模型，有益于处理特定视角和利益相关者的具体需要。我们必须记住，很多被使用的模型可以是非形式化的，并且在促进更详细的分析方面担任重要的角色。在获得接受和增强模型的可理解性方面，我们不能低估可视化的重要性。

为了增进我们对什么是制订模型最好方法的了解，无论是在模型的结构方面还是模型在真实环境的使用方面，开发一致的和广泛接受的模型是极为重要的。在建模活动过程中，建模模式的开发和使用已经证明是非常有用的，一个好的模式可以替代在许多不同的具体模型中的大量工作。

目前大量的行业举措都反映了新技术和新系统的积极发展，部分是由于IP作为服务的端到端平台的推动。许多对应的活动，也凸显使各论坛的输出实际可用的协调活动的重要性。WS-I和TMFSFT就是这类活动的一个例子。

新范式的兴起也为服务建模提出了新的要求。基于简单消息和使用注册的基本Web服务范式可以以编排的定义为补充。相比于面向API系统，如CORBA（ACM Queue，2005），我们可以认为Web服务接口（WSI）方法是一种根本不同的建立分布式系统的方法。服务的分布性突出强调了隐私技术、信任技术以及与之相关的模型的重要性。从长远来说，为了增值而使用部分信息和组合信息的能力是一个非常有潜力并具有挑战的领域。例如，EU FP6方案也在研究相关的技术和模型。

类似于技术和范式的扩散，我们也能观察到统一技术的活动。OMA正在研究标准化服务平台，并且注意力越来越多地转向覆盖多个市场和技术的前标准化活动。WWRF就是后者的一个例子。

总体而言，许多让我们感兴趣和重要的工作涉及以一种或另一种方式的服务管理并已经在进行中。在下一章中，我们将制订一个集合各精华部分的框架。

3.11 本章要点

本章需要铭记的十点：

- 除了UML规范，OMG还处理元建模和架构建模。
- CORBA是OMG用对象表示服务的分布式架构。
- WfMC已经为工作流系统开发了一个参考模型。
- ITU-I为承载开发建模概念。
- 3GPP开发了多服务QoS框架。
- 作为NGOSS方案的一部分，TMF使用eTOM解决流程建模，使用SID处理信息建模。
- SFT和SoIP团队从有关的视角为NGOSS开发提供输入。
- W3C、OASIS、WS-I和自由联盟都从事Web服务领域的研究。
- OMA从事模块化服务供应商环境的开发。
- 语义Web技术目前正处于研究阶段，其目标是Web服务的自动化。

第 2 部分

服务建模的概念

在这部分内容中，基于第 1 部分所提供的内容，我们将介绍一个服务建模的框架。

在前面的内容中，我们讨论了行业的需求，知道了很多的建模方法都和行业举措有关。本部分内容就建立在这些基础之上，同时在所回顾的资料中我们找出了建模中的关键问题。选定视角来分析目前行业的一些需求，同时略述了未来建模中所需的一些基础。

我们将从总结第 4 章服务建模的要求开始，进而在第 5 章中介绍一个用来描述利益相关者流程的管理框架。第 6 章中，我们将描述一个关于服务技术方面问题的框架，同时总结主要终端用户服务类型的要求和特征。该部分将以第 7 章中从框架和建模模式的角度对服务模型积木进行总结。

在第 3 部分的案例中，我们将举例说明服务建模概念的使用。

服务建模要求

在这一章,我们会收集一组服务建模的要求。它主要涉及第1部分所回顾的主题,但我们也会添加一些概括和补充的内容。

我们将使用多重视角去分析和列举要求。单个视角考虑了详细分析,多重视角的运用为我们带来了对要求分析的透视。下文描述的要求,适合服务模型及其使用的方法。我们将这整个部分称之为服务建模框架(SMF)。我们将在第7章描述如何处理建模要求的子集的例子。这里列出要求的意图不只是为了引入第7章,还是为了说明实施一个完整的SMF时需要考虑的问题。

这里描述的要求属于高层次的要求,而不是详细的技术要求。除非另有说明,接下来描述的要求是指对SMF的要求。

服务的建模与软件系统建模具有共性。这里采用利益相关者的方法,从特定利益相关者的视角出发分析问题。这里的模型描述并不详细地遵循(IEEE的架构推荐标准,2000)流程,而是采用了一些它的概念。

在下一节,我们会用术语“产品”、“服务”和“资源”分别指出售给客户的实体、产品需要的技术执行及支撑服务的能力。

4.1 符　号

我们按顺序对这部分使用的图形符号作几点简短注解。建模的理由以文字形式表达,为了某一特定目的而设计的模型视图则用插图加以说明。为了实现这个目的,我们将使用简化的统一建模语言(UML)符号。本书使用的最重要的结构,显示在图4.1静态视图和图4.2动态视图中。总体上,视图提供了模型整体的一个快速扫描。

静态视图结构考虑了表示模型的实体间的通用化、聚合和依赖三种关系。通用化表明一个实体是一个更通用实体的特殊案例。反过来说,具体类可以看作是从更通用的类中继承而来的。聚合明确表明一个实体是其他实体的聚集。依赖关系表明两个实体间有另一种互相关性。在UML中的依赖关系可以是有向的,但在我们的模型中,将只使用无向的依赖关系。

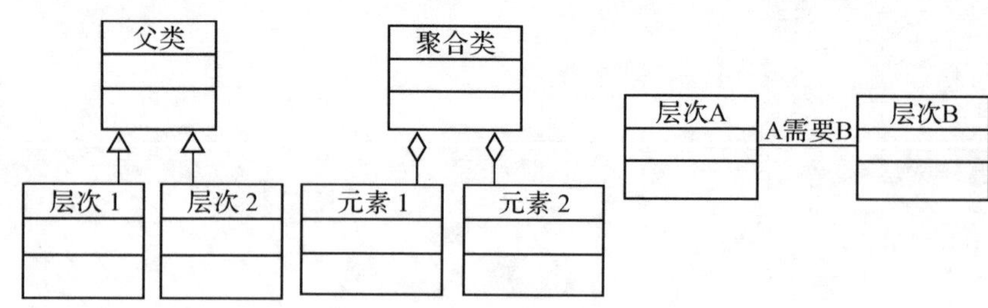

图 4.1　静态视图统一建模语言(UML)符号的案例

通用化(左),聚合(中)和依赖(右)

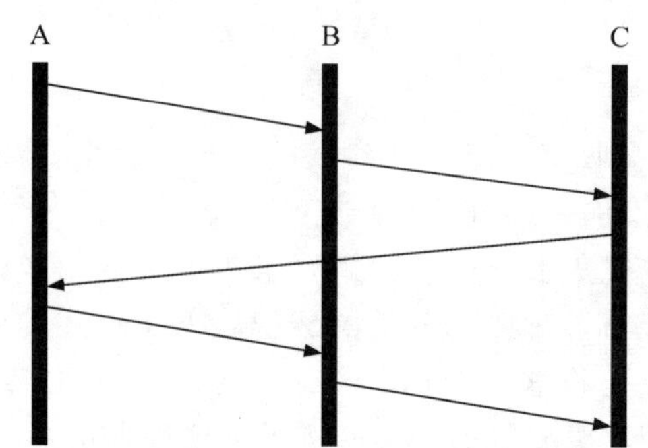

图 4.2　动态视图统一建模语言(UML)符号的案例

包含 A,B 和 C 三个实体的一般信令序列。图中时间流从顶部到底部

动态视图结构可以指代与静态视图相同的实体。在动态视图中,实体间的一系列有向联系(箭头)指出了资源的调用顺序。在动态视图中允许有并行的行动。动态视图可以用于分析序列的单个阶段对事件的总体流的影响。

在第 3 部分的例子中,我们也将充分使用用例图表。用例符号的要素是参与者、用例及它们之间的关系,如图 4.3 所示。

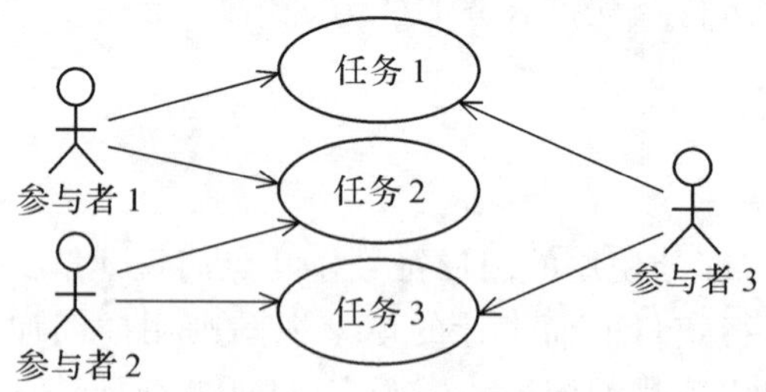

图 4.3　用例的例子

包括参与者 1,2 和 3 和他们与任务 1,2 和 3 的关系

UML 在其处理上有更先进的符号,为了使读者简单易懂,本书没有使用这些符号。例如,实体之间的相关也可以构成某种类型。图 4.1 和 4.2 的快速总结只提供了最基础的部分,有兴趣的读者可参阅(UML,2003),或者其他合适的教科书。

本书中,不命名关系,不考虑关系末端的多样性,不描述实体的属性,也不会区分容器与其他类型的聚合。

使用符号的目的是为了在一个涵盖广泛的领域中提纲挈领地描述出重要的关系，而不是对一个狭窄领域的冗长而详细的描述。

4.2 通用要求

我们首先列出并讨论通用要求，要求概述见表4.1。

表4.1 通用要求与关注

SMF 应从管理服务的角度构建
SMF 不应仅限于某一特定技术或结构
SMF 不应局限于具体建模范例
SMF 应支持面向服务架构(SoA)
SMF 应支持用目前的架构所提供的服务
SMF 不应绑定在(局限于)利益相关者之间的任何特定价值网络
SMF 不应局限于(绑定在)单个利益相关者的某一特定业务模型
SMF 应支持对服务管理相关流程的链接
SMF 应支持框架的迭代改善
SMF 的制订不应该限制可能的服务集合
SMF 应支持运营商主办的和非托管的服务
SMF 应支持服务管理流程的不同阶段，包括高层次定义和详细映射、形式化的表示

一种重要的通用要求与所支持的服务类型有关。框架应该不仅对目前的服务提供支持，还能够根据目前的预测来很好地支持未来的需求。因此，框架应该足以涵盖未来的服务，正如 MobiLife 项目正在研究的框架那样。另一方面，也应该有可能把框架应用到目前的服务，如即时通讯和聊天。同时要求不能限制可能的服务的集合，当然这是一种苛求，但应该尽力去避免以前已知的障碍。与范式相关的要求也已经列出，SoA 就是一个例证。这里实际上的意义是服务模块应服从业务逻辑，并与组件执行分离。

框架应该可以在未来和现在的架构上执行，如世界无线研究论坛(WWRF)正在研究的未来的分布式服务架构，或者目前的3GPP的服务供应模型和IP多媒体子系统(IMS)架构。不限制可应用的业务模型的要求，对于促进从单一供应商服务向高附加值价值网的顺利过渡来说非常重要。

先前概念框架的使用经验已经表明：一次就产生最实用的模型几乎是不可能的，因此有了能够迭代改善框架的要求。因此，应该可以以模型使用过程中获得的经验为基础改进模型。把模型看作是来自核心概念的一个树枝，这样的改进最有可能与模型的"叶子"有关，而不是"树干"部分。但是，只要有足够的正当理由，同样不排除较大的修改。

对非托管服务支持的要求给服务管理带来了新的内容，同时引入了传统供应商型利益相关者不提供的服务。目前所流行的点对点服务就是这类服务的一个例子。需要指出的是,这项要求的列入并没有降低传统供应商的作用——公平地说,它为所有利益相关者提供了更多可能,进一步的要求将在下文中描述。

4.3 与技术相关的要求

这里,与技术相关的要求的意义在于确保要求在不同技术平台上的通用性。举例来说,虽然我们主要参照了 3GPP 和 IMS,但服务管理框架应该能在不同类型的技术环境中正常工作。在第 1 部分关于现状和趋势的回顾部分中,基于对固定移动融合(FMC)和分布式重要性的认识,少数技术区域得以命名。

技术视角与用于接入和提供服务的系统有关。从技术层面来看,可以确定的要求列于表 4.2 中。

表 4.2 与技术相关的要求

高层次模型不应是技术有关的
高层次模型应该可以映射到技术有关的执行
相同的模型应该支持移动和固定网络领域
在多路接入技术之上,应该能够运作同一服务
应支持根据接入技术定制服务
应支持服务质量控制与管理
应支持安全控制和管理
SMF 不应该排除同时使用多路接入技术
应支持静态和动态的服务组合
应支持“一体化”和分布式服务平台
应该能够混合托管和非托管服务组件

能把同一模型应用到移动和固定网络两个领域的要求,不仅涉及技术,还涉及与技术相关的范式。读者可以参考上一部分讨论的增强电信业务图(eTOM)和 IT 基础设施库(ITIL)的例子。

接入的独立性和对某一服务定制特定的接入频道并不相互矛盾。前者是指经由多路接入技术提供一项服务的能力,而后者则是指对接入技术能力的最大利用。例如,在无线局域网(WLAN)的热点中,可以使用较大的、接入点允许负荷的可用带宽,来对视频流可能缺乏保证的比特率支持进行补偿。

能够把相同的框架应用于服务的管理和质量控制,这个要求非常重要。服务管理指管理服务所要求的离线行为,而服务控制则指由网络执行的在线行动(Koivukoski and Räisänen,2005)。鉴于累积的经验及精益目标,管理信息的结构和服务控制的数据间的松弛映射显然是一个优势。我们会在第 6 章讨论有关的要求。

静态提供指诸如传统的区分服务等级协议(SLA)这样的机制,服务质量按照服务类型静态分配。动态提供指以服务质量支持的实例化形式为一个传输实体动态分配服务质量的能力。在第 1 部分中我们在高层次上讨论了这两种方式,在第 6 章中将进一步讨论该问题。

未来的服务管理框架应该考虑传统的供应商利益相关者所主办的服务组件与在非托管环境下的利益相关者所提供的组件相结合的服务组合。举例来说,这为托管服务的供应商给 P2P 服务供应功能提供了新的角色。

4.4 与流程相关的要求

与流程相关的要求涉及在服务的环境中流程建模的相关需求。

典型的面向流程的要求列于表 4.3。它们源自利益相关者及与之相关的实体使用 SMF 的方法。

表 4.3 流程相关的要求

在单个利益相关者内,应可以定义流程
应可以实现涉及多方利益相关者的流程定义
应支持涉及人和自动化的参与者的流程
应可以实现使用角色的流程的描述
SMF 应支持机构内部以及机构之间的接入权的定义
SMF 应支持不同的信息所有权的定义
SMF 应支持流程的可追溯性

角色的概念是指能够指代一组独立于具体的人或执行它们的其他参与者的任务的要求。

为了在供应商服务环境中使用,服务建模框架必须支持在单个服务供应商内的工作流描述。这类描述勾勒出了活动的时间顺序,包括在第 3 章讨论的相关要求。此外,流程包括需要涵盖多重利益相关者。这方面的一些转包型例子,我们已经在第 3 章的电信管理论坛(TMF)服务框架内容中进行了讨论。

经得起未来考验的框架,必须支持对自动化的参与者和人类参与者的流程定义。对于前者,流程编排型定义被视为与供应商的内部使用和供应商之间的使用有关。

4.5 与信息建模相关的要求

信息建模视角从建模学科和技术角度收集要求。信息建模视角的要求列于表 4.4。

表 4.4 信息建模相关的要求

应该能够使用 SMF 来设计人类用户能理解的表示
SMF 应支持对形式化表示的映射
关于本体论，SMF 应支持通用概念以及域有关的建模
SMF 应支持元建模原理
SMF 应配合政策的使用
SMF 应支持服务的 SoA 型建模
在分布式服务中，SMF 应支持状态转变的建模

正如我们所看到的，服务模型有多种用途。一方面，服务模型可以用于构建服务管理的用户与服务管理系统之间的交互。另一方面，服务模型也可以用来作为服务管理涉及的系统和参与服务控制的元素之间的自动化通信基础。一般来说，这两种信息模型不一定相同。

服务建模的其他应用，包括表示用户接口和人与人交互中的信息构建。此外，面向人的交互的信息建模与面向自动化处理的信息建模，可以大不相同。只要不同类型的模型都基于相同的概念就仍然是有用的。因此，SMF 应该是服务管理的一个基础，同时可以被人类用户和映射到与自动化通信有关的信息结构所使用。

关于本体论或实体分类法和关系模型，服务管理不应该是限定的。对于多重服务和领域，除了采用单一的本体论以外，应当能够根据需要设计本体论。这种要求力求兼顾如共享信息/数据(SID)这样的全行业建模活动，以及更多面向 Web 服务的建模。

SMF 应该能表示成由一个通用部分和为了某一具体目的而设计的更详细的子模型所组成。模型的通用部分确保模型的整体一致性，而特定域的模型为满足单个技术环境的特定需要提供了必要的“机器”。

表中的一些具体要求与目前正在流行的具体范式有关。正在研究的范式是 SoA 和基于政策的管理(PBM)。目前正在研究它们对服务管理的优化应用。列入该表的要求并不代表它们是最后的真理，但是正如技术那样，根据当前的理解它们可以为服务管理带来增值。

4.6 利益相关者特定的要求

多重利益相关者视角有益于从不同的视角研究一个系统或架构涉及的要求和关注事项。它增强了分析的具体性，同时又不失普遍性。另外一种方法是把全体利益相关者一起处理，只讨论流程范畴。后者的方法是有效的，但从目前用途来说，由于总的主题范围很广，这样考虑过于抽象，因此我们还是围绕着利益相关者来讨论。由于这里我们不讨论业务模型，这应该不是一个严重的限制。我们将从程序意义上来描述利益相关者，这使它们更接近于面向流程的方法。

接下来，我们会研究一些典型的利益相关者特定的要求和关注。为了保持通用性，我们考虑利益相关者类型，而不是单个的利益相关者。首先，我们需要确定哪些类型与当前目的有关。

这里考虑了以下利益相关者类：

- 终端用户/订户；
- 服务供应商；
- 连接供应商；
- 赋能者供应商。

下文，我们会对每类利益相关者进行说明，并连同列出的利益相关者视图提供实例。

在一些利益相关者分析中，如 MobiLife(2006)，已经确定了一大组利益相关者类型。在这里，我们力求保持尽可能少的利益相关者数量。原因之一在于目前分析的目的是寻求尽可能的通用性，然而，举例来说，MobiLife 为移动应用分析了一个架构。

从服务建模的角度来看，以上的利益相关者类型名单，促进了一些最重要的问题的解决，包括订户和终端用户的分离，连接供应商、服务供应商和赋能供应商的互相分离。

利益相关者彼此间关系的“大图景”如图 4.4 所示。终端用户可以使用多路连接供应商来接入某个特定服务，同时在这个过程中可以利用赋能供应商的服务。服务供应商可以聚合来自其他服务供应商的服务。订户和供应商之间，存在可应用的、直接的合同关系。请注意，该图是图 1.1 的一个特例。在第 3 部分中，我们将提供利益相关者的具体实例。

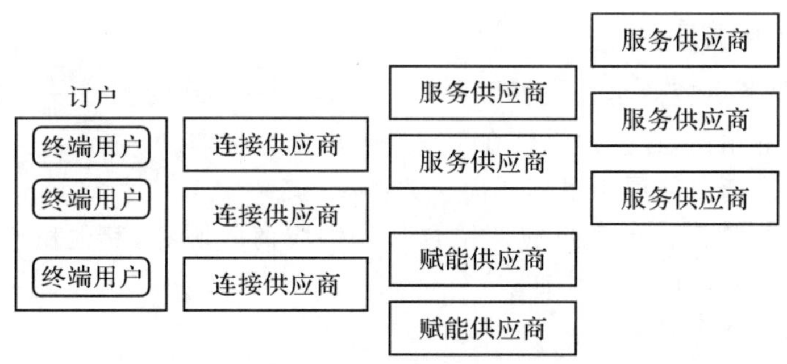

图 4.4 利益相关者类型图示

4.6.1 终端用户/订户

订户是达成与产品和服务要素相关的协议的一方。合同本身可以假定有多种格式，原则上，可以是动态的且基于自动化机制的。终端用户是使用属于产品服务的一方。例如，终端用户可以是订户，或者订户可能是终端用户的雇主。就后者而言，我们可以说是聚合订户。

典型的终端用户/订户利益相关者类对 SMF 的要求见表 4.5。注意到这个事实是有用的，即服务供应商与聚合订户和单个订户，可能同时存在关系。在前者情况下，它们的关系是典型的自然聚合关系；而在后者的情况下，它通常涉及辅助的征订、个人偏好管理，或自我提供。

表 4.5　终端用户/订户利益相关者类的关注

支持聚合订户与其他利益相关者的聚合关系
支持终端用户与其他利益相关者一对一的关系
支持由订户管理终端用户相关的信息
支持对订户级偏好的表达，包括隐私相关的偏好
支持对终端用户级偏好的表达
SMF 必须支持使服务质量可预测的手段
架构不应该排除使用基于中间商机制的服务和接入的选择
应可以实现在通信端点的服务编排

当订户和终端用户都是独立的参与者时，通常双方都需要有单独的要求集合。

服务质量涉及订户和终端用户双方。在前者情况下，服务质量指订户和一个供应商之间的 SLAs。在后一种情况下，对于单个服务使用会话来说，服务质量的可预测性对服务的可用性非常重要。

对中间商机制的参考是指使用自动化的协商手段来选择供应商的能力。例如，与接入供应商（Personal router whitepaper，2006）和服务供应商选择（MobiLife，2006）有关的中间商也已经纳入考虑了。

4.6.2　服务供应商

这里，服务供应商是一类把服务——包装成为产品的服务——提供给其他利益相关者的角色，连接提供将在下一小节里分开考虑。

服务供应商可能属于下列任何一类：

• 服务聚集商。这类供应商聚合其他供应商的服务，其他供应商，可能是服务供应商或基本服务供应商。

• 基本服务供应商。

• 内容供应商是服务供应商的一种专门类型。

• 非托管服务供应商，使用轻量级平台提供服务。

• 服务中间商。这部分仍是一个研究课题，请读者参考 CADENUS，MobiLife 和环境网络工程（Ambient，2006；Cortese *et al.*，2003；MobiLife，2006）。

一般来说，连接供应商也可以看作是一个服务供应商。鉴于服务分布的重要性，在本书中，我们把它作为一个单独的利益相关者。

在服务使用之前，服务供应商与订户之间可能有或者没有合约关系。在后一种情况下,服务供应商需要通过终端用户发现。这一发现可能交由其他供应商处理,且发现过程可能对订户和终端用户不可见。

服务可以由一个托管平台来支持,或以点对点方式进行提供,如图 4.5。后者是作为一个非托管服务供应商例子,服务性能的可预测程度取决于它们是否由基于托管或非托管平台来提供。从终端用户的角度来看,这两种服务可以共存、合并和同时互相使用。

实体描述如图 4.5:

- 服务供应商:提供服务的利益相关者;
- 托管服务供应商:托管服务的供应商,服务供应商的一个子类型;
- 点对点服务供应商:点对点供应商,非托管服务,服务供应商的一个子类型。

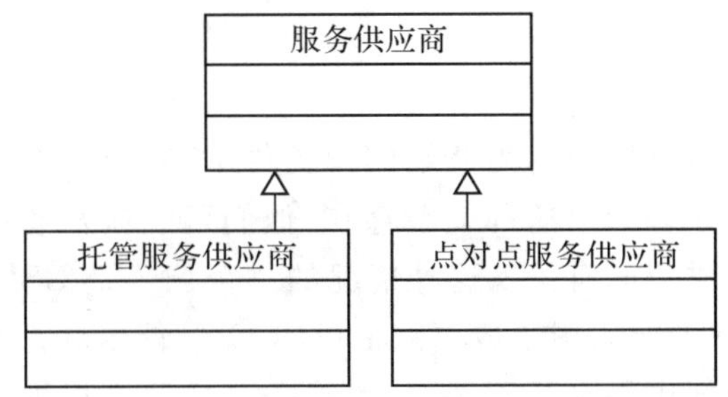

图 4.5 托管和点对点利益相关者

动态服务组合的重要性不断提高,一体化服务性能的最终责任落在订户或终端用户身上,而不再是服务聚集商,框架必须支持这种情况。点对点服务就属于这一类。在这种情况下,应该能够根据聚合相关的角色划分定义和监督要素性能的责任。

典型的服务供应商利益相关者的关注列于表 4.6。

表 4.6 服务供应商利益相关者的关注

产品相关的数据必须在服务供应商终端用户和服务供应商的接口得到支持
支持 SLAS 和 SLS 是必要的
责任限制应该是可能的
应支持产品、服务和服务组件的生命周期
应支持自我提供的终端用户服务
必须能给终端用户提供可预测的服务质量
SMF 必须支持与服务供应商之间的连接有关的参数
终端用户分组应支持大规模的分布式服务
应支持为客户定制产品和服务
服务供应商应可以执行服务编排
服务注册的使用,应该是可能的

对于托管服务的供应商而言,产品相关的数据是相关的,并且涉及业务相关的数据。对于点对点服务,这里没有考虑可能的补偿机制,应该可以创建客户或

客户类特定的产品和服务。为了能够管理大众市场服务，服务管理框架应该支持终端用户分组。

在托管服务的供应商之间，以及供应商和订户之间，需要有 SLA 和服务等级规范(SLS)。概念上，非托管服务也可以看成与 SLA 相关。在下一节中，我们将进一步讨论这个问题。服务管理框架还必须支持与供应商相互之间的运作有关的机制和参数。

该框架必须支持通过服务供应商定义终端用户服务的性能指标，包括服务质量相关的性能指标。定义本身可以是详细或广义的，这取决于需要。举例来说，诸如通用移动通信系统(UMTS)这样的先进的多服务网络支持详细的服务质量定义，而对于无线局域网的服务质量，它可以被定义成一种最大限度的服务质量，并且点对点服务实际上可以无保证提供。

4.6.3 连接供应商

连接利益相关者型供应商为终端用户提供 IP 连接。连接供应商与订户可能有或没有合同关系。如果这种关系存在，他们可能涉及或不涉及服务供应商关系。订户与连接供应商有关系这种情况的一个例子是 GSM 和 UMTS 网络，订户的订阅与 SIM 卡或通用集成电路卡(UICC)智能卡联系在一起。这个例子中所讨论的服务可能由移动运营商组成，或一个外部方提供。点对点连接发生在终端用户之间，没有来自诸如 IMS 这样的会话控制的中介。点对点连接可以是指直接链接层“无线自组织网”(无线自组织)连接，或使用其他网络技术的一个“覆盖”多跳连接。总体而言，连接供应商类型包括：

- 接入网络供应商提供第一跳连接。
- 骨干网供应商在接入网络和服务之间提供售出连接。
- 接入中间商支持在多路接入供应商之间进行选择。这又是一个研究课题，读者可参考 Ambient(2006)和 Cortese 等(2003)。
- 点对点连接。

在上面名单中，同一利益相关者可能会同时运营接入网络和骨干网络。在本书中，我们将关注“最后一公里”的连接供应商。终端用户本身可以是一个接入中间商，正如 Personal router whitepaper(2006)所描述的那样。

举例来说，最后一种连接可以基于近距离通信(NFC)技术，如在通信终端设备之间以无线自组织方式的 802.11，或超宽带(UWB)通信。同时，针对多跳无线自组织通信的技术正在开发之中。在点对点通信的情况下，端点并不总是需要一个单独的连接供应商。

托管和点对点连接，可以同时被一个终端用户使用，而且被终端用户视为是同质服务的一部分。连接的通用类型如图 4.6 所示。这些所讨论的连接类型，影响了可以支持的服务类型。同时，我们以后将看到：在某些情况下，连接与服务本身的组成息息相关。

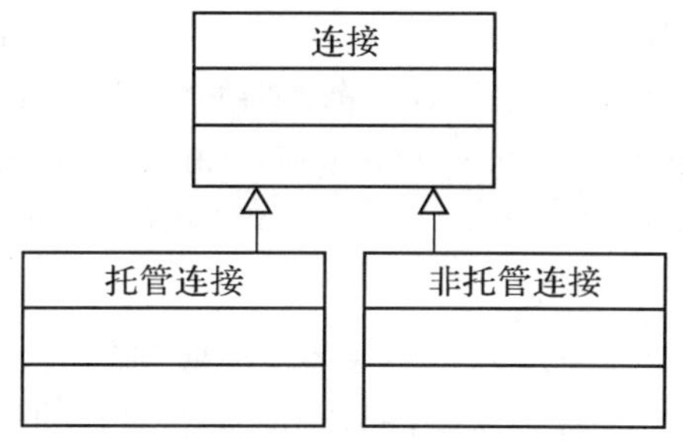

图 4.6 连接类型

实体描述如图 4.6：

- 连接：利益相关者之间的连接。
- 托管连接：连接由一个利益相关者来管理，和服务等级定义相关。
- 非托管连接：提供无保证的连接。

有些网络，可能对直接使用“覆盖”型点对点联网进行限制。为了可以使用点对点联网，终端需要发现彼此的 IP 地址。各类注册都可以用于此用途。

典型连接供应商利益相关者类的关注，列于表 4.7。

表 4.7 连接供应商型利益相关者的关注

应支持按照服务的要求和特征分配服务质量
应支持对单个终端用户、多路、异构的同时连接
应支持纯粹的协商，纯粹的供应商提供及混合的服务质量支持的分配方式
应支持基于用户分类、服务供应商和服务类型的提供
应支持静态和动态的服务提供
应支持托管和非托管承载

上述描述的基本意思是，必须在相关的地方为服务尽可能地分配合适的连接。举例来说，在移动网络中，尽可能地有效利用许可的频谱是重要的，而这比使用未经授权的技术，如无线局域网，更有利于确定更详细的连接参数。

从支持更多技术的角度看，需要支持不同的提供方式。有些系统，以每个会话为基础支持服务质量支持的实例化。而对其他系统来说，服务质量分配的粒度可以基于静态信息，如供应商的身份或协议号码。

蜂窝连接和非对称数字用户线路（ADSL）本地环路就是托管承载的例子，而上述以“无线自组织”方式的 802.11 是一个非托管承载例子。

4.6.4 赋能供应商

赋能供应商是一个比较新的利益相关者类，作为一个单独实体，为服务供应商以及终端用户提供常用的功能。赋能供应商将成为分布式服务的一个重要组成部分。赋能供应商也可以在点对点服务中作为组件使用。3GPP 通用认证体系（GAA）就是一个能够提供赋能型服务平台的很好例子。自由联盟所做的工作使在服务供应商之间的认证联盟得以实现。自由框架描述了一个被称为身份供应商(IdP)的角色。在一个比较具有前瞻性的说明中，已经对通用的内容供应商角色进行了研究，例如，MobiLife(2006)和 Zuidweg 等(2003)。内容供应商可以分析内容信息，并且基于这些内容信息提供增值。这里，终端管理也被视为是一个赋能者。

赋能利益相关者的关注点列于表 4.8。早期提到的生命周期需要考虑的事项，与服务赋能平台有关，诸如以组件管理的要求形式的 OMA 服务供应商环境(OSPE)。通常情况下，赋能供应商环境，需要具备高可用性，并支持服务组件的热插拔。

表 4.8　赋能者利益相关者类的关注

可发现性
充分连接
涉及赋能者的生命周期需要考虑的事项
对端点能力的了解

最后的要求源于终端管理作为一个赋能者的分类。

4.6.5　利益相关者之间的相互关系

接下来，让我们通过描述不同的利益相关者类型是如何互相相关的，来考虑供应商的相互关系问题。图 4.7 是利益相关者类型的整体"族谱"，该图表显示了两种关系：一方面利益相关者类型是其他类型的利益相关者的特例，另一方面一种利益相关者类聚合其他类型的利益相关者。这里的聚合关系与服务有关，而不是业务方面。举例来说，该图表指出了一个服务聚集者能够聚合其他聚集者，允许服务的递归构造。从这个意义上应该解读为，对于一个特定的服务，服务供应商能够聚合其他供应商的服务。

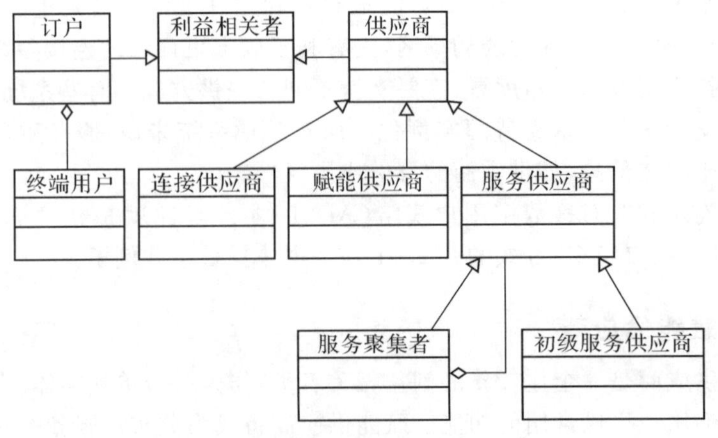

图 4.7　利益相关者内部关系

实体描述如图 4.7：

- 利益相关者：利益相关者的父类。
- 供应商：供应商型利益相关者的父类。
- 订户：与供应商签订协议的利益相关者。
- 终端用户：使用订户的协议。
- 连接供应商：提供托管连接，供应商的子类型。
- 赋能供应商：为服务提供扶持，供应商的子类型。
- 服务供应商：提供服务，供应商的子类型。
- 服务聚集者：通过聚合其他服务为服务供应商构建服务。
- 初级服务供应商：提供不依赖于其他服务的服务。

在一般和最具有前瞻性的情况下，我们假定供应商的集合是动态的，并且供应商可以基于一个注册机制定位。此外，静态的相互关系的情况需要得到 SMF 的支持。

单个利益相关者之间的关系，可能是基于传统的合同或自动化的交易。在这两种情况下，协议的技术内容必须足够详尽。CADENUS 项目的 SLS 概念是一个将过去与传统合同有关概念自动化的例子。框架也需要支持平移关系，使与一个利益相关者的协议同样适用于其他供应商的接入服务。

供应商之间的相互关系的另外例子，将在 5.2 节以及第 3 部分的用例中提供。

4.7 小 结

我们首先从描述用于建模的符号开始，进而通过使用利益相关者分类，分析了服务建模的要求。我们使用关于利益相关者之间相互关系的一个讨论来结束本章的探讨。

这里认定的要求集合，是分析所选取视角的一个结果。我们的用意并非是作一个完整的要求分析，而是对第 1 部分提供背景的简要表示。事实上，它甚至不可能涵盖所有可能出现的环境。因此，最好把要求的描述理解为对当前最优实践的一种不完整描述。

我们会在第 5 章中更多地谈论利益相关者之间的相互关系，并在第 5 章引入可以用于信息交换的服务框架。在第 7 章描述的建模模式中，我们将提供要求集合的部分答案；同时在特定的环境中，要求的有用性需要在最终服务模型的设计和执行期间加以评估。

4.8 本章要点

本章需要铭记的十点：

- 在一个生产环境，要求向着全方位服务模型描述。
- 要求分析，采用通用关注和利益相关者有关的关注。
- 利益相关者间的相互关系，不应具体到任何特定价值网。
- 建模必须满足托管和非托管服务。
- 点对点服务，作为非托管服务的一个例子。
- 被赋能供应商运作的服务功能，可以用于非托管服务。
- 连接可以是托管或非托管的。
- 服务质量分配涉及服务供应商和连接供应商。
- 服务供应商可以聚合其他服务供应商的服务。
- 点对点服务供应商需要加以建模。

管理框架

在本章中，我们将描述实施服务管理的总体框架。它为服务建模和广义的服务管理提供了环境。管理框架对绪论中提供的服务建模的定义和背景进行了扩展，并使其正式化。服务建模的表述应该使管理框架流程能够以最好的方式来使用它。

我们将对管理框架进行一个概览式描述，而非像在增强电信运营图(eTOM)描述的那样来解释一个完整的流程说明。不过，我们将会详细地研究与服务建模密切相关的流程。

我们将从框架描述开始，进而讨论利益相关者之间相互关系的假设。在本章末尾，我们将总结所述的框架与其他框架之间的关系。

5.1 框架描述

管理框架分三部分描述。第一部分描述关于建模管理任务的不同视图。第二部分描述操作流程中的管理框架。第三部分具体到服务管理，并且叙述与服务生命周期有关的阶段。之后，我们将谈谈合同问题，并作一个总结。

5.1.1 建模管理任务的不同视图

在最通用层次上，管理框架需要考虑到所有与管理有关的流程。由于所涉及问题的复杂性，实践证明应用多重视图比一种视图更有用。

这个可能是最广为人知的对管理框架的视图集合：

- 业务管理；
- 服务管理；
- 网络管理；
- 网元管理。

业务管理对产品负责，服务管理对服务负责，网络管理负责全网的管理任务，网元管理负责管理单个网络元件或网络元件类。每层可以与策略、开发和运作活动联系在一起。显然，以上给定的分类是相当粗疏的，也不可能说明所有必要的细节。但是，它满足了方便活动构建的需要。

或许，上述框架应用的最大挑战来源于业务环境的多元化。利益相关者的数量越来越多，而且特定种类的活动将会有专业的参与者。尽管如此，该框架对单个利益相关者的流程很大程度上仍是适用的，需要注意许多运营商流程涉及多层。

在现代环境中使用该管理框架需要考虑到一些问题。首先，这四个层次不应该看作是彼此完全独立的。四层里的流程日益相互交织，而框架只是提供了一个粗略图。电信管理论坛(TMF)的新一代运营支撑系统(NGOSS)方案内的活动，提供了这方面的很好例子。其次，在企业之间，框架的使用正在发生改变。早些时候，企业间相互通信最重要的形式发生在业务管理层。在世界正朝着Web服务和面向服务架构（SoA)迈进的过程中，我们提倡深度融合。

另一组视图，从服务的角度更适合处理管理流程的服务质量管理。可以确定以下活动类型：

- 能力管理；
- 服务质量支持管理；
- 优化。

能力管理主要是根据订户基数和可提供的服务来评估和实现网络能力。服务质量支持管理是在服务和终端用户之间分配网络能力。优化就是要确保在给定的时间，服务质量可以支持匹配流量的最佳参数。从不同任务的时间来看，能力管理涉及的时间最长，并与战略联系在一起。服务质量支持管理可以看作在既定的战略下根据形势的变化来优化行动的战术。优化运行在更短的时间尺度上，但往往是移动通信网络有效运作非常重要的一部分，在今天的激烈竞争环境中就是这样(Laiho and Acker，2005)。

在高层中，我们可以感知到产品、服务和资源在一定程度上存在共性。在最通用情况下，三个区域的每一个都可以看成与战略、战术和执行相关。事实上，这个基本结构——尽管有不同的冠名——也体现在eTOM流程图的结构中，如图5.1所示。正如在第1部分所讨论的那样，这三个区域是相互链接的。

本书将重点讨论服务管理，但我们应该注意到服务管理必须链接到产品和资源管理流程，并容纳与这些流程有关的运作输入。在上面所示的eTOM模型中，产品生命周期管理贯穿于服务和资源流程。在链接与产品、服务和资源有关流程的过程中，服务建模起着核心作用。

此外，管理框架支持多供应商业务运作，并且不限制供应商能够参与的价值网络的种类是非常重要的。从前面讨论的“深度”业务融合趋势来看，应该对企业之间的多层次运作予以支持。

最后，说明一下Web服务和分布式给管理范式所带来的影响。现在是SoA应用和Web服务的初期，事情的最后形态还无法预知。但我们可以注意到：Web服务环境有助于这样一种范式，Web服务管理层位于终端用户和“原始”

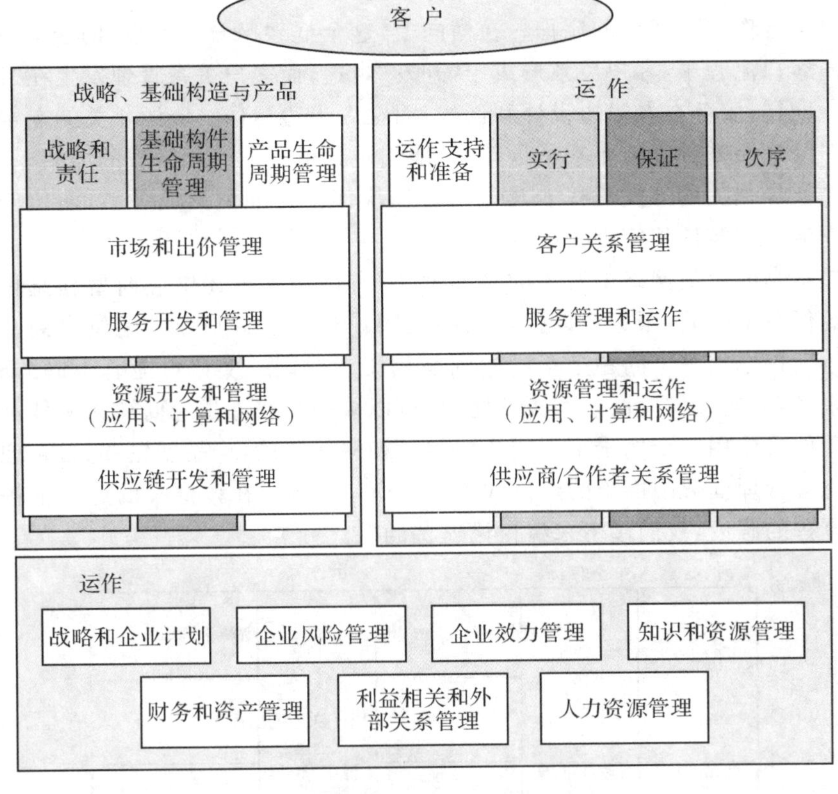

图 5.1 eTOM 模型的第二层视图(Lay 2)

Web 服务之间(Hill,2004)。实际上这一做法意味着政策框架在 Web 服务的应用。

5.1.2 管理框架

我们现在开始描述一个可以用来构建我们后面讨论的服务建模的管理框架。该框架可以看成是 eTOM 模型的一个简化版本，如图 5.2 所示。

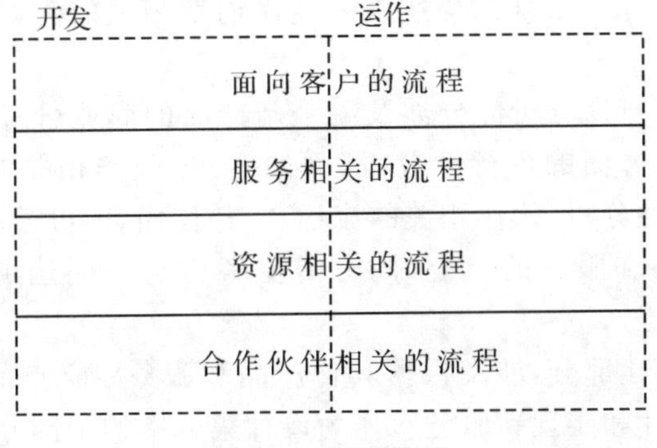

图 5.2 管理框架

框架纵向分为四个流程域：面向客户的流程、服务相关的流程、资源相关的流程以及合作伙伴相关的流程。在横向上，这个框架平分为开发和运作。例如，在面向客户流程中，客户关系形成于“开发”半边，而客户关系管理发生在“运作”半边。同样，服务在左半边设计和创建，而在右半边运作。资源相关的左半边的流程涉及确保基础设施要求是最新的，能满足其他开发流程区域的需要。最后，在合作伙伴相关的开发流程涉及评估合作伙伴并与他们形成关系，而伙伴相关的运作流程涉及伙伴管理。

在本书的价值网络中所述的管理框架，可以用于描述供应商型利益相关者执行的任务。因此，服务可以提供给终端用户相关的订户或其他供应商。我们将要重新讨论的一个问题是不同的利益相关者对同一实体可能有不同的感知。举例来说，从连接供应商处购买的能力，可以被一个服务供应商视为一种资源。

我们将使用三个例子来说明该框架是如何使用的：产品创建、能力管理和服务优化。管理框架中例子的定位如图 5.3 所示。例子在该框架的定位依赖于对其他流程的假设，我们接下来将讨论这些问题。

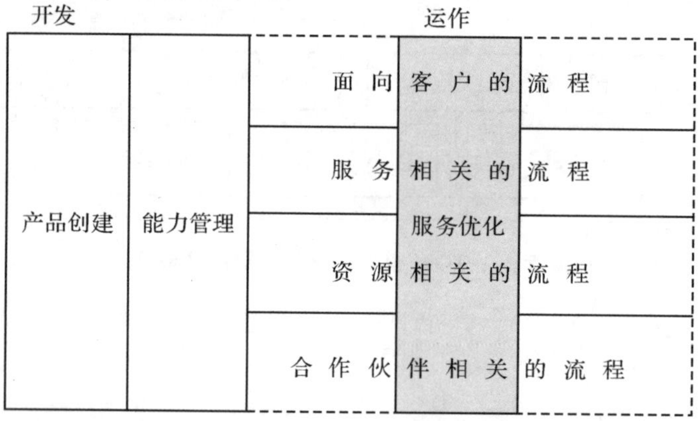

开发
运作
产品创建
能力管理
服务优化
面向客户的流程
服务相关的流程
资源相关的流程
合作伙伴相关的流程

图 5.3　管理框架中实例的定位

1. 产品创建

我们将在第 5.1.3 节详细描述服务生命周期相关的流程，这里只提供一个简短的总结。

产品创建的可行性分析部分涉及一个新产品的商业可行性分析（面向客户流程）、在技术条件方面的可行性分析（面向客户、服务相关的及资源相关的流程）以及合伙可行性分析（伙伴相关的流程）。整体而言，可行性分析依赖于自己和合作伙伴的产品和服务的组合，同时需要考虑与不同选项有关的资源开发需求。

实际的产品创建部分，涉及根据其他产品和服务定义产品组合。在相关的地方，我们可以设计和实现新服务。作为设计集合中的一部分，同样也定义了与产品和要素服务相关的业务和技术数据的集合。它们包括服务的性能计数以及服务和产品的使用统计。

产品创建完成后，在框架的运作半边，实现相关功能的参数化、配置和管理。

2. 能力管理

能力管理需要依照性能指标和与外部参与方达成的协议，确保有足够的资源来进行服务的运作。例如，服务使用率的增加，或当地或全球范围的订户数量的增加，或者因为缺乏足够的服务质量，都可能触发能力扩张的决定。

在这里我们很容易看到产品创建例子的一个链接：数据集合被定义为产品开发的一部分，用来作为能力管理的一种输入。

3. 优化

优化是一组任务，涉及对于给定的一组服务如何最大化利用现有资源。因此，它属于管理框架的运作半边。举例来说，在特定地点，面对日益增多的资源使用，为了提高服务质量我们可以修改与某一特定类型承载有关的服务质量支持参数。

为了保持正常运转，优化需要在适当的位置有正确的计数器。这里链接到产品创建的例子是有帮助的。

5.1.3 服务生命周期

接下来，我们将集中精力于服务生命周期管理框架，同时也作了关于链接到更通用背景下的注解。服务生命周期的某些部分属于产品创建的例子。

服务生命周期可以视为是对利益相关者任务的一种更深入的视角，它与产品和服务的整个生命周期期间执行的任务相关。

为了讨论的方便，我们将假设有一个负责服务的服务供应商，服务可作为产品的一部分。服务可以使用其他服务，并且可以被使用，也可以作为其他服务的一部分。我们进一步假设资源或服务要素可以——但不必——表示成组件，像在开放移动联盟(OMA)服务供应商环境(OSPE)的情况那样。服务和组件可以与参数集合相关。

从服务供应商的角度看，服务管理流程可以看作由以下几部分构成：

- 要求说明；
- 服务创建；
- 服务的配置和提供；
- 服务运作；
- 服务性能评估；
- 服务优化；
- 服务撤退。

要求说明以业务评估为基础，这个我们在产品创建例子中已简单说明过了。就像 Service Framework(2004)描述的那样，要求说明可能涉及业务和技术角色，并制订所讨论服务的技术规范。在这个过程中，可能执行解决方案型规范工作，同时要考虑到现有的服务，以及与其他供应商达成的协议。这一阶段包括定义目标服务的性能水平。

服务创建包括新服务组件的执行、可重用组件的参数化以及照顾到与可能的第三方服务组件有关的必要行动。对服务用户的连接和服务组件之间的连接作出必要的配置，也是服务创建的一部分。为运作和优化阶段定义必要的量制，也需要在该阶段进行。通常这涉及与服务性能有关的关键绩效指标(KPI)和关键质量指标(KQI)。服务建模也是服务创建阶段的一部分，提供产品、服务和资源之间产生相互关系的信息。

目前为止，各项任务都是在框架的“开发”半边执行。

运作部分，要确保服务充分链接到资源以及链接参数的正确设置。

必要的技术配置完成之后，服务可以提供给终端用户。除了为终端用户赋能该服务外，该阶段可能还涉及使终端用户意识到该服务的存在。因为 Web 服务需要注册，所有服务登记后才能被发现。

服务运作负责按照计划性能水平管理服务，并确保执行可能的纠正行为。这里，服务性能与计划地性能水平的比较分析发挥了核心作用。服务性能评估利用服务模型完成了服务的影响分析。

正如我们在例子中所看到的，服务的使用率量制也用于资源开发活动。除了提供的关于优化的实例之外，为了能够更好地适应业务环境的变化或可供运作的资源的变化，也可以改变服务参数或服务组合。因此，优化可能也涉及服务组合，在这种情况下，必须要回到图中的“开发”半边。

服务撤退包括与使某项服务停用有关的活动。它必须确保服务不再有活动用户，服务需要从相关注册中撤销，终止服务不再使用的组件。

上述阶段都只涉及单一服务的生命周期。现代服务管理系统除了支持这些之外，也兼顾服务组合管理。在这种系统中，可重用组件可以有效地被利用。同时，单个服务和组件之间的链接和依赖表示也很重要。对面向解决方案的服务定义的支持，意味着有能力评论现有服务以及重用现有服务作为构建新服务的模块。该系统应该允许同一服务的多版本运行。服务管理可以促进在业务要求、服务和资源之间的有效通信。除了支持不同层次之间的依赖之外，服务管理系统也可以为业务和资源开发提供必要的机制。

上面我们都关注于单个服务的生命周期。一般来说，其他实体也可以被视为具有与之相关的生命周期，其中包括：

- 产品；
- 资源；
- 组件；
- 配置数据。

如上所述，组件是服务的组成模块，不必然总是服务本身。在这里，我们将不详细讨论其他类型生命周期。一些相关的资料可以参阅 OMA OSPE 工作以及 MobiLife 项目。

5.1.4 服务和产品概念

与服务和产品有关的基本概念列于图 5.4。一个产品利用一项或多项服务,服务使用资源。每层与一个供应商相关。该图只有概念的高层次相互关系,更详细的建模将在本书后面介绍。

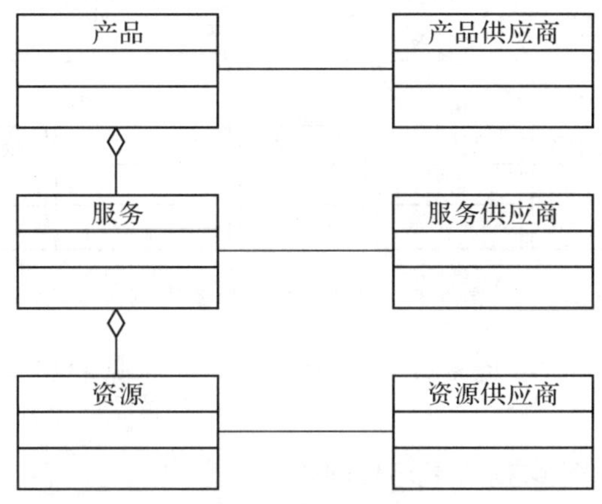

图 5.4 基本概念

图 5.4 中的实体描述如下:

- 产品:一个可以出售给订户的实体。
- 产品供应商:负责产品包装的利益相关者。
- 服务:产品的一个执行,与可接受行为的定义相关。
- 服务供应商:以前定义过。就此而言,负责定义和维护服务行为的利益相关者。
- 资源:服务所需要的实体。
- 资源供应商:负责维护资源的利益相关者。

前面我们已经把角色定义作为一组任务,而不必一对一映射到人。单一角色可能涉及多人,单人可能涉及多重角色。同类型角色可能共存于不同的利益相关者中,正如管理框架可以应用到不同的利益相关者上一样。

在供应商型利益相关者内,可以确定不同的服务管理角色,如图 5.4。一些与服务创建和运作有关的角色,列于图 5.5。读者可以参阅 Service Framework (2004)和 Koivukoski and Räisänen(2005),书中有更多关于角色的讨论。就目前实际应用来说,图 5.5 所示的角色类型足以区分面向业务角色、运作和管理角色。在第 7 章的服务模型中,我们将讨论具体的角色的问题。

图 5.5 中实体描述如下:

- 角色:服务管理角色的父类。
- 业务角色:负责产品或服务的面向业务方面的角色。
- 运作管理角色:负责产品或服务的技术方面的角色,包括维护。
- 经理:监管角色。

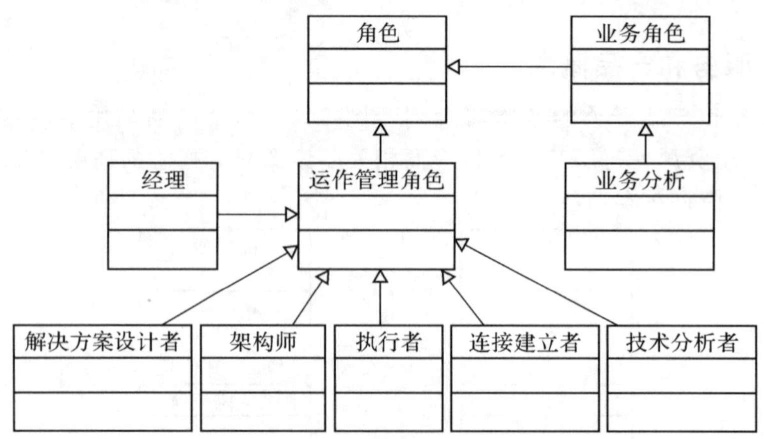

图 5.5 服务管理角色的案例

- 解决方案设计者：负责使用产品、服务与资源的组合定义解决方案的角色。
- 架构师：对服务设计技术执行的角色。
- 执行者：执行服务的角色。
- 连接建立者：对利益相关者之间的连接进行配置的角色。
- 技术分析者：对服务和角色行为执行技术分析的角色。

从某个角度来看，角色除了涉及描述人类执行的任务之外，也可以从特定视角展现服务或资源的问题。

5.2 关于供应商之间相互关系的假设

接下来，让我们从管理框架的角度简单讨论一下供应商间相互关系的假设。管理框架需要考虑以何种方法处理供应商间的相互关系以及面向客户的相互关系。这里我们只描述涉及管理框架的方面，而不会描述程序上的结论。

契约关系与一个利益相关者从其他利益相关者处取得的产品联系在一起。这里，我们将不考虑利益相关者的内部关系。

假定订户与以下一方或多方当事人已达成协议：服务供应商、连接供应商和赋能供应商，如图 5.6 所示。假设至少一个订户与其中一个供应商达成协议，并且基于供应商之间的相互协议，可能获得对其他供应商资源的访问。例如，订户可能与连接供应商达成协议，并且获得对赋能供应商和服务供应商的自动访问。订户和供应商间的显式和默式协议，有些方面对终端用户是可见的，其中包括对体验到的服务质量的影响作用。请注意，供应商图 5.6 中并没有列出供应商间的相互关系。

图 5.6 中的实体描述如下：

- 订户：如前所述。

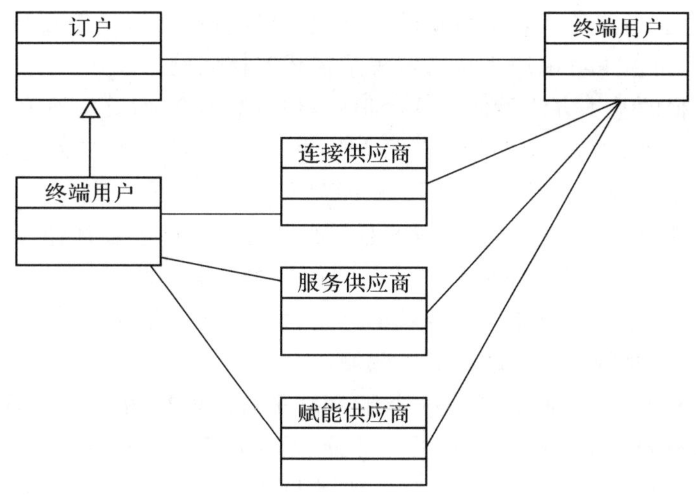

图 5.6 协议相关关系的终端用户中心视图

- 终端用户：如前所述。在这里，终端用户可以与不同供应商有直接关系。
- 协议：订户和供应商间的正式化的订阅关系。
- 连接供应商、服务供应商、赋能供应商：如前所述。

在形成了必需的概念基础之后，在第 7 章中我们将把更多精力放在特定情况下的建模协议上。尤其是我们将使关于终端用户相关的联系的建模工作更加细致。

在评估供应商间的相互关系过程中，我们所述的利益相关者框架被用来作为一个"高层次的路线图"。同时，基于角色的方法通过聚焦于可以被其他利益相关者共享的活动领域来补充它。

5.3 与现有框架的关系

上述服务框架的元素，与 TMF 所做的流程建模工作的原则相符，但对细节的描述上没有达到相似的水平。这里，描述框架是为了说明第 1 部分所述的关于技术现状总结中，哪些方面对第 2 部分而言很重要。表示完服务模型之后，我们在 7.4 节中会更多地谈论与现有框架的关系。

面向客户、服务、资源以及供应商相关角色的管理框架的基本结构，与 eTOM 的基本结构相同。产品创建与管理框架的关系也类似于 eTOM。为了简单起见，我们省略了 eTOM 的许多重要组成部分。举例来说，这里我们根本没有考虑计费流程区域。在 eTOM 中，保证是一个位于运作半边的纵向流程区域，在我们的分析中没有使用这种结构。服务拓扑定义服务和资源间的相互关系，数据集合定义为产品和服务创建的一部分。另一方面，我们在框架的运作半边阐述了优化相关的流程，而在 eTOM 中没有这部分内容。

服务管理角色概念的使用，基本上与 Service Framework(2004)中一样。在服务管理环境下，角色代表了活动的区域，它可以链接到信息和流程模型。从某个角度来看，角色也可以用于从特定视角描述实体问题。

信息建模的基本方法类似于共享信息/数据(SID)：信息的所有权可能与流程有关，同时可以用统一建模语言(UML)模型来分析涉及服务管理的基本关系。在本书中所展示的模型，与SID在细节上有一些差别，我们以后将会再讨论这个问题。还有一个更根本的差异是模型的用途。SID被设计作为通信业的一个参考模型，并力求尽量完整和一致。我们在第7章中将要展示的模型也将力求内部一致，但它并不意味着问题域的一个完整描述。相反，我们为服务模型描述构成模块，同时阐述感兴趣的具体领域。

由于多种原因，我们选择了一个比SID更有限的视角。第一，SID模型，已经开发成为有限成员的行业论坛的一部分，因此它不是免费的。其次，本书的范围，在某些方面比SID更为广泛，需要比SID更加全面地聚焦于某些问题。至于其他现有模型，要么是作为SID的同一类问题而存在，要么模型过于简单，不适合作为一个基础。最后，服务模型需要根据利益相关者的技术环境加以最终调整。

由于这些因素，作者已决定展示一组专门视图，而不是一个可直接映射到现有模型的模型。在第7章中我们将会参考SID的一些基本结构，但由于在前文已经描述过的原因，它将不是一个与SID关系的完整描述。

5.4 小结

我们描述了一个执行服务管理任务的管理框架。管理框架用于在一个利益相关者内提供运作的大图景。这里特别对服务生命周期各阶段进行了论述。我们回顾了关于供应商间相互关系的基本假设，同时总结了与现有模型有关的描述。

服务建模用于不同地方的管理框架之中。服务拓扑和相关的流程设计，在框架的"开发"半边创建，在"运作"半边使用。对于运作而言，服务拓扑不仅说明了哪种资源必须为特定服务配置，而且还构建了与服务相关的配置。

在接下来的两章中，我们将描述用于技术上描述服务的服务框架，进而以模式的形式表示服务模型。该服务框架是上述管理框架可以使用的一个实体，同样也是服务模型可以使用的实体。服务建模模式为后者提供了构成模块。

5.5 本章要点

本章需要铭记的十点：

- 服务框架为服务建模的使用创造了条件。
- 对于运作而言，比较常用的划分是业务管理、服务管理、网络管理和网元管理。

- SoA 理念的使用要求在企业之间有比传统上所考虑的更深入的融合。
- 服务管理涉及其他流程,如能力管理、服务质量支持管理。
- 可以确定涉及单个服务的生命周期阶段。
- 服务质量度量指标的集合需要作为服务创建的一部分。
- 生命周期思想也可以应用于产品、资源、组件和配置。
- 利益相关者可以与不同类型的实体相关。
- 服务管理角色可以与不同类型的实体相关。
- 订户利益相关者对一个或多个供应商型利益相关者使用协议。

服务框架

现在我们将描述一个可以用于交换与服务有关的信息的服务框架。框架范围内的信息主要指技术性信息，但也包括一些业务方面的信息。联系到前面的管理框架，产品、服务、客户及面向合伙人的流程都可以使用这个框架来进行信息交换。由于服务质量和安全往往被认为是服务的重要主题，所以该框架也涉及服务质量和安全问题。后面所描述的框架，也可以用于其他用途。

我们将从回顾服务的技术要求和特征入手来分析服务框架。这一章的讨论中，我们将通过放弃一些必要的框架来帮助我们以更简洁的方式设计服务建模模式。服务生命周期流程可以利用服务框架，而且服务框架对利益相关者间的信息交换也是有价值的。这一章包括框架应用的一些实例，下一章中将会有更多的例子。同时，我们将在第 3 部分中介绍更全面的例子。

首先是引言，进而讨论服务质量问题；同时引入一个框架来描述服务的不同方面。其次，我们将讨论安全相关的问题框架，并把它与服务质量框架联系起来。类似地，我们将讨论安全问题并将它与服务框架联系起来。之后，我们将讨论服务种类的要求和特征，并用一个总结结束全文。框架的描述建立于服务质量基础之上，因为从服务的观点来看，通常认为服务质量支持管理是非常具有挑战性的。

本章提出的服务框架基于 Räisänen(2004,2005)，它用于构建与服务质量以及安全有关的信息。先前关于服务质量框架与安全的关系以及其他方面的内容，如移动性的讨论，可以参考 Koivukoski and Räisänen(2005)。关于终端用户服务的进一步探讨，可以参阅 Laiho and Acker(2005)。

服务框架使用的整体设置是多方服务管理：目标服务质量等级和安全等级由一个供应商方在服务的使用情景中决定的，服务质量支持的实例化以一个明确或含蓄请求的服务质量等级为基础。特定用户和特定会话可用的服务质量范围是服务质量管理的一部分。因此，终端用户体验的服务质量，既受连接供应商的服务管理影响，又受服务供应商的服务管理影响。

由于资源限制，连接供应商和服务供应商通常会限制终端用户可用的服务质量范围。其次，实例化的服务质量不一定要与请求的服务质量等级相同，而是可以低一些。服务质量差异的粒度，因系统而异。安全等级目标可以使用与服务质量相同的方式进行基本设置，但这里影响端到端的安全等级的因素，比服务质量的情况要少。因为资源的可用性，通常没有必要限制安全等级，但在某些情况下法律问题可能影响可用的加密强度。

终端用户通常对实际的服务质量参数并不感兴趣。举例来说，服务质量协商可以通过一个运行在通信终端的应用程序，或代表用户的中间件来处理。另一方面，正如我们将要看到的那样，终端用户可能对服务的使用体验感兴趣。反过来，这又涉及服务质量参数。同样的逻辑可以应用于安全方面。

这里，我们将不考虑支持服务质量或安全的手段，但会描述一个可以用于管理服务质量的框架。对服务质量感兴趣的读者，可以研究像 McDysan(2000)和 Armitage(2000)这些概述互联网服务质量支持技术的文献。移动网络服务质量的总结，可以参阅 Laiho and Acker(2005)和 Halonen *et al*. (2003)。在其他资源中，读者可以在 Schneier(1996)找到有关安全方面的进一步的参考。

6.1 引 言

互联网协议(IP)与电路交换系统不同，它不提供任何服务质量保证。基本原因是 IP 是面向分组而非面向电路的，属于同一服务实例的每一分组可以独立地被发送和传递。引导互联网发展的技术使用了弹性考虑，导致设计原理部分地与面向服务质量的设计要求正交。这一事实使得一个行业大师好几年前就注意到，基于分组交换的网络不适合电话传送。在第三个千年开始时，就我们周围的世界而言，这种判断有点儿太草率。但声明中也有一些道理，互联网上服务质量问题的解决需要关注相关的问题，并且已经受益于辅助技术的开发。

作为这方面的一个例子，高层协议或应用级机制需要使用 IP 来实现可靠性。另一方面，除 IP 之外，在低层和高层的其他机制可以用于提供和控制服务质量。事实上，我们所面对的挑战在于服务质量因服务类型而异；另外，部分服务比其他服务更服从于供应商自由定义的服务质量。我们将在这章后面举出这两个极端的实例。

与服务质量类似，安全性不包括在互联网的设计目标中。在电路交换网络中，内容在一个专门的物理网络上传输，同时提供了一种自然的安全的机制，虽然这种机制比较简陋。正如我们先前看到的，目前的趋势是朝着能够传输任何数字内容的多服务网络方向发展。随着越来越多的服务运行于 IP 之上，安全已变得越来越重要。原因有很多：基于 IP 传输的检测相对容易，监测工具已经形成并可免费可用，与过去相比公众对安全重要性的意识提高了很多。与服务质量一样，人们已经开发补充服务来支持互联网上的安全。

用于表达服务的技术要求和特征的框架，对服务建模与管理来说很重要。这种框架需要能适用不同的网络技术。为此，本章将为此描述一个框架，服务安全问题也将联系这一框架来进行讨论。服务相关的特征，也将在该框架的环境中介绍。

6.2 服务质量框架

为了开发一个通用的、技术独立的框架，我们将退后一步，从一个广阔的视野来回顾服务质量。

我们将首先回顾以前的工作，再根据前面的介绍和文献综述列出框架的要求。之后，我们将描述实际框架及其在服务管理流程中的使用。框架使用的实例将在下一节中提供。关于对终端用户服务分类的更一般性讨论，可以参阅 Laiho and Acker(2005)和 Halonen *et al*.(2003)。

6.2.1 已有的工作

服务质量在电路交换网络中比基于分组的网络容易定义，基本上等价于一组工程参数。对于互联网世界来说，定义需要加以修订。

国际电信联盟(ITU)定义的服务质量(QoS)如下(ITU-T Recommendation G.1000,2001)：服务质量是决定服务的用户满意度的服务性能的集体效应。

国际电联为 QoS 推荐以下四种观点：

(1)客户的 QoS 要求。

(2)供应商计划的 QoS。

(3)供应商交付的 QoS。

(4)终端用户感知的 QoS。

客户和供应商观点相互分离，正如计划和交付的服务质量那样。国际电联已经制订了终端用户服务的一种分类，即根据端到端延时(交互、反应、及时与非关键)分为 4 类，以及关于对误码率的敏感性(容错和非容错)分为两类(ITU-T Recommendation G.1010, 2001)。该概念有助于拓展对服务质量分类的理解。

第三代合作伙伴计划(3GPP)已经定义了服务质量框架和相应的架构(3GPP TS23.107, 2004;3GPPTS23.207,2004)，并以此来作为通用分组无线服务(GPRS)QoS 框架的一种演进。QoS 属性属于在终端和网络之间进行协商的承载的属性，并且服务质量的控制依赖于创建和管理承载，以及传输在它们之上的映射。最重要的 QoS 属性是传输类，是会话、流媒体、交互或后台类的其中之一。其他参数的描述，如端到端延迟和比特率参数，可以参阅 Koodli and Puuskari(2001)和 Räisänen(2004)或 Laiho and Acker(2005)。除了早些时候发布的最高服务质量的静态提供以外，3GPP 架构的第五版(R5)，支持承载特征动态链接到基于会话初始协议(SIP)的 IP 多媒体子系统(IMS)会话的会话描述协议(SDP)参数。3GPP 的第六版通用化了对基于会话的服务的支持。关于 3GPP QoS 框架的更多信息可以参阅附录 A。

互联网工程任务组(IETF)描述了两种服务质量框架:集成服务(Braden *et al.*,1994)和区分服务(Diffserv)(Black *et al.*,1998)。集成服务基于一个由通信端点从网络发出的端到端服务质量支持的明确请求。区分服务最初是基于在网络域的边界路由器预先配置的服务质量分配。在区分服务网络中可以加入动态服务质量分配,但它有点改变了区分服务的基本原理(Räisänen,2003a)。IETF还有其他与服务质量相关的活动,如,寻址、服务质量信令框架的开发等。因为它们并不与服务质量框架相关,在这里我们就不考虑这些了。附录B中有关于区分服务的一些更详细的内容。

除了3GPP QoS框架和两种IETF的框架以外,还有其他较知名的框架,我们在此就不作讨论了。有兴趣的读者请参考Räisänen(2003a)或Räisänen(2004)。

一般来说,QoS框架包括识别一个进入或出去的传输实体的方法并为其分配服务质量。服务质量可以基于协商的服务质量支持进行分配(集成服务和3GPP),或根据网络政策分配(区分服务和3GPP)。使用Räisänen(2003a)中的术语,这还可以被描述为对一个服务实例的服务质量支持实例化。服务质量分配政策的标准,可以由起源的主机或网络、服务或服务的用户决定。服务质量建模不应该局限于某一特定的服务质量支持框架,例如,集成服务或区分服务,而是应当足够通用并适合在不同环境中使用。

在基于IP的网络中,服务质量的基本挑战之一源自运营于网络之上的多种服务。我们将在第6.5节中看到,服务质量的要求因服务而异。应付一切的最简单办法就是使用“超量提供”,即建立足以应付几乎所有可以想像的使用情景的容量。不幸的是这一系列行动在有些情况中昂贵得令人望而却步,因此无法实现精益运营。所以在真实世界中的服务质量支持,可以归结为考虑服务类型的要求并合理地利用可用资源。

为了请求或分配某一特定服务质量等级,在内在的和设计的服务质量要求间进行区分是有用的(Räisänen, 2003a)。某些服务有内在的服务质量要求,如果不履行这些要求将使服务无效。电话声音信号的最大端到端延时和丢包率,就是这方面的一个熟悉的例子。对于其他各类服务,我们可以设计服务质量的某些方面,如限制一个浏览用户的最高吞吐量。后一个范式受益于评估终端用户感知服务质量的能力。这一学科在语音质量评估方面具有最长历史(TIPHON end-to-end Quality of Service, 2000;ITU-T Recommendation G.109, 1999),但其基本思路可以被通用化并同样应用于其他服务(Bouch *et al.*, 2000;Räisänen, 2003a)。许多服务都对服务质量参数有限制,当不满足参数限制时,会导致效用的显著恶化。

当以一种最优方式利用网络资源时,对服务特征的良好理解对提供足够的服务质量支持很重要。基本的传输特征描述方法包括度量法和传输建模法。这些方法应用于无线环境的例子比比皆是,两个这样的例子可以在(Heckmann *et* al.，2002）和（Klemm *et al.*，2001；Leung *et al.*，1994）中分别找到。被度量或建模的特征可以用来确定服务的传输描述符，也被用来作为设计新系统时的一种工具，如多服务移动网络。它们对模拟和评估系统性能也很重要（cdma2000 Evaluation Methodology，2004）。鉴于我们的目的，我们假定特征可以用某些方式估计。

为了能更好地了解服务质量框架的需要，使用一个框架来描述服务本身，捕捉与服务管理相关的本质现象是非常有用的。框架应适宜于分析某一特定终端用户服务不同方面的潜在异质性，必要的地方还可以把终端用户服务作为一个单一实体。在3GPP R5中的IP多媒体会话概念是这种概念聚合的一个例子（Poikselkä *et al.*，2004）。

在描述框架之前，让我们讨论几个重要的现象。从供应商的角度看，每一终端用户服务都有一组参数，包括面向服务质量的参数。例如，涉及不同用户群体和不同的接入技术，一种服务可以有不同的派生。后一种情况的例子，拿GPRS和无线局域网（WLAN）来说两个派生的最大吞吐量可以不同。因此，特征也可以因派生而异。潜在派生可以用不同的参数集合实例化。

服务派生的一个实例可以由若干流组成，流是否与会话相关取决于该服务。不同流可能涉及不同的应用，并且有与之相关的不同特征和要求。对流的服务质量支持可以按照一对一基础或者是基于聚合标准进行实例化。在后一种情况下，不同类型的流被视为服务质量分配的基础。例如，区分服务框架使用的这一做法。

Räisänen（2003a）提出了一个四层框架，分为聚合服务、服务、服务派生和服务事件层，见图6.1。为了服务质量分配，服务事件可以进一步分为服务事件类型。拥有这样一个框架的目标是能够建立一个终端用户服务的多个派生——例如，涉及不同用户——以及不同类型的服务派生可以由服务事件的不同集合组成。此外，在不需要事件有关的服务质量支持的场合，服务事件类型可以用于表示聚合的处理措施。如此框架也有益于描述先进的服务，正如下面我们将看到的。

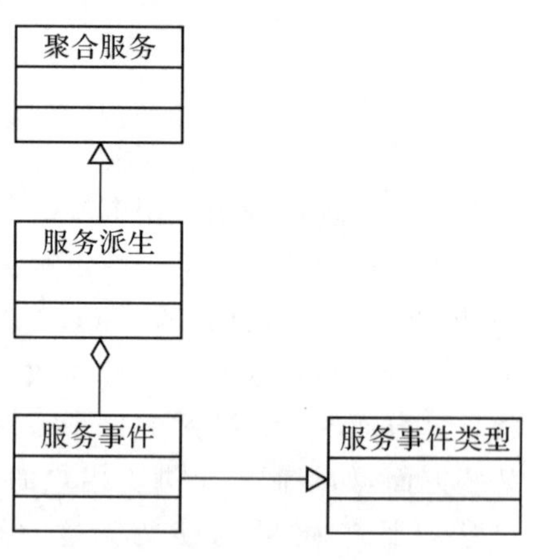

图6.1 使用同一建模语言（UML）的服务模型概念

实体描述如图6.1：

- 聚合服务：一个服务的最一般描述，其中包括不同的派生。
- 服务派生：聚合服务的一个派生，例如，具体的终端用户类或接入技术。
- 服务事件：与一项服务的具体方面有关的同类传输单元，例如一个流或一次交易。

- 服务事件类型：例如，为了服务质量分配目的的服务事件聚合。

请注意，在图 6.1 中，UML“钻石”符号表示聚合，所以一个派生可能涉及多种事件。

使用上文所述的框架，关于终端用户服务的要求和特征的信息可以记录，也可以在利益相关者之间交换。在下一节中，我们将图 6.1 所示的框架来作为更正式、更一般的框架的基础。接下来，我们将列举服务框架的一些要求。之后，我们将更详细地描述框架的实体。

6.2.2 要求

我们将以表 6.1 所列的要求为基础，在服务质量框架中加入更多细节。

表 6.1 对服务质量框架要求

建模不必局限于某一特定的服务质量范例
框架必须适应于映射到技术有关的服务质量支持参数
框架必须考虑以每一个服务、服务供应商、用户为基础来表达服务性能指标，同时需要支持用户的聚合
框架必须适合与服务管理有关的不同任务，包括创建新服务、改变服务组合以及度量服务性能，同时必须支持其他流程，如资源开发涉及的流程
框架需要能够描述一项服务的多种派生
框架必须适合在供应商间的协商中使用
框架必须支持对属于某一终端用户服务特定派生实体的异类服务质量要求
框架必须支持通过多种接入技术提供同一服务，而无需知道接入技术使用的具体参数
框架应支持接入技术意识
框架应支持分布式服务

大部分要求基于前面的讨论，这里还有几个注解：倒数第二个和第三个要求看似互相对立，但是把它们都列出来意味着要考虑这两种可能性。简单的服务可以不需要知道关于接入技术的任何事情，而先进的服务可以受益于拥有接入技术的一些信息。

6.2.3 框架描述

图 6.1 描述的结构构成了框架的基础。我们将用本书中的方法更详细地描述不同的实体及其与服务质量的关系。之后，我们要讨论跨越不同实体类型的功能。

从服务使用的角度看，框架中的参数用于协商服务质量和实例化服务质量支持，同时反映了协商结果。供应商型利益相关者，通常使用参数来确保服务质量支持匹配服务需求，同时并没有太多的服务实例与一个资源联系在一起。不同的服务派生可能相关着不同的服务质量支持范围。此外，正如我们将在第 7 章中看到的那样，供应商型利益相关者可以利用这一框架交换关于计划的和实际的服务质量等级信息。供应商也可以为了企业到企业的服务目的，使用这一框架，如租赁传输容量。

参数已被分类为业务参数、技术参数和服务质量相关的参数，最后一类被分成要求和特征。如前面所讨论的，业务参数与产品描述有关，技术参数也与运营商内部流程相关。服务质量参数当然可以视为技术参数的一部分，但为了方便和简洁我们就不考虑它了。下面给出的参数集合并不完整，但它们可以看作一个示例。

政策的概念已经用于不同概念层次上的缺省值的表达。这一节中，描述完与服务质量管理有关的实体之后，我们将回到这个概念。我们将首先介绍聚合服务、服务派生、服务事件和服务事件类型的相关问题。

1. 聚合服务

聚合服务描述了服务的一些共性，这种共性对服务的不同派生和实例都是适用的。聚合服务层还可以用于供应商之间交换与终端用户服务有关的信息，对于采购方面的用途需要用产品描述来补充。下面列出了与聚合服务有关的典型参数。它们不是对于每一个服务都是必需的。

参数包括：

- 面向业务参数
  —服务的地域覆盖；
  —服务有效期；
  —服务等级协议(SLA)参数；
  —传输调节协议(TCA)参数。
- 技术参数
  —服务派生的类型；
  —选取派生的方法；
  —服务等级规范(SLS)参数；
  —传输调节规范(TCS)；
  —服务有关的政策。
- 服务质量要求
  —可用性；
  —可保留性。
- 服务质量特征
  —服务的全部用途。

上面，“选取派生的方法”是指当服务被实例化时，以哪种逻辑选择足够的服务派生。这种逻辑可以自动成为网络运作的一部分，或者为此调用某一特定功能。在3GPP承载激活过程中，订户概况的使用与接入点名(APN)提供合作，就是一个很好的派生选取机制的例子。与承载实例有关的服务质量支持参数，对于属于不同的QoS概况种类的终端用户可以是不同的。使用参数可以在不同的背景中表示服务质量特征，包括地理、时域和人口。

因为聚合服务的很多细节不是本书的中心话题，在这里不作讨论了。举例来说，服务等级协议包含了有关度量服务等级协议 SLA 履行的报告和手段的信息(SLA Management Handbook，2001)。这些类定义通常是 SLA 定义的一部分，因此构成聚合服务层的一部分。

2. 服务派生

聚合服务使用特定的参数进行实例化。暂时忽视实例化有关的参数，如用户 ID，服务可能对所有终端用户、会话有关的参数或者完全不同的服务类型都有相同的参数。在后一种情况下，规定服务的不同派生以保持一个服务的信息可管理是有深义的，如通过 GPRS 和 WLAN 的接入技术运行相同的服务。派生选取可能取决于接入技术或终端用户类。单个派生也可以支持多路接入技术和多种终端用户类。不同的派生可由不同类型的服务事件组成。

应当指出除了服务派生外，其他因素也可能影响一个服务的终端用户体验。即使实际的服务组合在服务事件方面是完全相同的，服务质量支持也可以有区别地提供不同的终端用户。这方面的一个例子：在 3GPP 系统中，一个服务的终端用户体验依靠归属位置寄存器(HLR)概况的 QoS 参数，因此终端用户体验因不同的终端用户类型而异。考虑到服务使用的终端用户体验，在一般情况下，下面的公式是成立的：

终端用户感知到的派生＝服务派生×服务质量支持派生。

一个聚合服务并不需要有多个与之相关的派生，但仍然可以用不同的参数实例化。

参数包括：

- 面向业务参数
  —接入技术；
  —终端用户和终端用户群；
  —其他定义派生的背景相关的条件。
- 技术参数
  —涉及的服务事件；
  —在相关场合，创建服务事件的方法；
  —被支持的接入技术；
  —派生特定的服务质量政策。
- 服务质量要求
  —服务实例化时间。
- 服务质量特征
  —派生特定的使用；
  —使用模式。

创建服务事件的方法是指用来创建或授权创建新服务事件的功能。这种功能通常涉及给基于会话的服务添加新的组件。举例来说，为了在一个会话里批准新的实时流，IMS 使用政策决策函数(PDF)(Poikselkä *et al.*, 2004)。它是一个动态政策应用的实例。另一方面，简单的服务事件，如取一个超文本传输协议(HTTP)或无线应用协议(WAP)网页，被定义为协议交互。

使用模式与所讨论的服务的特定派生有关。例如，基于 GPRS 的服务与基于 WLAN 的服务相比，人口和地理覆盖可能是不同的，这导致了不同的地域使用模式以及潜在的不同用户基数。

3. 服务事件

服务事件是一个定义好的通信单元，可以与同类的事件有关的服务质量要求和特征联系在一起。单一服务派生可以由一组不同的服务事件组成。终端用户服务组合的例子，将在 6.5 节中提供。通常情况下，一个服务事件可以是一次交易或一次流，而不是单个的 IP 分组。

服务事件逻辑上与一个服务派生有关。一个派生在服务事件方面的组合可能有所不同，或者服务事件对于不同的派生有不同的缺省参数。可以使用上文说明的服务事件有关的事件创建方法。

静态政策通常应用于服务事件类型粒度，这将在下文中讨论。动态政策可以应用于服务事件创建方法已经规定的场合。

参数包括：

- 面向业务参数
  —N/A。
- 技术参数
  —源和目的 IP 地址；
  —端口号；
  —协议号；
  —IPv6：流标签；
  —其他分类数据。
- 服务质量要求
  —要求的类型：内在或设计；
  —端到端的时延要求；
  —时延抖动要求；
  —丢包要求。
- 服务质量特征
  —令牌桶参数；
  —上行及下行传输模式。

上述列出的大部分参数是技术性的，并且涉及服务事件或服务类型的具体问题。举例来说，传输控制协议(TCP)的吞吐量与端到端延迟和丢包特征有关，并且准确的功能性依赖是由所讨论的 TCP 栈的特定派生决定。关于它们更多的讨论，可以参阅 Poikselkä *et al.* (2004)和 Räisänen(2003a)。

上行和下行传输模式是指流在各自方向上的时序相关，以及在上行与下行之间的时序相关。举例来说，互联网浏览通常上行请求较小，而紧随其后的快速回复规模则很大。另一方面，流媒体视频的控制讯息规模较小，下行请求则由持续相当长时间的周期性流媒体组成。传输模式的实例将在这本书中后面遇到。

4. 服务事件类型

服务事件类型考虑把服务事件安排进入某一与服务质量支持相关在一起的分类。例如，来自一个特定 IP 地址范围的传输与某一特定用户有关的传输，或运行在一个特定协议上的服务，都可视为特定用途的服务事件类型。这种聚合有益于在域中分配服务质量支持。例如，在区分服务域的边界就是这种情况。在特殊情况下，一个区分服务代码点(DSCP)标识将与某一服务事件类型相关在一起。

参数包括：

- 面向业务参数
  —N/A。
- 技术参数
  —聚合标准；
  —服务事件类型具体的服务质量政策。
- 服务质量要求
  —取决于聚合标准。
- 服务质量特征
  —取决于聚合标准。

由于服务事件类型的定义是作为一个“方便的概念”，因此服务质量参数取决于所选择的聚合方案。当不同服务事件聚合到同一事件类型中时，服务质量要求和特征可能具有一个广泛的范围。在同时发生的事件类型数量或整体可用的服务质量支持方式有限的系统中，可能需要这种聚合。感兴趣的读者可参考关于复用技术的讨论，McDysan(2000)有该主题的处理措施。

5. 政策

政策是一种跨越多层实体的功能。

聚合层、派生层以及服务事件类型，都可以看成是拥有一种与之相关的静态政策。静态政策可以用于为某种实体提供缺省值。在政策框架允许的地方，在一个高层上定义的一般政策可以被低层的政策重载。除了静态政策之外，动态政策可以用于控制实例化。从服务政策的角度看，最相关的应用是控制服务事件的创建。政策与服务框架实体的关系如图 6.2。

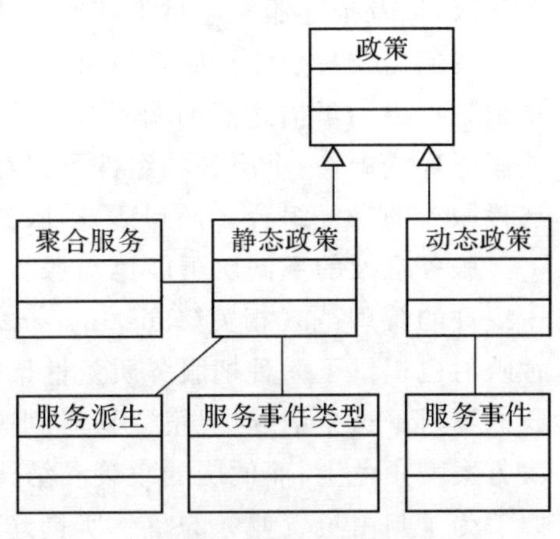

图 6.2 在服务质量框架中政策的应用

接下来，我们讨论在管理服务质量时如何利用静态政策。

在最高层次是供应商级政策。例如，服务供应商可以用特定政策为所有服务定义缺省值，(包括)终端用户类有关的缺省值、接入技术有关的缺省值或流式(事件型)有关的缺省值。在聚合层，政策与服务层的缺省值有关。它们可能来自企业级的缺省值(Koivukoski and Räisänen，2005)。

服务派生层面的政策，涉及服务的特定派生的有关需要，如为了特定的接入技术和终端用户群体的派生。与"通用"派生类型相关的派生层的政策，如接入技术或终端用户类有关的类型可能部分来自相应的企业层政策。

服务事件类型层的政策定义与服务类型聚合有关的缺省值，它们可能来自相应的供应商层的政策。在映射服务与资源时，它们可以用来作为一种工具。

动态服务质量政策可以用于实现服务事件的更细粒度控制。这是因为动态政策框架利用"转包政策"方式，政策从一个 PDF 取出。PDF 的规则库定义时可以考虑一些因素，如时序依赖或单元负载。

政策将在第 7 章中作为建模的一个视角来描述。例子也会在该部分提供。

6.2.4 框架在服务质量管理中的使用

我们将总结所讨论的服务框架在服务质量管理中的使用。

服务框架的实体可以用于表达与服务质量有关的相关要求和特征。因此，它被寄望于作为服务开发和执行的一部分，以及在移交到管理框架的运作部分的过程中使用。框架既可以在供应商之间的流程中使用，又可以在供应商与订户之间使用。框架可以用来协商服务质量，也可以把它映射到域有关的服务质量支持机制。后者的例子，将在第 3 部分中提供。

一方面，考虑到理想的可用性，设计终端用户服务使用体验需要兼顾政策、聚合服务和服务事件的设计。另一方面，适当的服务质量支持必须以一种与需要的性能兼容的方式存在。上述框架，可以用于记录服务实例的目标端到端服务等级，以及描述服务质量支持实例化。

我们需要特别注意服务质量框架在分布式服务环境中的使用。上述服务质量框架可以用于描述端到端所看到的单个服务事件的要求和特征。在一个分布式服务环境中，一个服务的组件可以在地理上或逻辑上互相分离，服务框架用来选择服务的最优组合。换句话说，服务框架是服务组合可以使用的一个工具。

服务框架的不同层可能也与服务管理角色相关，并允许服务质量管理与基于组件的管理范式相关(Räisänen *et al.*，2005；Service Framework，2004)。这种映射也提供了一种把服务质量框架与服务生命周期联系起来的方法。在这里我们不讨论这个话题，但很容易看到高层政策和更通用的结构自然地映射到解决方案型角色上；而低层的政策和结构，最有可能与面向执行的角色相关。

为了与由负责业务的角色所创建的产品设计相一致，面向解决方案的服务管理角色可能与负责定义聚合服务等级和相关政策相关。这些角色负责设计符合供应商之间协议的服务。服务派生的责任可能与技术性的服务设计角色相关。与服务事件类型相关的规则配置由有关的专家负责。

6.2.5 透视

与 3GPP QoS 模型相比，我们提出的框架对把多订户群体或接入技术有关的派生描述成一个单一实体提供了一个通用的框架。为了服务质量支持分配，它还考虑了流的分类和其他种类的服务事件。3GPP 服务质量提供是该框架的一个特例。同样，区分服务框架的服务质量提供，也是该框架的一个特例。

要真正落实服务质量支持，该框架需要一个架构。框架可以有两种方法来提供服务质量，这取决于服务质量支持的类型：

- 在网络边界提供静态服务质量等级；
- 为动态实例化的服务质量支持提供允许的参数范围。

例如，前者适合区分服务网络，而后者适合于动态承载协商，如 3GPP 框架。两种方式并不相互排斥，而是可以在某个特定架构内用于特定的需求。其实，它在 3GPP 的 R5＋网络中已经可以实现。

在一个抽象层上，该框架概念与在本章先前回顾的 QoS 框架(Räisänen, 2004)是一致的。应当指出，框架的实际应用也对供应系统提出了要求，如在 GPRS 和 3GPP 架构中，订户 QoS 概况存放在 HLR 中，但 APNs 需要在 GPRS 网关支持节点(GGSN)上配置。

通过角色的使用，整个服务管理流程可以与流程框架相联系(Service Framework, 2004; SID, 2004)。因此，服务管理可能涉及其他流程，如能力管理。

6.3 安全框架

我们现在继续讨论服务框架的另外一个重要的技术观点，即安全。

采用 IP 协议作为服务的汇聚层，对确保安全带来了新的挑战。基本原因是：IP 网络的“经典”结构很难防护窃听和恶意的更改传输。在从电话网络转向互联网过程中，连接结构中的“智能”已从“核心”(网络中继节点)转移到了“边界”(通信终端)。IP 域的路由器的传统工作，只是依靠储存在分组头部的地址信息把分组传递到下跳路由器。例如，用于监测 IP 数据在局域网(LANs)网段传送的免费工具的确随处可用。一般来说，在具有广播段的网络，安全最具挑战性，如(非交换)802.3 以太网 Ethernet 或 802.11 WLAN。

6.3.1 安全方面

与安全有关的基本挑战涉及保密性、完整性、身份认证、授权、不可抵赖性、隐私、信任和拒绝服务(DoS)。我们会在下面的段落中简要讨论。

保密性是指保持私有通信对不相关的第三方不可用的权利。信件的隐私权是一个前互联网时代的例子，体现了民主国家的基本人权。除了通信内容之外，多数情况下，保密性也包含关于通信参与者的信息。

在安全的情境中，完整性是指防止信息的恶性更改。应当指出，并非所有的改动都是恶性的，信息也可能因为其他原因而被修改，如传播过程中的衰减。

授权是一个过程，是为了确保试图访问某项资源的一方是否有权利访问。授权不一定要求确认一个唯一身份。授权令牌可以用于那些不是基于身份验证的授权。密码是反复使用授权令牌的一个常见例子。在 IMS 中，电子一次性授权令牌是用来授权与会话相关的承载。

认证是一个过程，在这个过程中要采取措施确定通信参与方是否拥有它所声称的身份。

不可抵赖性指增大参与方不能否认已经进行交易的概率方法。前互联网时代的例子包括在合同上的签名；而把一个“哈希”值加入到消息中，同时用个人密钥计算，则是一个现代的例子。

隐私通常是指防止受到侵犯的权利。实际上，这意味着终端用户或另一参与方，可以控制个人信息的使用。基于位置的服务（LBS），常常被用来作为移动网络的一个例子：终端用户必须对个人位置信息的访问权限进行控制。

在现代安全领域，信任是一个重要的概念。在服务环境中，它意味着为了其他目的在终端用户和服务之间而实行认证的能力。各种单点登录（SSO）系统是支持信任技术的例子。自由联盟的联邦框架在尝试为自动化的信任管理提供一个基础。

DoS 预防，通常被认为是安全的一个组成部分，等价于防止一种服务的非正常使用。举例来说，使用来自大量感染病毒的电脑的请求而使服务器崩溃将导致 DoS。DoS 在安全环境的意义是，系统必须能够应对 DoS 的攻击。

至于服务质量，我们对用服务框架来描述一个服务的安全要求和特征比较感兴趣。在这里，我们将不讨论域（技术）有关的安全问题。例如，我们不讨论加密技术、密钥分配、认证和无线接入域的授权方式这些问题。

在我们继续之前，值得注意的是一个安全特定的问题，即法律问题。尽管它是作为一项基本人权，但是也有社会需要侵占个人机密和隐私的情况。在这种情况下，这是或应该是与民主国家的执法有关。要支撑这些，需要特别安排和冒滥用的危险。在建模中我们不解决这方面的安全问题。

下面我们将讨论隐私和信任的相互关系，然后描述我们的安全框架。

6.3.2 隐私和信任

隐私对终端用户日益重要，并且涉及诸如不可追踪性、不可链接性和控制个人资料（Koivukoski and Räisänen，2005）等问题。前两项涉及避免在供应商方面发布允许第三方追查交易源端的信息。第三项意味着终端用户应当能够控制使用哪些个人资料，尤其是这些资料的运作和可用性的限制。使用临时身份和化名是一项可以保护隐私技术的例子。

在现代安全环境中，信任就是指一方依赖另一方的能力。信任在密钥分配中很重要。举例说，终端用户可以信任另一终端用户，或服务供应商可以信任另一服务供应商或身份供应商。在自由联盟中，使用的是"信任圈"这个概念。

6.3.3 安全框架

接下来，我们为服务建模描述安全框架，实体如图6.1所示。

我们假定对接入技术的认证和授权在网络层处理，无需在安全框架内加以考虑。对服务的认证与授权则在该框架范围内。下文中，对服务的认证与授权是指把它从一个域有关的特征中区分开来，作为一种"端到端"的特征。例如，对接入权及服务的认证和授权就不需要被完全分开，而服务层可以利用网络认证与授权。这种方法经常被用于移动网络。

在框架内完整性和保密性保护是端到端的特征。域有关的完整性和保密性保护的要求说明也在框架范围之内。另一方面，在域内执行完整性和功能性的手段不是当前框架的一部分。在以分布式方式执行服务的地方，服务组件之间的完整性和保密性保护也是框架的一部分。

安全有关的框架概念可以分为两组：服务相关的安全参数和个人参数。我们将在下文中讨论。

服务有关的缺省值包括以下内容：

- 端到端加密使用/不使用(保密性和完整性)；
- 接入技术有关的加密使用/不使用；
- 对服务的认证与授权需要/不需要；
- 不可抵赖性重要/不重要；
- 隐私参数；
- 信任安排(例如，联邦)。

这些参数可以在聚合服务层被定义为默认值，并可以被有关派生重载。参数的执行，如接入技术有关的加密，可能因域而异。在相关且允许的地方，服务事件或服务事件类型可以"继承"参数的相关部分和重载默认值。后者的一个例子，是将一个IP电话呼叫的媒体流(语音信号)加密，而其他服务事件仍然保持"清晰的文本"，正如行业声称的那样。

个人偏好包括：

- 隐私；
- 信任。

隐私的定义可以是终端用户有关的默认值，或者是具体到服务或参与方的默认值。信任的定义与其他终端用户或参与方有关。

提到服务质量使用的要求/特征分类时，保密性、完整性和不可抵赖性可以看作是要求，隐私同样被视为实例有关的要求。加密和不可否认技术的应用可视为特征，因为它们影响了消息可以被访问或修改的方式。在第 7 章中，我们将遇到这种加密的副作用的一个例子。

6.3.4 小结

类似于服务质量框架，安全框架为服务框架带来了具体的问题。安全参数可以看作是聚合服务定义的一部分，也与服务派生和服务事件有关。隐私和信任以个人偏好的形式可以认为属于政策。关于安全方面，服务的要求和特征在端到端定义，并沿着端到端路径映射到域有关的安全机制上。

类似于服务质量，服务的安全方面可能会影响服务在分布式服务环境中的组合。这里我们就不作讨论了。

6.4 服务框架在管理框架中的使用

接下来，我们将总结服务框架在第 5 章中所述的管理框架内的预期使用。

正如上面所看到的那样，服务框架促进了与服务有关的技术信息的结构化表示。因此，它不是在一个利益相关者内就是在利益相关者之间，与规定、使用或交换这种信息的流程相关。现在，我们将讨论几个在特定情形中使用的例子。为此，我们考虑下列案例：产品创建、服务转包、服务到资源的映射、产品的购买和服务优化。

6.4.1 产品创建

产品创建流程定义了哪些服务属于某一特定产品。这里定义了对产品的目标终端用户分段，因此也定义了组成对终端用户可见的产品的服务。产品创建还定义产品在哪里可用，以及存在哪些派生。产品派生可能映射到不同的服务派生上，但实例化不一定支持必要的柔性。上述信息的相关方面储存在聚合服务定义中。此外，服务框架可以用于向合作伙伴和客户获取关于现有 SLAs 的信息。

服务生命周期的服务定义和执行部分使用了产品定义所提供的输入，并通过创建必要的服务派生、服务事件、事件类型来规定详细的服务框架参数。适当的工具可以用于重用现有服务框架的实体定义，要么联合它们作为新定义的一部分，要么利用它们作为创建新实体的模板。

6.4.2 服务转包

当使用服务转包时，服务框架可以用于交换与技术要求有关的信息，如服务质量和安全。服务框架在定义转包协议过程中使用，同时作为相关的服务保证的定义和报告的一个依据。

6.4.3 链接服务和资源

这组任务对新的或改良的服务有效。服务框架已经用来描述服务的技术设计,也用来链接服务和资源。实际的链接,可以经由其他服务或直接与资源链接。在前一种情况下,服务框架可以用于联系"中介"服务的技术参数。在后一种情况中,服务框架用于确定资源对服务质量和安全提供了足够的支持。对于安全和服务质量,这涉及核查资源是否支持了必要的机制,并可以支持足够多的服务数量。

6.4.4 产品购买

在把产品销售给客户的过程中,服务框架用于描述计划的产品性能的一个视图,同时在可能的谈判中作为一种工具。它也构成了 SLAs 的定义和报告的基础。

6.4.5 服务优化

服务优化使用服务框架获取关于计划性能水平的信息,并把它与实际性能水平进行比较。使用服务框架还可以记录由于服务优化而导致的服务组合的潜在改变,以及单个服务的目标性能水平的潜在改变。

6.5 终端用户服务

我们现在对选取的终端用户服务类的要求和特征作一个总览。其目的是从服务质量的角度,深入了解典型的终端用户服务看起来像什么。我们将参考上述的服务质量和安全框架。该总览将为上面讨论的概念提供一个更具体的基础。我们这里是基于 Laiho and Acker(2005)和 Koivukoski and Räisänen (2005)的工作。为了清晰地表示,我们将使用常见的服务分类;当然也是因为几乎所有目前和近期的服务都可以由以下服务类别的服务事件组成。在这里,我们将不考虑如手持设备的数字视频广播((DVB-H)这样的广播 IP 服务)。

下面,我们将集中讨论关于组成终端用户服务的服务事件的技术要求和特征。更完整的用例将在第 3 部分介绍。

在本节,终端用户服务分类如下:

- 后台数据传输;
- 交互式数据传输;
- 消息;
- 流媒体;
- 会议。

终端用户服务可以用不同的方法进行分类,上述分类是从服务质量的角度考虑的。与3GPP的传输类相比，基本上消息已经加入到3GPP QoS框架的四个传输类中。下面，我们将讨论这些分类的依据。虽然这里使用的终端用户服务分类的名称与3GPP传输类密切相关，但是必须指出，后者在概念上不同于终端用户服务。一个终端用户服务可能同时涉及多种3GPP传输类。

下面我们将逐一讨论分类。在讨论终端用户服务类有关的问题以前，我们首先总结一些共性问题。

6.5.1 引言

正如先前所讨论的一样，终端用户服务和其要素有服务质量的要求和特征，这些要求和特征取决于所讨论的服务，要么由服务事件的内在本质决定，要么是供应商的设计。

下面所给出的对终端用户服务的描述是定性的，没有使用定量值。目的是对终端用户服务的服务要素的要求和特征提供一个整体比较。对一些服务的定量值讨论，可以参考ITU-T Recommendation G. 1010(2001)和Räisänen(2003a)。

用于传递基于分组内容的传输协议(Layer 4，L4 in ISO/OSI classification)，潜在地影响着端到端的服务质量。一些第四层(Layer 4)协议，如TCP支持在L4上重传数据，潜在地影响着流在传播期间体验到的延时和丢包。同样，连接层(L2)技术，如分裂和调度，也可能会影响到端到端的服务质量。这里，我们将不进一步讨论，有兴趣的读者参考(Armitage，2000)、(Halonen 等，2003)、(McDysan，2000)或(Räisänen，2003a)。

事实上，安全的某些问题，如保密性和完整性，基本上渗透到所有终端用户的服务中。

6.5.2 后台数据传输

后台数据传输是指不涉及终端用户交互的信息交换，即使终端用户可能直接或间接地发起了服务。电子邮件消息的后台传送就是这类的一个例子，从互联网后台下载音乐是另一例子。后台数据传输可能有对终端用户可见方面的问题，尤其是当传输数据量很大时。在这种情况下，最好下载所需的总期限是可以预测的。

后台数据传输通常包含一个服务事件，即数据传输流。没有任何会话与此类服务相关，即使传输可能是从一个会话发起。后台数据传输终端用户服务类的要求包括：

- 端到端的可靠传递。
- 对于大型服务事件，稳定的吞吐量为首选。

后台数据传输的特征包括：

- 通常以单向为主。

- 内容规模也许很大。

除了下载之外,后台数据传输也可以涉及上行传输,如数据备份和/或存储在通信端点的配置。

从服务质量的角度看,后台数据传输是最简单、要求最少的服务。

6.5.3 交互式数据传输

终端用户服务的交互式数据类以与用户的实时交互为基础。因此,对于这类终端用户而言,响应很重要。例如,通常交互式传输以使用 http 的请求/应答模式为基础。应答事件的规模,可大可小,视该服务而定。举例来说,一项交易的确认只需要一个小规模消息,而对一张图片请求的响应,极有可能有比较大的规模。涉及的服务事件类型包括请求消息和应答。后者可以由一个有多个分组的流组成。交互式数据传输可能与一个会话相关或不相关。

典型的要求包括:

- 服务实例化时间相对较短。
- 低的丢包率对上行及下行更有利。
- 稳定的分组吞吐量对包含大量数据的应答事件更有利。
- 应尽可能保护终端用户的隐私。

典型特征包括:

- 单向或双向。
- 请求规模一般较小。
- 应答规模,可大可小。
- 请求和应答时序相关。

比较交互式数据传输,我们可以得出两个观察结果。交互活动使得把服务实例化时间作为一个重要的服务质量参数。交互活动也导致间接的效果,如低的丢包要求有助于更高的数据吞吐量(Padhye *et al.*,2000)。

其次,交互式数据传输由一对对相关的上行及下行传输组成。这引出了在服务特征方面的模式。

6.5.4 消息

消息是一个构成服务基础的通用类,如电子邮件、聊天室、群聊天和一键通。来自交互式传输的最重要的描绘是发生在终端用户之间的消息,即使消息可以被中介服务器处理。消息可以是无国籍的,或者与一个会话联系在一起。交互程度可以因“类似后台”(如:E-mail),或交互式(如:chat/push-to-talk)的不同而不同。涉及的服务事件类型包括:会话管理、上行和下行消息传递。

典型的要求包括:

- 高可用。
- 服务实例化时间相对较短。

• 消息的可靠传递。

• 对非交互式消息，端到端延迟可以相对大，但对于这些服务，如聊天室和按键式通话，应符合“交互”范畴。

• 应尽可能保护终端用户的隐私。最好是支持使用化名聊天。

典型特征包括：

• 典型地双向。

• 内容规模可变。

• 交互消息：在一个会话过程中的服务事件是时序相关的。

• 电子邮件同步：多项服务事件以一种时序相关的方式传播。

作为一个终端用户服务，消息与交互数据传输和后台数据传输有许多共性。不过，我们把它作为单独的一类描述是有原因的。一是消息型服务的重要性。服务，如电子邮件，对发达社会的运作至关重要。二是事实上，消息服务的运作所要求的配置可能与访问服务器上的信息所要求的配置不同。

消息使用交互式数据传输和后台数据传输，但在此基础上还有其他要求。对于人与人之间的通信，消息可能与政策相关，这也许不同于为了访问基于服务器的信息而制订的政策。与人和机器之间的通信相比，终端用户往往倾向于对人与人之间的服务有不同的处理。

从安全的角度看，消息通常也可以与一组服务有关的要求相关，这些要求一般比交互式数据传输有更明确的描述。在一个专用服务器上执行消息，导致了对服务器的服务质量有特定要求，这可能不同于交互式数据传输的一般要求。

6.5.5 流媒体

流媒体是指一个连续媒体流的跨网络传输。涉及媒体的最明显例子包括音频和视频，对于关键的远程控制应用、遥测数据和遥测控制也可以属于这一类。

媒体流的特征随内容和编码变化：语音信号可能包含一串谈话脉冲和沉默期，而音乐和视频通常采用连续流媒体传送。对于视频，流媒体的瞬时比特率可能抖动得很厉害。流媒体通常以会话为基础，并且媒体流与控制相关，如播放、暂停、倒放和快进。所涉及的服务事件类型，包括控制信令和一个或多个媒体流。

典型的要求包括：

• 服务实例化时间短。

• 媒体流：可以接受丢包。

• 控制信号：交互响应。

• 端到端的延时可以较大。

• 时延抖动可以较大。

• 媒体流要求稳定的吞吐量。

• 应尽可能保护终端用户的隐私。

典型特征包括：

- 控制信令上行，媒体流下行。
- 控制信令时序不规则。
- 媒体流一直保持平均水平。
- 视频流媒体如果没有被计划，可能出现爆炸。

作为一种服务，流媒体的特定特征是连续的媒体流与交互类媒体控制流相结合。

6.5.6 会议

会议类服务至少应该有语音电话，并且可能有视频组件。这些实时媒体组件可以通过群工作支持功能来补充，如白板和聊天。

典型的要求包括：

- 可用性高。
- 对控制信令具有可靠的传输和较低的延时。
- 媒体流：低延迟、稳定的吞吐量，可以接受丢包，但不应是时序相关的。
- 对于辅助的会话组件，会话控制信令有交互响应。

典型特征包括：

- 在会话内，服务事件调用模式是随机的。
- 媒体流通常是双向的。

会议在多个方面都是一种最苛刻的服务。它可以被比喻成遗留服务，例如公共交换电话网（PSTN），并且从业务挑剔的观点来看，期望它拥有等量的支持。对语音媒体流的服务质量要求是所有服务中最严格的，同时对语音控制信令的要求也十分苛刻。所以，电信级电话在分组网络中，可说是名副其实的服务质量准绳。当额外的组件，如白板出现时，与之有关的控制信令要求是“纯粹”的交互。

6.6 小 结

我们已提出了一个框架来描述关于服务质量和安全的要求和特征。这个框架可以被与产品有关的服务管理流程使用。

我们从要求和特征方面进行终端用户服务的最重要分类的分析，以获得典型的基于分组服务组成的深入了解。举例来说，会议与流媒体比较，前者是双向的要求，并且关于服务质量有较严格要求。会议与流媒体都是基于会话；而简单的服务，如网上下载，可以由单个服务事件组成。在最复杂的情况中，构成一项服务的服务事件类型包括会话管理信令、媒体流以及可能的其他会话组件。

一些服务事件有其内在的服务质量要求，如 IP（VoIP）电话的媒体流；而有些服务的服务质量是可以设计的，如数据下载。框架需要兼容这两种类型。

基于会话的服务通常对会话的可用性和连续性有更多要求，因为它们同时涉及多种终端用户。一般而言，对于所有交互序列来说，响应感觉非常重要。实时服务事件的引入，例如对基于会话的服务，提出了为它们留出有效资源的需要。最后，可预测的服务体验也非常重要。

服务框架是一个结构，可以用于产品开发以及管理框架的面向客户、服务相关、资源相关和伙伴相关的流程区域。服务框架作为一种工具，对服务进行设计，在此之上达成协议，并监督和报告服务质量。除了实际的终端用户服务质量以外，服务质量的终端用户体验受连接供应商服务质量支持的影响。此外，正如我们以后将看到的那样，服务质量相关的定义可以附加在不直接对终端用户可见的服务上。

6.7 本章要点

本章需要铭记的十点：

- 所描述的服务框架涵盖服务质量和安全。
- 采用 IP 作为服务汇聚的基础使得需要关注服务质量与安全。
- ITU-T 在客户的 QoS 要求、供应商计划的 QoS、供应商交付的 QoS 和终端用户感知的 QoS 之间是有差别的。
- 3GPP 的 QoS 模型，包括四个传输类和一组 QoS 属性。
- 我们将使用下列概念：聚合服务、服务派生、服务事件和服务事件类型。
- 终端用户感知的服务质量，受服务派生、服务质量支持派生和实例化参数影响。
- 政策可以用于在多层次上构建管理信息。
- 安全涉及保密性、完整性、身份认证、授权、不可抵赖性、隐私、信任和 DoS。
- 随着服务复杂性的增加，隐私的重要性日益凸显。
- 终端用户服务可以分为后台数据传输、交互式数据传输、消息、流媒体和会议。

服务建模模式

正如早前我们所了解到的那样，服务建模是构建产品、服务创建以及产品和服务生命周期其他部分的一个赋能者。服务模型需要服从管理框架及其构成模块一服务框架的使用。

下文根据建模框架和模式来描述一个服务模型的视图。选择基于模式的方法是为了同时方便“本体”型模型和域有关的、有限用途的模型，其目的是为了使相关的服务建模模式可以用于这两类模型。此外，基于模式的方法允许我们能够覆盖一个相对广泛的技术领域的多个方面。

我们首先从模型框架开始描述，进而描述一些相关的模式。我们会讨论这些模式如何用于一个具体的服务模型，并且讨论它们与现有模型的关系。最后我们将总结本章。

在本书的第 3 部分，我们将用 3 个案例来提供一些关于模式使用的例子。

7.1 模型框架

服务建模的存在是为了提供信息建模，以作为服务管理流程的一个基础。这意味着表示产品、服务和资源之间的联系和依赖的能力。实际的服务模型可能因环境而异，取决于产品、服务、资源互相相关的方式。但核心概念之间的相互关系的基本结构，在不同的环境中常表现出相同的结构。描述这些相对不变的部分是本章的主题。本章所讨论的建模概念的任务如图 7.1 所示。不同环境可能实施整套服务建模模式的不同部分。在本章结尾我们将举几个“分组”的例子。

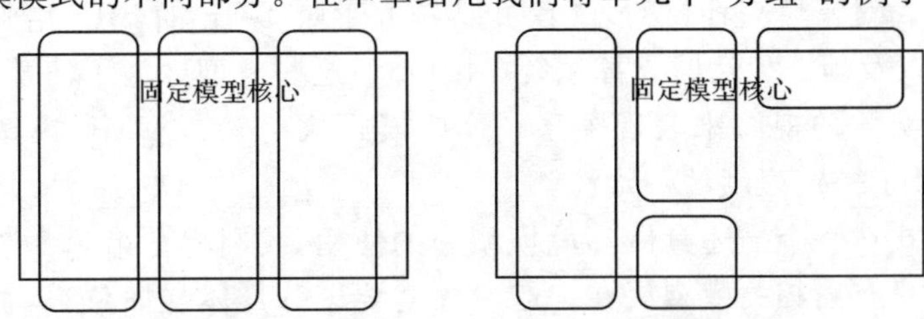

图 7.1　对固定模型概念角色的说明

接下来我们将引入本书使用的建模框架。该建模框架为服务建模定义了"词表"并且展现了实体在抽象层次上的相互依赖关系。虽然可以把用ArgoUML绘制的统一建模语言(UML)图表导出到XML元数据交换(XMI)格式,但这里我们也不会描述实际的方案。

假设建模框架可以被服务管理流程的不同利益相关者使用。关于框架使用的典型例子包括以下内容:

• 负责产品的利益相关者,采用框架来构造产品的特征描述以及涉及的服务的相关方面。

• 负责聚合服务的利益相关者,采用框架来构造聚合服务的特征描述以及服务要素。

• 负责提供基本服务的利益相关者,采用框架来构造基本服务的特征描述。

• 负责服务或资源运作管理的利益相关者,利用基于框架的结构来表示在服务环境下的性能数据。

• 服务开发商,利用基于框架的结构来实现服务的组件。

• 负责激活服务的角色,使用基于框架的结构来作为规定服务组件参数的一个参考。

• 终端用户,使用一个源自框架的模型来表达服务质量和私有偏好。

这里,我们将不会描述如何把服务功能划分成组件。划分取决于详细的技术环境,也潜在地依赖于所讨论的价值网络。

我们将于本章末尾第7.3节讨论模型的应用。

7.2 建模模式

这一节,我们将用UML符号来表示服务建模模式。这些模式建立在前述的讨论之上,同时也基于正在进行的研究,如电信论坛(TMF)的共享信息数据(SID)模型和欧盟MobiLife项目的有关成果。模式可以看作是对概念间通用相互关系的阐述。这里单独提供的模式集合不足以构成一个服务模型。

模式提供了概念的构成模块,这些模块将用于单个服务模型中。我们把所示的模式看成是关系的例子,将在设计实际的服务模型时加以考虑,而不是寻求一致的本体。对于后一种目的,读者可以参考诸如TMF的SID、增强电信运营图(eTOM)以及新一代运营支撑系统(NGOSS)这些模型。为了清楚起见,我们用包含少量实体的视图来表现关系。这些模式从单一的UML模型生成为视图,从而保证了一定程度的一致性。

关于模式在一个描述具体环境模型中的使用,我们将在第7.3节作几点注解。现阶段只有当相关模型放在一起时才需要区分具体与抽象类,否则不予区分。此外,一般来说,这里不考虑元建模和实例化相关的问题,而是提供使用

UML格式的模式来表示一组关系。

为了清楚和易于使用，我们把模式分成几大类，包括抽象模式、基本实体和混合模式。抽象模式可以用于多种环境，同时表示了在最抽象层次的建模。基本实体描述具体到服务建模的实体。我们在混合模式小节叙述了在不同的环境下服务建模经常遇到的模式。

关于"基本实体"和"混合模式"类，需要指出模式的描述是建立于本书这部分的要求和讨论之上的。此外，模式的描述参考了其他模式。因此，最后两种模式描述可以看作是将具体视图纳入服务模型中。

下面，我们将借由文字描述和UML图表来描述单个模式。紧随UML图表其后说明所描绘的实体。我们既不会描述实体间相互关系的多样性，也不会命名实体间的相互关系。这样将缩短单个模式的说明，因而可以容纳更多的模式。

7.2.1 抽象模式

我们从抽象模式开始展开模式的回顾。在本书中，抽象模式或许最接近经典的软件UML模式(Gamma *et al.*, 2004)。因此，它们可以适用于各种环境。

1. 角色

对于不同的利益相关者而言，某一特定的实体可以有不同的含义。角色的概念考虑了利益相关者与实体的具体"接口"的表示。一般而言，从一个具体的视角来看，角色可以用来表示与某一特定实体的接口。因此，从不同的视角来看，一个单一实体可以同时扮演多重角色。例如，TMF SID模型使用的角色模式。

一个角色可以表示一系列活动并且可以用来确定相关的流程区域。以前在TMF服务框架讨论过这些类型的角色使用，并且在5.2节提供过几个关于服务管理角色的例子。

下面三个例子用来说明角色如何用于建模。

第一个例子较轻松，其目的是帮助我们开始。让我们考虑一只狗及其主人的模型。狗及其主人都可以通过列出它们各自的相关属性来"客观"地描述。举例来说，狗的属性涉及毛发的颜色、长度等等。这种"客观"描述是由一个人来设计的，因此只包含了一个视角。

为了丰富该"系统描述"我们可以使用角色来封装每一个利益相关者的视角。因此我们可以有：

狗(主人的视图)：

- 已被训练成在大多数情况下服从命令。
- 已被训练成一天散步两次。
- 很可爱。

主人(狗的视图)：

- 已被训练成相对规律地给我喂食。
- 已被训练成一天散步两次。
- 花太多时间在电视机前面。

主人把狗链看作是在每天户外工作期间控制狗的一种行为手段，而狗可能认为狗链是一种使主人高兴和增加散步后骗取美味小吃的机会的方法。

第二个是较严肃的例子（图 7.2），它展现了供应商和客户对一个租用线路的建模。两个利益相关者通过不同的角色感知同一实体。从连接供应商的角度看，租用线路是一项提供给客户的服务。另一方面，从订户的视角来看，租用线路既是一项服务（订阅的），也是一种资源（具备被应用程序使用的具体能力）。

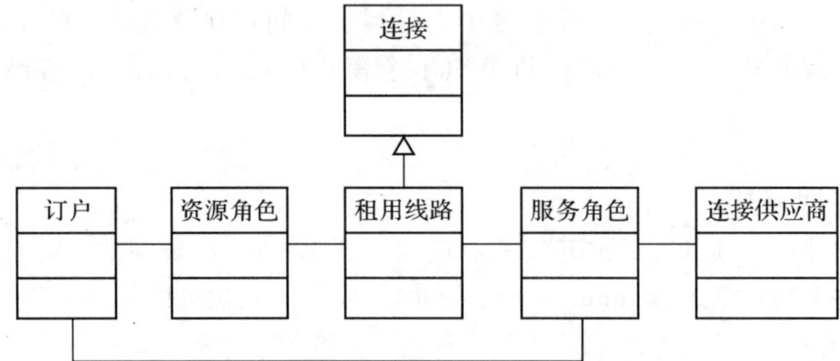

图 7.2　角色例子 2：租用线路角色使用模型

图 7.2 中实体描述如下：

- 连接：表示连接的一个通用类。
- 租用线路：表示租用线路的一种具体的连接类型。
- 资源角色：一种对租用线路面向资源的视图。
- 服务角色：一种对租用线路面向服务的视图。
- 订户：如前所述。
- 连接供应商：如前所述。

第三个例子显示了经由不同的角色接口连接一个网络元件——边界路由器——的两种不同流程区域。该例子涉及两种服务管理角色，即对边界路由器设定计费规则的执行者角色和对边界路由器设定传输调节规则的连接建立者角色。这两种服务管理角色看到了一个单一设备的不同方面，由此双方自然都使用角色去表示资源的相关方面。

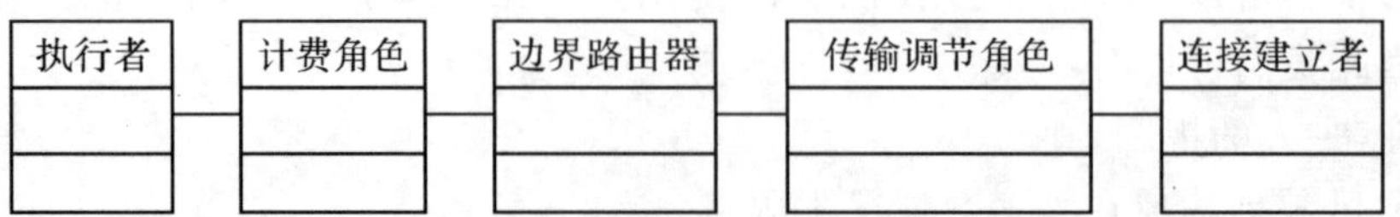

图 7.3　角色例子 3：资源接口角色使用模型

图 7.3 中实体描述如下：

- 边界路由器:一种资源(没有列出继承)。
- 计费角色:对边界路由器面向计费的视图。
- 传输调节角色:对边界路由器面向传输调节的视图。
- 执行者:一组与配置计费有关的任务。
- 连接建立者:一组与配置连接参数有关的任务,包括传输调节。

显然,我们很容易构造更多关于角色使用的例子。在本书余下的部分,我们将主要使用上述两种方法,即表示一个实体的不同视图和描述与实体有关的一组任务。

2. 聚合

正如在4.1节所描述的那样,聚合是UML符号的一部分。我们将增加一些关于聚合在建模中使用的注解,以补充前面的描述。如同这里表示的其他抽象模式一样,需要考虑的事项应该适用于多种模型。

聚合的基本目的是指出一个聚合实体是由其他实体组成的。其中的部分实体可能是强制性的,而其他实体也许是可选的。在UML中,可选择性可以用从0开始的重数来表示,例如,0…N;而强制性的依赖被表示为1…N,其中至少需要一个构成聚合实体的实体要素。

关于构成聚合实体所必需的强制性实体要素,这里有一些与后备资源和簇表示有关的特殊案例,我们将在以后说明。

在使用聚合时,应当谨慎小心以避免不良的影响。把不同的构成实体聚集在一起,可能会导致在聚合层上的冲突或额外的复杂性。为了避免这种情况,在执行高层聚合之前先聚合相同类型的实体可能是有用的。在TMF SID模型的文档中,有避免这方面隐患的例子。

容器作为聚合的一种特例,UML是支持的。但在本书我们不使用容器。

一般来说,聚合可以静态或动态地执行。在前一种情况下,构成聚合实体的实体要素到聚合实体的映射被确定为是定义模型实例化的一部分。静态聚合并不需要特定的功能。另一方面,动态聚合需要有发现构成聚合实体的实体要素和对它们进行动态绑定的方法。在系统的一个完整模型中,需要把发现和绑定方法列为系统模型的资源。

3. 弹性

弹性是一种模式,代表了万一一个实体失败可用另外一个实体实例动态取代它的能力。弹性的常见例子包括一艘飞船上的多种并行计算机。更实际些,设备故障原因可能不像伽玛辐射那样离奇,但结论是在关键任务环境中它们是一样的。弹性对电信级系统而言就像是面包与黄油,服务建模需要予以支持。

在建模方面,在基本层次上的弹性等价于表示一个多实体系统的能力,可以预先定义在失败情况下使用实体的顺序。图7.4显示了这方面的一个例子。请注意这种模式可以重复应用,所以,例如第三级备份系统也可以表示为第二级备份系统的弹性模式。

图 7.4 中实体描述如下：

- 能力：一种类型不确定的实体。
- 主要支持：对能力的主要支持。
- 故障支持：对能力的次级支持，在发生失败的情况下调用。

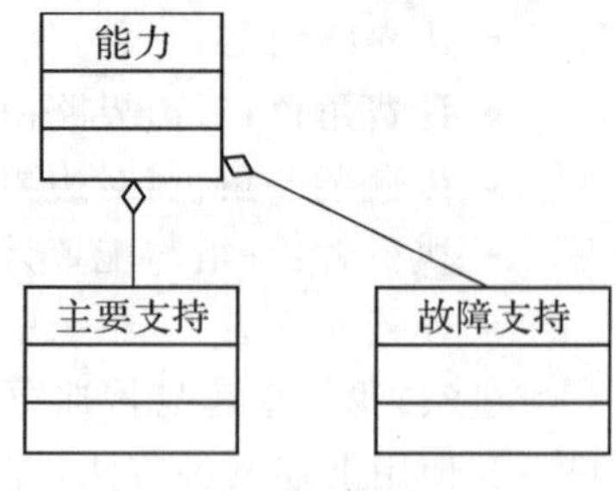

图 7.4 弹性(resilience)例子：备份能力模式的表示

原则上，弹性可以用资源有关的方式来描述。这里我们为不同情况所要求的弹性选择使用一个通用的模式。上述的弹性模式表示了备份实体需要为了一个主实体而存在这一事实。所讨论的实体的身份在实例化过程中处理。

实际上弹性可以用不同的方式执行。备份资源可能要一直到达失败点时才会活跃起来。另一种可能是失败元件的任务卸载给一个先前活跃的元件。就后一种情况而言，能够评估失效的能力影响显然是重要的。不过在建模过程中，我们不处理这些。

在一个给定的时间点，了解弹性能力可用与否通常是重要的。对于就绪型备份功能，二级资源的运作条件需要加以确定并反映在实时运行资源目录上。当一个运作中的元件 A 的任务卸载给另一使用中的元件 B 时，知道如果元件 B 失败是否有一个可用的后备安排也是很重要的。

弹性模式可以应用到各种不同的环境。它既可以用来建模硬件故障安排，又可以用来建模在服务级上的弹性。

4. 簇

簇通常用于大批量的交易处理。簇由一系列能够执行同一组任务的元件构成。一个簇通过把进来的请求分配给簇成员来实现自动负载均衡。负载共享决定的制定可以通过一个簇头信息来实现，或者以分布式方式来实现负载共享。在前者情况下，簇由一个簇头信息和许多簇成员组成，如图 7.5 所示。既然在簇运行过程中，簇头信息起着举足轻重的作用，那么它的弹性就需要加以贯彻执行。这里，使用图 7.4 所示的弹性模式。

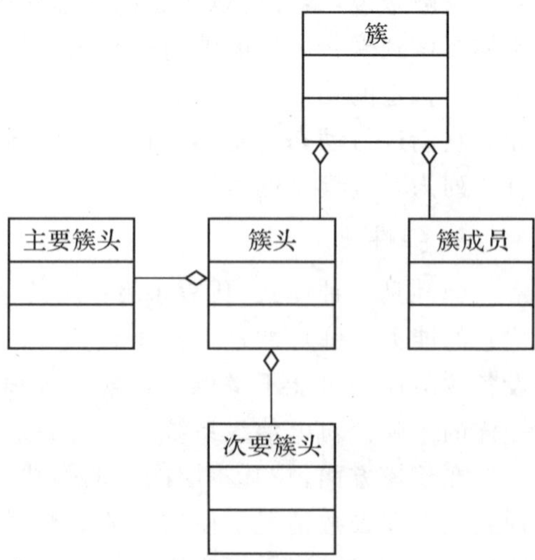

图 7.5 带簇头的簇例子

图 7.5 中实体描述如下：

- 簇：实体的簇集。
- 簇头信息：簇的头部信息。
- 簇成员：簇的成员。
- 主要簇头信息：主要簇头信息。
- 次要簇头信息：次要簇头信息，

在失败情况下调用。

一个簇成员的失败会间接影响到其他元件的负荷。所以当簇头信息在场时,需要注意可操作的簇成员。

在动态簇中,簇头需要动态处理。与确定一个属于弹性组织的元件失败的影响类似,这需要实时运行资源目录的协助。

5. 模板

模板是一种表示信息重用性的模式,包含多个实体的公共部分。在 TMF SID 模型中,规范模式大致相当于这里所说的模板。在运作环境中,模板可以定义为对多个设备公共的参数集合。从程序的角度来看,一个模板是一个可以用来增加一致性的工具。

把模板作为一个单独的模式表示是因为不同的服务管理角色可能负责创建和管理模板而不是使用模板。例如在(Service Framework, 2004)中,分离的服务管理角色负责服务的规定和执行。这些角色可以被视为是分别通过创建和填充模板来利用模板。模板和源自模板的实体也可以宿主在不同的平台上,正如图 7.6 所示。在例子中,模板和派生实体分别宿主在两个分离的平台上并且有三个独立的角色负责它们。

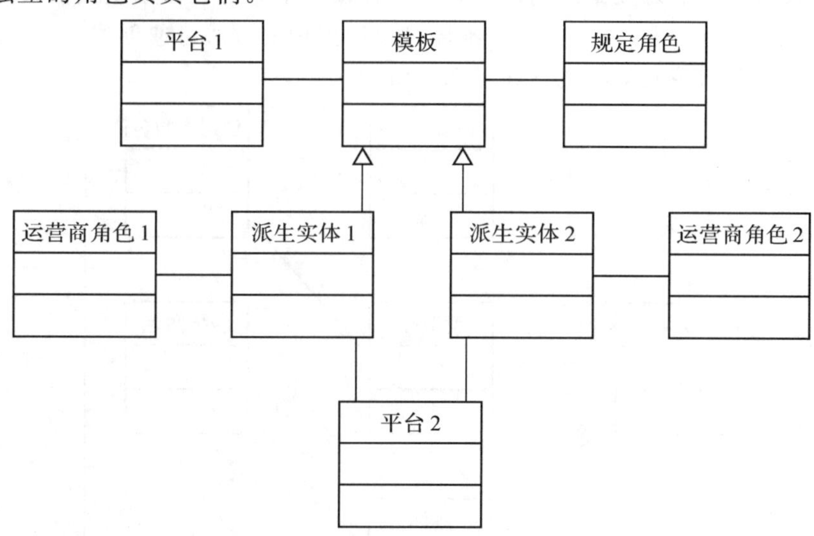

图 7.6 模板的例子

图 7.6 中实体描述如下:

- 模板:实体的一个模板。
- 平台:与一个模板有关的平台。
- 规定角色:负责规定一个模板的服务管理角色。
- 派生实体 1、2:用一个模板创建的实体。
- 运营商角色 1、2:负责运作和/或规定派生实体的角色。
- 平台 2:与派生实体有关的平台。

对于模板与服务相关的使用，我们已经进行了讨论。不过，模板也可以用来规定其他类型的实体，如产品和资源。

6. 元数据

前面，我们讨论过给服务增加元数据的一些原因，其中包括为了方便自动化的服务组合。元数据的使用并不限于动态的组合服务，也用于静态的组合服务。能够在相对广阔的环境下自动检查服务的有效性将有助于避免错误。

一般来说，元数据可以与任何需要自动化运作的实体相关。元数据有助于为了某一特定用途而更准确地识别对象。现代图像处理软件能够把地理位置、时间、日期以及用户提供的信息与一张数码照片联系起来，允许在一次搜索中匹配诸如"所有 2005 年 7 月在芬兰赫尔辛基拍摄的照片"这样的搜索。

在 Jones(2005)中指出，元数据也可以用来限制一个对象被使用的方式。该文所举的例子涉及一个带有元数据的摩托车的加速器踏板，其中的元数据规定了踏板允许的角度范围。短期内，我们可以把这种类型的元数据作为一种工具来避免实体的错误使用。从长远来说，这种元数据对动态组合方案诸如语义 Web 至为重要。

元数据要求给元数据的创建者和用户提供一个具有具体用途或公共用途的本体。在某些情况下，一个具体的本体可以用推理的方法迅速创建。

与元数据相关的基本概念如图 7.7 所示 。

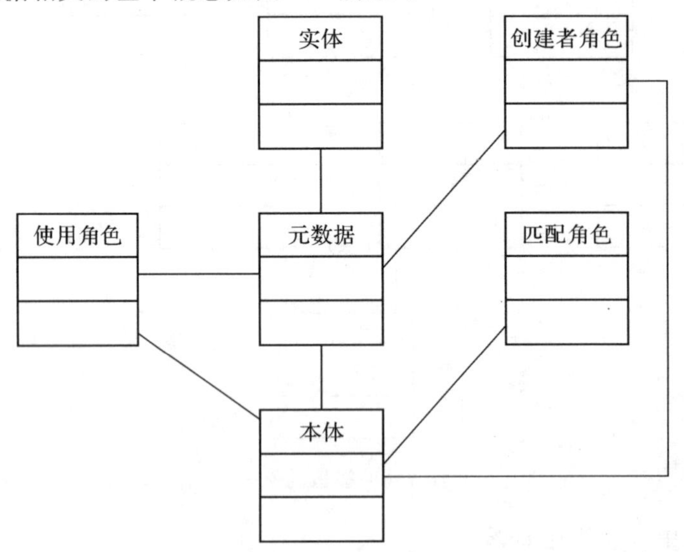

图 7.7　元数据的关系

图 7.7 中实体描述如下：

- 实体：一个实体。
- 元数据：与实体有关的元数据。
- 创建者角色：负责创建元数据的角色(人)。

- 使用角色：负责使用元数据的角色。
- 本体：元数据使用的本体。
- 匹配角色：负责评估基于元数据的匹配的角色。

7.2.2 基本实体

我们继续描述服务模型的基本实体。接下来，我们将描述协议、资源、客户、政策、产品、服务、配置、会话和服务事件。粗略来说，前七个在 TMF SID 模型中有对应的实体，而把最后两个补充进来是为了配合在前面讨论过的服务框架的服务质量和安全方面。

1. 协议

协议是条件的一个形式化记录，应用于两个或两个以上参与方之间的业务关系中。在目前使用的关于利益相关者之间的分类中，我们假定一项协议涉及一个利益相关者向另一个利益相关者购买的产品。

协议可以包括通用部分、面向业务部分和技术部分三个部分，将分别在下面讨论。服务等级协议（SLA）除了列出合同的细节，也服务于其他用途，如作为通信媒介。正如在 5.2 节所阐述的那样，一项协议可以用于多个不同利益相关者之间的相互关系中。

协议的通用部分描述了协议的范围，包括关于各参与方的信息、产品和应用性条款的定义。协议的时间期限以及正常和异常情况的界定，属于应用性条款部分。如果需要，通用部分也可以描述发生异常情况和修订协议时应该遵循的程序。

协议的业务部分描述交易的财务部分，诸如薪酬和其他各种补偿。涉及异常条件的交易量大小，应当在相关的地方详细说明。

协议的技术部分描述必要的技术参数以及相关的监督和报告程序。

我们把区分服务作为一个具体的例子，使用 3.9.1 节提到过的（Grossman，2002）中的术语来描述关于区分服务域的一个服务等级协议（SLA）的各个部分。SLA 是一种特殊类型的协议，规定了客户与供应商之间的服务等级。SLA 还包含其他部分，其中规定传输分类规则的传输调节协议（TCA）应用于供应商/客户接口，服务等级规范（SLS）描述服务在可度量的服务质量特征方面的技术参数，传输调节规范（TCS）列举用于调节的参数。SLS 组件可以通过使用逐域行为（PDB）概念来参考广域特征。

图 7.8 显示了区分服务相关的 SLA 实体间关系的一个简单模型。

区分服务 SLA 是相对通用的 SLA 的一个特例，它聚合了区分服务 SLS 与区分服务 TCA。区分服务 TCA 聚合了区分服务 TCS。最后，区分服务 SLS 使用区分服务 PDB。

图 7.8 中实体描述如下：

- 协议：如前所述。

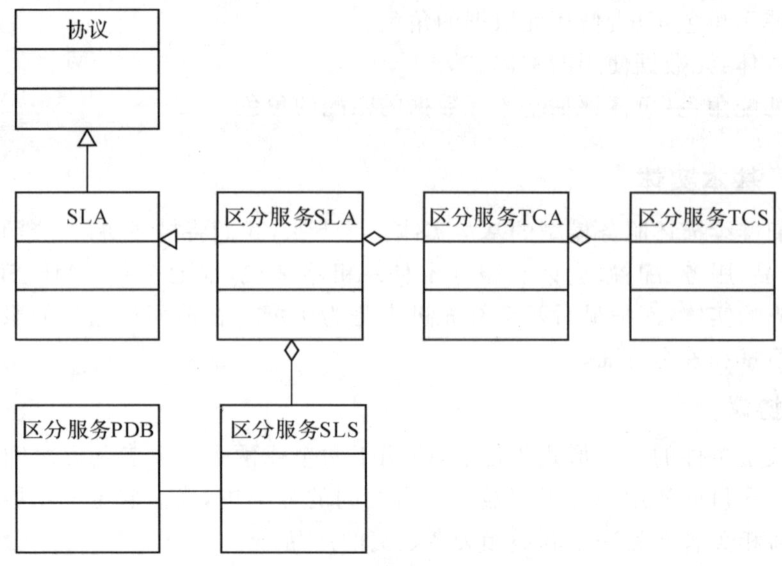

图 7.8 区分服务服务等级协议相关实体模型

- 服务等级协议(SLA):SLA,一种协议。
- 区分服务 SLA:一种 SLA。
- 区分服务 TCA:区分服务 SLA 的一部分。
- 区分服务 TCS:区分服务 TCA 的一部分。
- 区分服务 SLS:区分服务 SLA 的一部分。
- 区分服务 PDB:被区分服务 SLS 使用。

区分服务 SLA 和区分服务 TCA 可以归类为面向业务的实体,区分服务 TCS、区分服务 SLS 和区分服务 PDB 则可视为面向技术的实体,这些在图 7.8 中没有描述。这跟角色映射有关。请注意虽然图中 TCA 是 SLA 的一部分,但情况并非总是如此。

正如前面所讨论的那样,协议本质上可以是明式或默式的。协议的精确度也可能差别很大。点对点服务双方之间的默式协议可能不如因特网接入服务供应商和一个公司之间的协议具体。

协议或其部分协议可以用一个自动的方式来构造,这需要一个合适的框架。在未来的设想中,基于中间商的系统将参与其中。近期内协议自动化的例子一般是这样一种情况,对服务的使用就意味着与供应商达成一项协议。

2. 资源

资源代表服务所需要的技术功能。服务利用一种资源,通过控制该资源的能力共享来执行一个具体任务。资源本质上可以是有形或无形的。具体的计算机硬件是前者的一个例子,而运行于计算机上的一个 Apach 网络服务器软件则属于后者。大体上,软件可以充当逻辑资源,如一个应用程序或操作系统。在 TMF SID 模型中,这两类资源分别称为物理和逻辑资源,我们也使用这两个术语。逻辑和物理资源可能都需要维护和配置，并且可以是各自类型的合成实体。

网络服务器的例子，使我们的注意力转移到逻辑和物理资源的关系上。显然，逻辑资源需要物理资源来运作。单一的物理资源可以同时支持多个逻辑资源。在一个多处理器环境中，逻辑资源不需要与某一特定物理资源捆绑，而是可以在一个物理资源的多个实例上执行。从建模的视角来看，这两种情况可以用一个关系来覆盖，即逻辑资源需要一个具体类型的物理资源来运作。

资源通常与一套维护程序相关，维护程序可以与一个角色相关。同样，一个资源通常有与之相关的一个配置。此外，配置也可以与一个角色相关，该角色不一定与资源维护角色相同。资源的基本模型如图 7.9 所示。

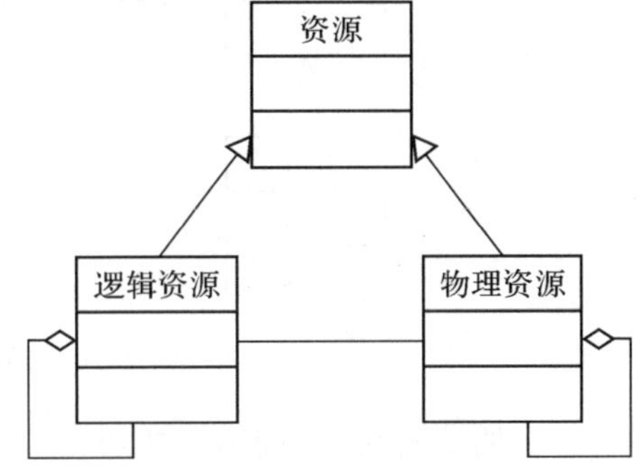

图 7.9 逻辑资源和物理资源的基本关系

图 7.9 中实体描述如下：

- 资源：资源。
- 逻辑资源：资源是抽象的。
- 物理资源：资源是物质的。

本章前面描述的抽象模式，可以用来建模资源的负载共享和弹性。一般情况下，弹性和负载共享需要分别考虑逻辑和物理资源。

3. 客户

我们在第 5.2 节已经讨论过与客户有关的基本事实，这里，我们作一些补充说明。本书我们将不考虑客户面向市场的方面，有兴趣的读者，例如可以参考 TMF SID 模型。我们也不会试图提供一套完整的客户建模模式。

一个聚合客户，如一个公司——或其部分——可以有多个终端用户并且可以代表这些终端用户签订协议。聚合客户与不同的供应商可以有单独的协议，或者与涉及的参与方之一达成的协议也暗含了对其他参与方的协议。例如，终端用户可以与涉及的不同参与方有直接关系，这与偏好有关。

有了角色概念之后，除了图 5.6 以外，我们还可以对客户建模补充一些细节。如果聚合客户没有相应的订阅协议，终端用户可以直接订阅服务，我们可以用终端用户在这种情形下所扮演的客户角色来表示。这种情况可以用通用订户类专门化的聚合订户和客户角色来建模，如图 7.10 所示。图 7.10 还描绘了两种形式的协议，即明式与默式协议。

图 7.10 中实体描述如下：

- 订户：如前所述。
- 协议：如前所述。
- 聚合订户：多终端用户的聚合订户。
- 终端用户：如前所述。
- 订户角色：在订阅服务时，终端用户使用该角色作接口。

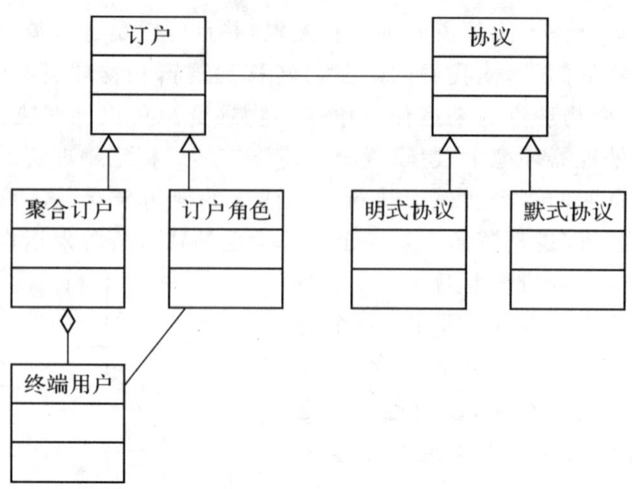

图 7.10　额外的客户相关模型

- 明式协议：明确形成的协议。
- 默式协议：没有明确形成的协议。

订户和供应商之间的协议涉及一个或多个产品，它规定了哪些服务在协议的范围之内。前面，我们只讨论了客户角色在订户和终端用户方面的应用。回到服务框架，供应商间也可以互相购买产品，因此他们彼此也是客户。

本章后面，我们将会描述与点对点服务有关的建模需要考虑的事项。

4. 政策

在本节中，政策意味着规则，规定当特定的标准符合时采取一定的行动。假定政策可以在不同的范畴之中存在，所以具有广域适用性的政策可以用更具体的政策来补充。在通用政策允许的地方，有关政策可以重载通用政策。这种能力允许在更详细的政策还不存在的情况下有缺省型的政策规范。

基于上述原因，政策的通用结构可以描述如下：

准则 行动 优先级

这里，准则表明什么时候调用规则，行动告诉紧随调用之后要做什么，优先级可以用来确定哪些低层次的政策能够重载更通用级的政策。为了保持正常准确运转，这种系统自然要求有优先级管理方案。

规则的可重载性使它有可能规定具有广域适用性的通用规则，但要避免在通用级上过度复杂。一个通用政策的简单例子可以是

if (service == VoIP) then TC=conversational,priority=1

该规则表示只要可能，应该给 IP 电话(VoIP)分配会话传输类服务质量。对于一个简单的非对称数字用户线路(ADSL)接入域来说，较低层次的政策可以是

if (service == VoIP) then TC=best effort, priority=2

这反映了所讨论的领域只提供尽力服务这一事实。因为后者的规则具有较

高优先权,所以它对较低优先权的缺省政策进行了重载。

政策可能涉及立法问题,可以是供应商有关的或者用来表达终端用户偏好的,如图7.11所示。

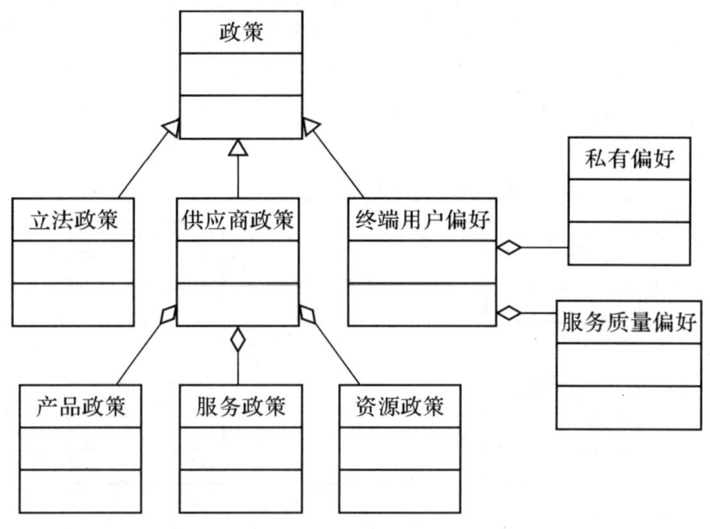

图7.11 政策类型

图7.11中实体描述如下:

- 政策:各种政策的父类。
- 立法政策:涉及立法的政策。
- 供应商政策:供应商范围内的政策。
- 终端用户偏好:满足终端用户需求的政策。例如,涵盖与应用有关的偏好。
- 产品政策:与产品有关的供应商政策。
- 服务政策:与服务有关的供应商政策。
- 资源政策:与资源有关的供应商政策。
- 私有偏好:与私人有关的终端用户政策。
- 服务质量偏好:与服务质量有关的终端用户偏好。

立法政策设定了服务供应商必须在其中运作的框架。

供应商可以有适用于整个供应商领域的政策以及适用于特定产品、服务和资源的政策。服务政策可以进一步完善成更详细的政策,正如下文我们将看到的一样。

这里给出的个人政策的两个例子涉及服务质量和私有偏好。显然,可以有很多偏好,而不仅仅是这两个。

5. 产品

在前面,我们已经假设产品是一组服务,由一个利益相关者用一种能被另一利益相关者购买的形式组合服务。

产品是产品出售的一部分，可以包含多个派生。我们不会处理产品的面向营销方面的细节，如产品出售与商业实体的挂钩。产品可以是大众市场型或量身定制型。两种类型间的区别在于使用该产品的用户数量的多少。对数以百万计的用户可用的移动域名服务往往是大众市场服务。另一方面，供应商有可能为大客户量身定做产品。举例来说，对于不同的市场，拥有现有的基本产品的多种派生可以使产品的定制变得更容易。产品与一个或多个业务角色以及一个参数集相关。

基本的产品相关的关系如图 7.12 所示。

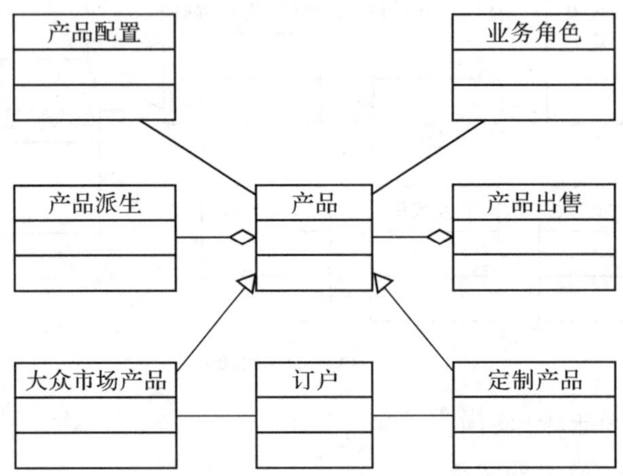

图 7.12　产品相关关系

图 7.12 中实体描述如下：

- 产品：如前所述。
- 产品出售：产品的一个集合。
- 产品配置：与产品有关的参数。
- 业务角色：负责产品的角色。
- 产品派生：产品的不同派生。
- 大众市场产品：针对大众市场的产品。
- 定制产品：针对客户的量身定制产品。
- 订户：如前所述。

既然本书强调服务的管理，上述相对简单的概念集合足以满足建模的需要。

6. 服务

正如我们在本书前面所看到的那样，考虑到对所有可能的服务存在多种不同的视角，因此很难在最通用层次上界定服务的概念。幸运的是，我们只在特定的环境中讨论服务，即对可销售的产品进行支持的服务管理。对我们而言，服务可以被实例化并且与一组参数相关。

产品需要服务来运作。有些服务对终端用户可见，而有些服务是网络内部的、不直接对客户可见。前者往往被称为终端用户服务，在 TMF SID 模型中，称之为面向客户的服务(CFS),与后一种类型的面向资源的服务(RFS)相对。两种服务类型的要求和特征各不相同。除了所有服务公共的属性之外,面向客户的服务需要处理对用户和订户的接口连接,而另一方面,面向资源的服务则需要作为底层资源的一个接口。

由上述定义可知在 TMF SID 模型中的所有服务不是面向客户就是面向资源。这是一种明确的建模选择,因此很容易掌握。这种划分可以很好地支持简单系统,如用来为客户提供虚拟网络(VPN)服务的系统。然而,这种划分也有一定的局限性。因为这就意味着对终端用户不可见的服务总是被认为是与资源相关的。鉴于服务的日益复杂,该划分似乎有点过于僵化。建模的原则应该随着环境需求而不断进化。笔者认为,唯一的决定性因素不应是服务是否面向客户,而是一个模型的基本结构应该足以支持灵活的服务生命周期运作。

我们假定有三种服务。一类代表资源的能力,如域名系统(DNS),我们称之为面向资源服务。第二类是连接产品的接口,我们称之为面向产品的服务。第三类是一类能够利用其他服务但不能直接连接资源或产品的服务,我们称之为抽象服务。我们把抽象服务作为第三种服务类型加入进来,使得产品和服务间可以自由链接。

列入抽象服务有多种原因。第一,将面向资源的服务与资源直接联系清楚明了,并且为使用该模型来表示面向服务的架构(SoA)提供了一个更好的基础。其次,这个概念使得我们更容易地将面向产品的服务和面向资源的服务衔接起来。每一种服务类型都可以被参数化。在点对点服务中并不总需要面向产品的服务,抽象服务的提供是自动的,而且没有涉及终端用户和薪酬情况下,这些抽象服务可以直接展示给其他参与方。一般而言,面向资源的服务是在某种包装内运作,使之成为抽象服务。

面向产品的服务可以聚合面向产品的服务、抽象服务和面向资源的服务。抽象服务可以聚合抽象服务和面向资源的服务。服务实体类型说明见图 7.13 所示。我们不会深入研究涉及的角色类型,但是想要了解更多信息,可以参考图 5.5 以及 Service Framework(2004)和 Koivukoski and Räisänen(2005)。图 7.13 还显示,服务与产品、资源一样,都与角色和配置相关。此外,服务还与元数据相关。正如我们前面所讨论的那样,这一点在 SoA 设置中尤其重要。

图 7.13 中实体描述如下:

- 服务:如前所述。
- 服务元数据:与服务有关的元数据,描述如何使用服务。
- 服务参数:服务的参数。
- 面向管理角色(OMRole):如前所述,这里负责维护服务。
- 面向产品的服务:一种可以链接到产品的服务。可以聚合面向产品的服务、抽象服务和面向资源的服务。
- 抽象服务:既不是面向产品的服务又不是面向资源的服务。可以聚合抽

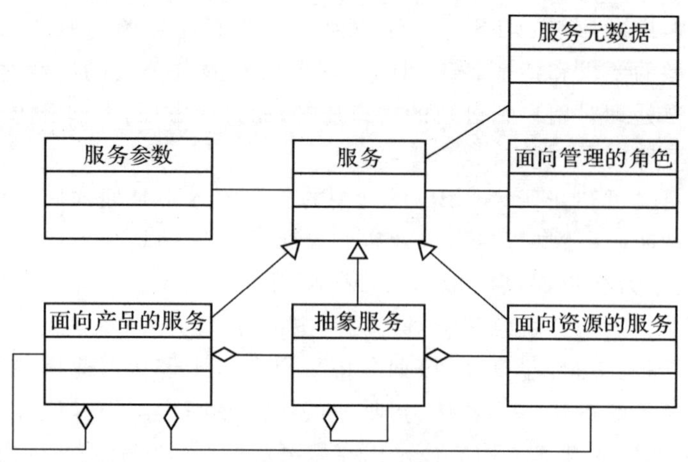

图 7.13　服务实体类型

象服务和面向资源的服务。

- 面向资源的服务：直接与资源相关的服务。

请注意面向资源的服务的聚合要么是一个抽象服务，要么是面向产品的服务。

图 7.14 以终端用户服务类的形式列举了几个面向产品的服务类型的例子。这里我们不提供详尽的清单，而是提供几个对连接服务和数据传输服务进行划分的例子(Räisänen，2003a)。一般而言，在面向产品的服务对终端用户类可用的环境下，面向产品的服务与计费规则联系在一起。

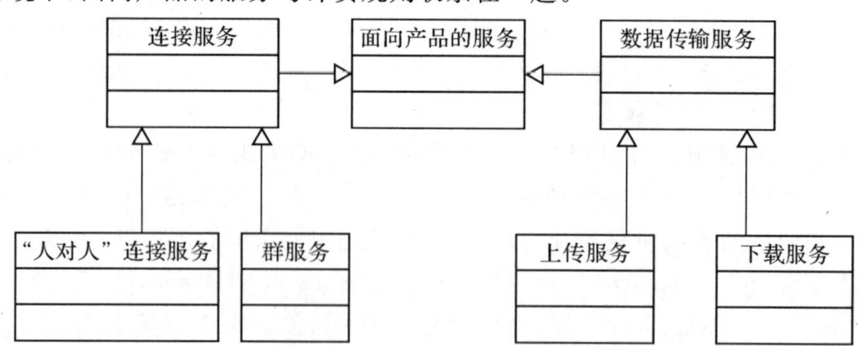

图 7.14　终端服务类型

图 7.14 中实体描述：

- 面向产品的服务：如前所述。
- 连接服务：与终端用户之间的连接有关的面向产品服务。
- 数据传输服务：与数据传输有关的面向产品服务。
- “人对人”连接服务：两人之间的连接服务。
- 群服务：面向群的连接服务。
- 上传服务：表示上行数据传输的数据传输服务。

- 下载服务：表示下行数据传输的数据传输服务。

面向资源服务的设计，符合有关资源的性质。这里我们假定面向资源的服务大致沿着通用对象请求中间商体系（CORBA）的路线，概念上形成对能力资源的接口。资源的能力必须经由该接口才可用。

构建抽象服务旨在使从面向资源的服务中组合面向产品的服务变得更加容易。举例来说，服务管理人员可能注意到在创建面向产品的服务时，经常遇到三个面向资源服务的一个特定联合，可以创建一个抽象服务代表这三个服务的联合。另一个例子是使用一个抽象服务来表示复杂资源构成的能力或能力组合。较复杂的面向资源的服务则可以通过创建多重抽象服务来表示，相当于在服务赋能过程中经常需要的模板。

一项服务可以组织成不同的派生，反映了服务实例的主要参数分类。服务派生也可以作为一个概念来帮助理解服务实例化和服务质量支持实例化的联合效应，或者来表示那些服务类型间的差异，这些差异不仅仅与服务类的实例化有关。在技术环境中，派生的使用可以使服务实例化的参数更加容易控制。

MobiLife 和无线世界研究论坛（WWRF）正开展的研究未来服务平台的工作，以及开放移动联盟（OMA）论坛的工作，已经在建模方面产生了一些成果。为了增加通用性，我们也力求覆盖点对点的服务。在 MobiLife 架构中，一个重要的概念是同时对托管和非托管（点对点）服务的支持。在抽象层次上，托管和非托管服务与服务供应商和服务等级定义联系在一起，如图 7.15 所示。假定 SLA 包含服务质量等级和服务等级参数。

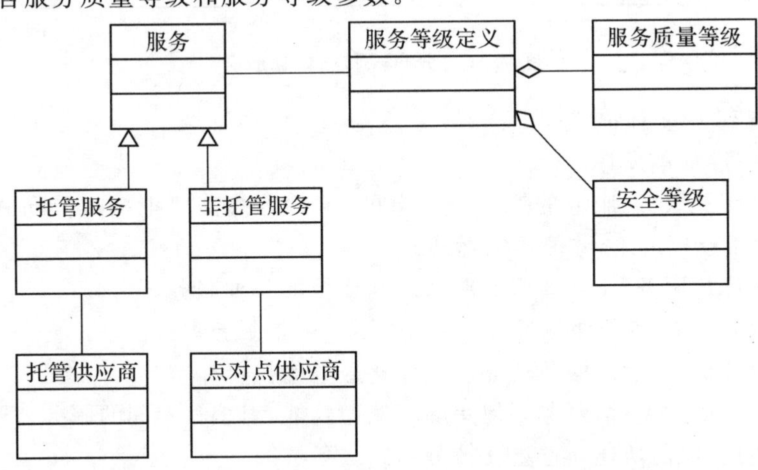

图 7.15　托管和非托管服务

图 7.15 中实体描述如下：

- 服务：如前所述。
- 托管服务：如前所述。
- 非托管服务：如前所述。
- 托管供应商：如前所述。

- 点对点供应商：如前所述。
- 服务等级定义：定义一项服务所相关的服务等级。
- 服务质量等级：定义服务的质量等级，服务等级定义的一部分。
- 安全等级：定义安全方面，服务等级定义的一部分。

这里，我们假定服务可以是“一体化”的或分布式的，如图7.16所示。分布式服务要求在组成服务的服务功能和服务之间进行连接，而“一体化”服务是在一个单一的执行环境中运作。我们进一步假定点对点服务可以是面向资源的服务或抽象服务，也可以利用面向产品的服务。此外，托管服务可以是分布式的。服务功能和一体化服务需要执行环境来保持正常运转。

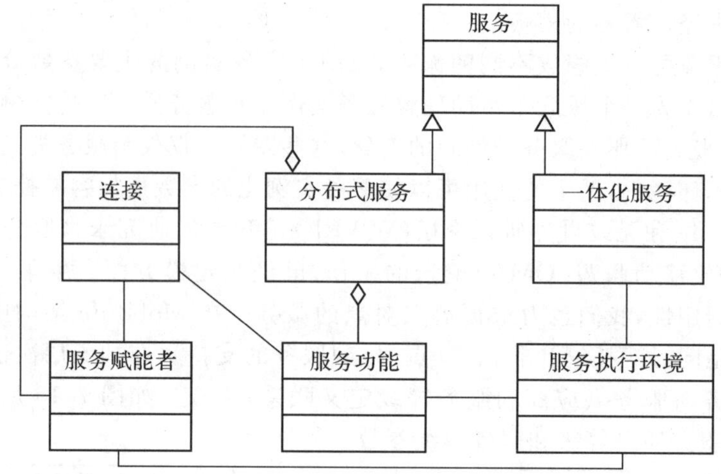

图7.16 分布式和一体化服务

图7.16中实体描述如下：

- 服务：如前所述。
- 分布式服务：服务的执行是分布的，这种方式需要把构成分布式服务的各服务要素连接起来，才能正常运转。
- 一体化服务：不需要服务要素之间连接的一种服务。
- 服务功能：服务的一个要素成分，不一定是服务本身。
- 服务执行环境：服务功能和一体化服务的执行环境。
- 服务赋能者：由服务来使用的赋能型功能，对多种不同的服务公用。
- 连接：如前所述。这里支持分布式服务。

7. 会话

术语“会话”在(OED, 1995)的一些含义：

- 一次简单会议(一个协商或法律机构开展业务的流程)。
- 一段致力于一项活动的时期。

上述两个含义传达了一个理念，即一项活动具有非常明确的与之相关的时间期限，同时致力于一项具体的任务。我们所感兴趣的是基于分组的服务，并且把会话定义为交易的一个环境，包括交易的创建、交易作为会话期间的一个唯一存在的实体以及交易的终止。从这个意义上说，会话初始协议（SIP）多媒体会话是一个好例子，它在会话期间涉及多个参与者并且支持服务事件的动态管理。

对于特定的使用环境，会话与某类面向产品的服务的实例化有关。并不是所有的服务都基于会话。下面，我们会以更通用的方式来讨论环境，但我们已经提到过使用环境的两个方面，即终端用户和接入技术。一般而言，一次会话涉及一个产品派生和一个服务派生。会话与许多服务事件联系在一起，可以表示成如前面所述的服务事件类型。图 7.17 显示了与这些会话相关概念的一个基本模型。

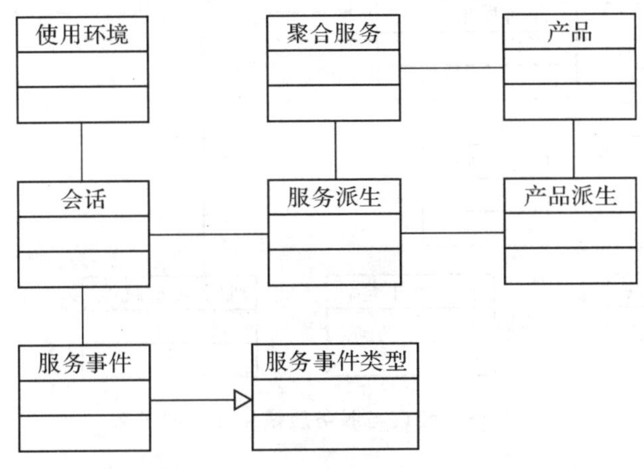

图 7.17 基本会话相关联系

图 7.17 中实体描述如下：

- 产品：如前所述。
- 聚合服务：如前所述。
- 产品派生：一个产品的派生。
- 服务派生：如前所述。
- 使用环境：一个服务派生的使用环境。
- 会话：一个服务派生的使用会话。
- 服务事件、服务事件类型：如前所述。

由于使用环境的原因，会话在服务质量与安全方面起着核心作用。举几个因素，服务质量可能是用户依赖的，所以某一类订户可以比别人获得更高的吞吐量。可用的服务质量和安全特征可能取决于所用的接入技术和通信端点。

政策可以用来构建与服务质量和安全有关的管理信息。我们可以在不同的层次上应用政策。在服务方面，我们可以确定聚合级、派生级及服务事件类型级的有关政策。供应商可能对服务质量和安全有一个广域政策，服务聚合型政策可以对其进行补充或重载。同样，服务派生级政策可以用来完善聚合服务政策。在会话层的服务质量与安全就是基于服务派生级政策来决定的。此外，服务事件类型政策可以用来补充或取代会话级政策。最后的一个简单例子是对到达一个网络域的分组定义缺省的处理措施。图 7.18 用政策阐述了会话与服务质量和安全的关系。

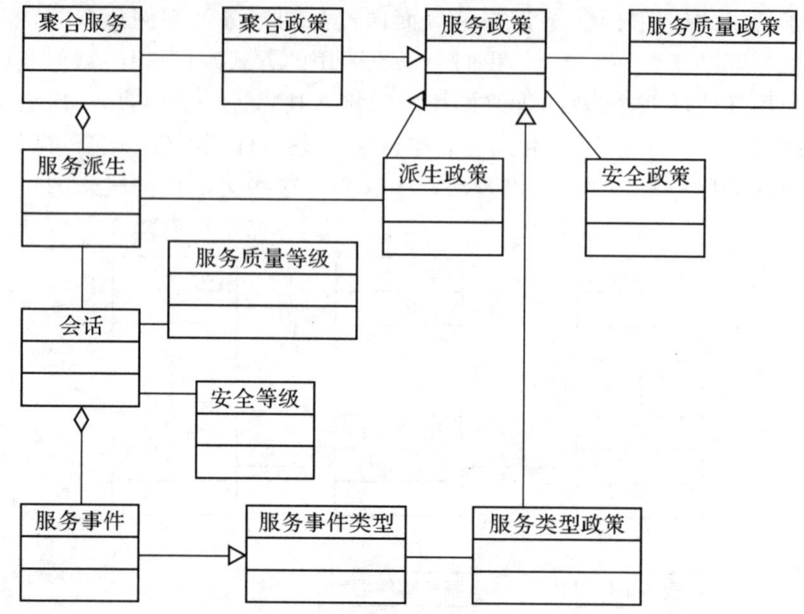

图 7.18　会话与服务质量和安全的关系

图 7.18 中实体描述如下：

- 服务政策：如前所述。
- 服务质量政策：服务政策的服务质量相关方面。
- 安全政策：服务政策的安全相关方面。
- 聚合政策：聚合服务的政策，服务政策的子类型。
- 派生政策：服务派生的政策，服务政策的子类型。
- 服务类型政策：一种服务事件类型的服务政策。
- 聚合服务：如前所述。
- 服务派生：如前所述。
- 会话：如前所述。
- 服务质量等级：在会话期间的服务质量等级。
- 安全等级：在会话期间的安全等级。
- 服务事件、服务事件类型：如前所述。

8. 服务事件

服务事件是服务派生的一部分，可以用来构建与服务技术定义有关的信息。本章中已经讨论过服务质量和安全的内容。

在本书中，服务事件是指一个具体的传输单位，属于一项服务的一次实例化。也许服务事件最简单的例子是为了响应一个 HTTP 请求而调用一个超文本传输协议(HTTP)应答,例如远程银行账户访问。与内容流媒体或 VoIP 电话媒体流的情况一样,一个服务事件也可以有很长的持续时间并且由一串数据分组组成。对于基于会话的服务,会话和服务事件的关系如图 7.17 所示 。一次单一会话可以包括多种不同类型的服务事件。

从根本上说,一个基于分组的服务事件可以建模成由若干 IP 分组以及可以唯一识别服务事件的准则组成。这一标准也是服务事件类型分类的依据。正如前面所讨论的那样,服务事件类型可以用来操作服务事件种类而不是单个服务事件。此外,有些服务在创建服务事件时需要专门的功能。在我们的模型中称此功能为服务事件工厂,只有需要生成服务事件时才会调用。结果模型如图 7.19 所示 。

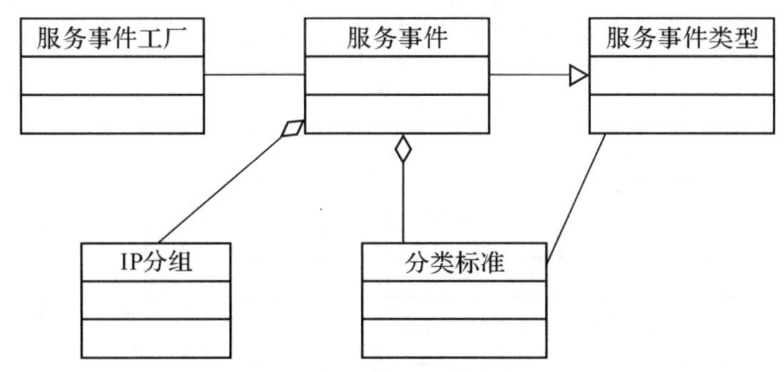

图 7.19 额外的服务事件关系

图 7.19 中实体描述如下:

- 服务事件:如前所述。
- 服务事件工厂:创建服务事件所需要的功能。
- IP 分组:服务事件的要素成分。
- 分类标准:检测服务事件或服务事件类型的标准。

这里,分类是有用的。作为一个背景,一个 IP 分组包含头段和有效载荷。前者包括了因特网上源主机和目的主机的信息,都是以唯一的 IP 地址形式表示。此外,头段还包括其他协议相关的信息,其中涉及有效载荷的类型。

当前 IP 版本(IPv4)中地址的稀缺导致了网络地址转换(NAT)的使用,NAT 便于多路 IP 地址在一个对外界可见的单一 IPv4 地址之上的多路复用。端口号用于在 NAT 后面区分传输目标 IP 地址或来源 IP 地址。正因为如此,单独的 IPv4 地址不能唯一确定一个通信端点。IPv6 版本的使用有潜力来应对这个挑战,但目前在测试网络以外 IPv6 还没有广泛应用。

通过对因特网内容进行加密来增强隐私和保密性的情况越来越多。一个经常使用的加密方式是 VPN,所有传输的加密,包括头段和有效载荷,在一个因特网主机和网关之间进行。当然,在原始头段里表示的地址信息,加密后不能使用。因此,在一个"隧道"的端点之间建立隧道,同时在加密的分组中增加一个额外头段。建立隧道的一个结果是,新头段是指隧道端点而不是原始通信的端点。

在某些情况下，这可能会影响识别在原有传输过程中服务事件的能力。

9. 配置

实体的配置作为“运作”的一部分执行，与在管理框架的“设计”部分定义的服务拓扑一致。

这里，配置的概念用来表示一个实体运作所需要的参数。有些配置涉及产品、服务和资源。如图 7.20 所说明的那样，配置与各自的政策相关。这里我们对用政策来衍生配置的机制不作任何的假设。在基于政策的系统中，相关的元件可以直接使用政策。在中心托管的系统中，管理系统可以操作政策来获取配置。

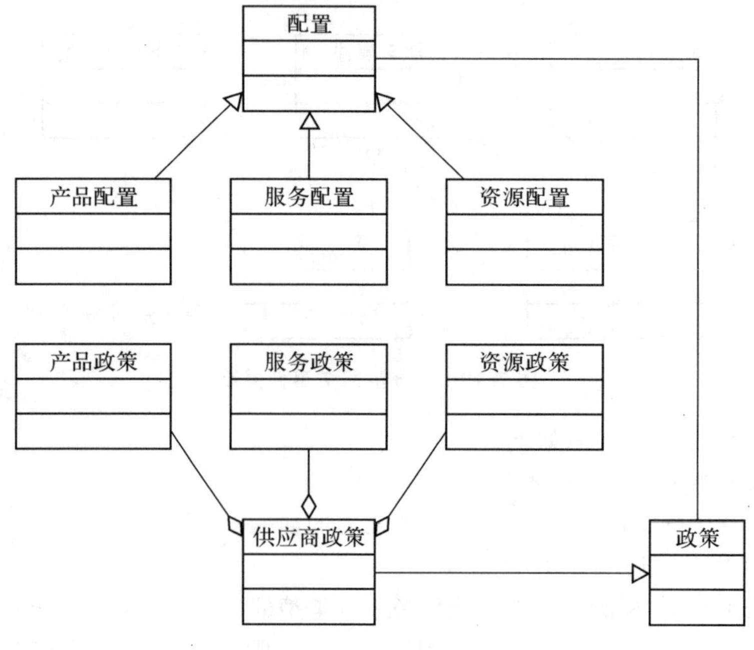

图 7.20　配置模型

图 7.20 中实体描述如下：

- 配置：配置的父类。
- 产品配置：如前所述。
- 服务配置：如前所述。
- 资源配置：与资源有关的配置。
- 政策：如前所述。
- 供应商政策：如前所述。
- 产品政策、资源政策、服务政策：如前所述。这里，产品、服务和资源的配置分别基于各自的政策创建。

从逻辑上讲，配置从与之相关的实体中形成一个独立的层级。诸如聚合和通用化这样的建模结构也可以用来建模配置。

7.2.3 混合模式

前面的讨论涵盖了许多有用的抽象模式以及一些对服务模型基本实体的建模。现在,我们准备研究一组与典型的服务建模任务相关的不同模式。这些不同模式建立于前述的建模模式的基础之上,相比前面的模式,它们与具体的任务密切相关。我们认为这些模式具有示范性质。

1. 计费

计费和收费都是现代网络结构的重要组成部分。由于使用 IP 作为通信的基础,因此比较容易经由因特网提供服务。挑战在于对内容的准确收费。我们可以在概念上假定是这样的情况:服务供应商与因特网接入供应商是互相分离的,那么基本上计费和收费可以用不同的方式建立。

对计费和收费进行建模的方法之一,是将服务供应商与订户之间直接联系起来。这种方法径直从服务供应商的视角出发来建立计费和收费。缺点是订户与不同服务供应商有多种收费关系。

第二种选择,是有一个接入网络供应商代表服务供应商来进行计费和收费。这种安排经常用于移动网络,并且通过把所有对移动服务的使用合并成一个单一账单来提高移动服务的可用性。这种做法需要执行该安排的技术性建立,在某种意义上,它顺应了服务供应商和接入供应商的业务需求。

这里,我们将介绍一些可以用于这两种安排的基本概念。此前,已经对分类相关的问题进行了讨论。这里基本要求是能够为服务确定需要收费的参与方,接下来是向这些参与方收多少费用。计费方案可能取决于产品,即服务分组,因此最终取决于终端用户类别。计费方案可能有与产品派生相对应的派生。一个简单例子是,对重要客户采用按月计费,而对有折扣价格的订户采用基于使用的计费方案。计费方案包括收费标准和计费方式。前者指明规则,如对工作日或双休日的不同价格,后者将于下面讨论。基本概念的说明见图 7.21。

图 7.21 中实体描述如下:

- 产品:如前所述。
- 计费方案:对产品采用的计费方案。
- 产品派生:如前所述。
- 计费方案派生:计费方案的一个派生,与产品相对应。
- 价格标准:计费方案的一个要素成分,描述可应用的价格。
- 计费方式:对计费方案应用的计费方式。
- 接入技术:与一个产品派生有关的接入技术。
- 终端用户类:与一个产品派生有关的终端用户类。

计费方式定义了对通信进行收费的方法。这里,基本的计费方式包括基于事件的计费、基于会话的计费、基于时间的计费、基于容量的计费。在基于事件的计费中,计费是基于某一类服务事件的数量。在基于会话的计费中,计费的依

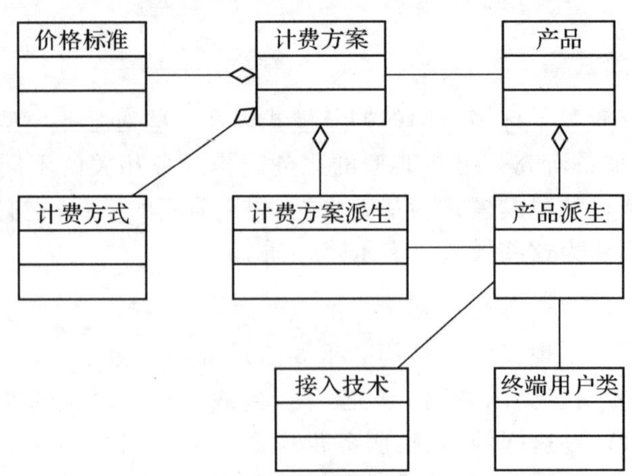

图 7.21　计费的基本概念

据是会话的数量而不是服务事件的数量。基于时间的计费是不言而喻的。基于容量的计费方式意味着将对与服务事件有关的传输字节数(或字节)进行计费。各种计费方式可以应用于不同类型的服务事件。基于容量的计费方式常用于与数据传输有关的方面，而基于时间的计费则可以用于如对观赏音乐视频的计费。而且，不同类型的计费方式也可以结合，例如在会话内对实时服务事件采用的基于会话的计费，就可以用基于时间的计费来修正。

在每种情况下，用来计算费用 C 的方法不一定与计费的依据量 N 线型相关。在大多数情况下，计费可以按照下列形式建模：

$$C(n)=\theta(n,\ n_0)(A_n+B) \tag{7.1}$$

这里当 $n< n_0$ 时，$\theta(n,\ n_0)$ 为零；$n\geqslant n_0$ 时，$\theta(n,\ n_0)$ 为 1。假设计费的依据是以秒为单位的时间变量，可以免费观看长达 1 小时，每分钟收费 20 美分，那么费用可以用下式表示：

$$C_T(n)=\theta(n,\ 3600)n/300 \tag{7.2}$$

相似地，我们可以使用基于容量的计费方式，通过在计费计算方法中设置 $n_0=A=B=0$ 来得到统一费用收费。对服务的第一次使用而言，参数 B 的正值使得存在一个门槛费用。在这种情况，为了能有跨收费时段的记录，等式(7.1)需要加以修正。图 7.22 显示了各计费方法实体间的关系。

图 7.22 中实体描述如下：

- 计费方式：收费方式的父类。
- 计算方法：一种决定计费的算法。
- 基于事件的计费方式：基于事件的计费方式。
- 基于会话的计费方式：基于会话的计费方式。
- 基于时间的计费方式：基于时间的计费方式。
- 基于容量的计费方式：基于数据容量的计费方式。

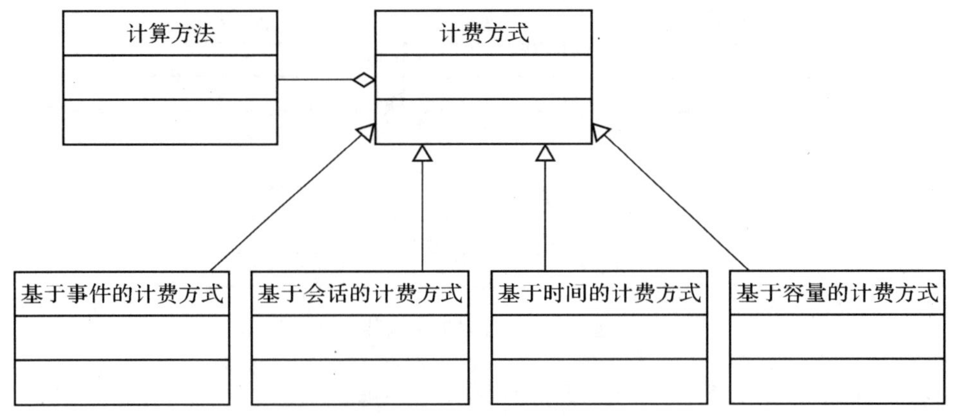

图 7.22 计费方式实体

2. 情境

在移动技术领域中，情境的应用是一个热门话题。这里有若干原因，其中之一是创建更先进服务的能力。对于一个经常旅行的人来说，在一座外国的城市如果能够得到 10 所最近的餐馆的名字，其价值是无可争议的。第二是易用性。通过服务比较充分地了解到用户的背景，从而只需要较少的点击次数和其他形式的交互就可以获得有用的结果。在服务数量的增长与服务能力和复杂度的增长相一致的情况下，这一点尤其重要。

基于位置的服务(LBS)早已被作为餐馆探测器例子的一部分，同时可能也是情境信息最为人熟知的形式。其他形式的情境使用并不对终端用户可见，包括调整信息的内容以适应终端的能力。同一服务对不同的接入技术可以有多个派生，比如通用分组无线业务(GPRS)和无线局域网(WLAN)。从一个通用的角度来看，根据终端用户的类型来选取一个服务派生也可以视为是利用了一个情境信息，尽管是以相当静态的形式。

从建模角度来看，情境信息被服务的一个实例或服务派生使用。为了对服务有用，需要对情境信息加以评估。早期提到的 MobiLife 项目的一个工作领域就是情境管理框架。目前而言：评价可以以分布式的方式举行，有多位专门的利益相关者参与其中。图 7.23 显示了与情境有潜在关系的基本实体。这表明情境要求要有可用的评估功能，并且邻近信息作为情境的一部分有占位符。

图 7.23 中实体描述如下：

- 情境：描述情境的一个基类。
- 终端用户类：与情境有关的终端用户类。
- 端点类型：一种与情境有关的通信端点。
- 位置：与情境有关的位置信息。
- 邻近信息：关于邻近的信息。例如，通过使用传感器获取的邻近信息，与环境有关。

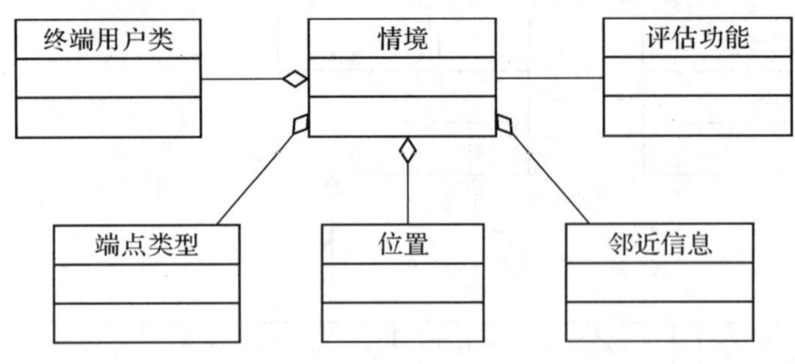

图 7.23 内容相关实体

- 评估功能：分析一个环境要有环境评估功能。

环境信息评估，对这里没有列出的功能也要加以支持。

3. 服务等级定义

根据在第 6 章中描写的国际电联电信标准化部门（ITU-T）的服务质量（QoS）框架，这里对服务质量有四种不同的视角。在目前的讨论中，我们将把第四种暂搁一边只讨论前三种，即客户的服务质量（QoS）要求、由供应商计划的QoS 以及供应商交付的服务质量。原则上，如果对框架作适当扩展使其符合主观特征的要求，终端用户体验就可以使用该框架来表示。不过，我们的重点是服务的技术管理，所以这里我们不考虑这些问题。

客户对服务质量有期望。这种期望可以是对一些不同服务共有的，也可以是对特定服务的。这里我们不讨论服务质量期望的心理学方面的问题，假设顾客期望可以形式上表达为服务等级定义（SLD）。客户期望的服务等级定义的详细程度可以不同，涵盖的范围从几个感兴趣参数的定义到服务等级定义的详细说明。

托管服务的供应商可能对单个终端用户服务有详细的服务等级定义。在第 6.5 节讨论过一个事实：终端用户服务由不同类型的服务事件组成，每类服务事件有有关的要求和特征。对于经由各种接入技术和使用情况来提供满意的服务使用体验而言，服务等级定义是有价值的。目标服务等级的定义，使我们有可能对实际的服务等级与计划的服务等级进行比较。使用基于角色的信息获取方式可以为客户和其他供应商创建具体的视图，如图 7.24 所示。这种视图可以用来获取服务等级目标与实际的服务等级。与政策类似，更通用的实体可以用来为有关的实体提供缺省值。

图 7.24 中实体描述如下：

- 服务等级定义：服务等级定义的基类。
- 客户 SLD：客户的服务等级定义。
- 供应商 SLD：供应商的服务等级定义。
- 目标供应商 SLD：供应商的目标服务等级，供应商 SLD 的一种。
- 实际供应商 SLD：实际的服务等级，供应商 SLD 的一种。

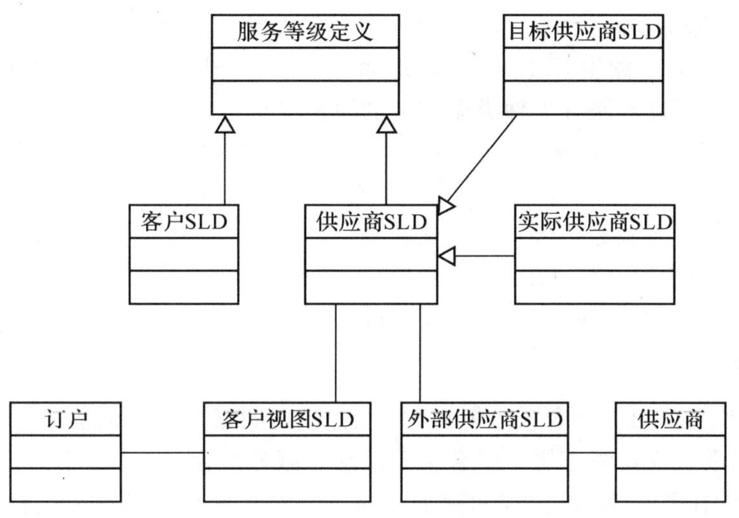

图 7.24 服务等级的细节

- 外部供应商 SLD：外部供应商各方对供应商 SLD 的视图。
- 客户视图 SLD：客户对供应商 SLD 的视图。
- 供应商、订户：如前所述。

在最详细的层次上，服务等级定义可以涵盖图 6.1 中的不同实体，如图 7.25 所示 。

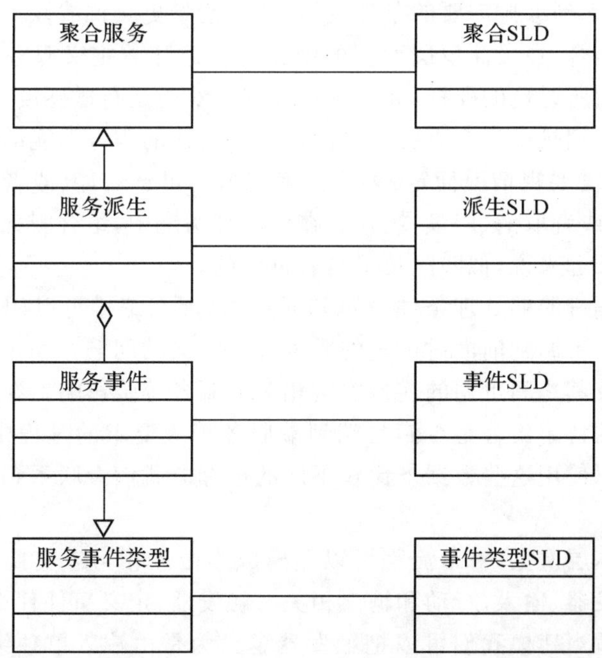

图 7.25 不同范围内的服务等级定义

图 7.25 中实体描述如下：

• 聚合服务、服务派生、服务事件、服务事件类型：如前所述。

• 聚合 SLD、派生 SLD、事件 SLD 和事件类型 SLD：是分别与聚合服务、服务派生、服务事件和服务事件类型有关的服务等级定义。

非托管(点对点)服务——至少概念上——也与服务等级相关，因为太差的服务质量会使点对点服务形同虚设。然而，这种定义往往是启发式的或者相当松散，除非点对点服务平台对自动化的服务等级管理提供支持。迎接这一挑战，属于诸如 WWRF 和 MobiLife 这些研究项目的工作。

在第 7.3.2 节中我们将讨论一些有助于端到端性能的因素。

4. 编排

编排是一个用于组合服务情境的术语，指控制组合流程的能力。从广义上考虑，它需要既支持静态服务组合又支持动态服务组合。

编排的任务是确保服务以正确的形式装配成一整体。基本上这就是说要使用正确的成分并按正确的顺序应用它们。

在动态组合情况下，一种可能性是直接使用服务元数据来选取正确的要素成分。另一种可能性是如果服务中介系统可用，使用服务中介系统来选取正确的要素成分。在前一种情况下，需要通过服务注册来发现服务。就后一种情况而言，编排可以以中介辅助逻辑为基础。因此，在元数据情境中本体相关的讨论对编排有效。在更多面向未来的情景中，元数据可以包括服务功能互相依赖的信息。显然，考虑到编排需要的条件逻辑，这些情景更具挑战性。

对于静态组合，在最简单层面上的编排可能意味着定义服务的组合顺序的能力。正如先前所讨论的那样，元数据可以用于实时运行敏感度检查。

误差条件是编排中一个重要的方面。一个具体的服务功能的缺失可以用不同的方式处理，需要视情况而定：可能已确定另一可选功能、或者该功能已完全被组合中忽略、或者取消(回滚)组合。在前两种情况中，组合服务的特征可能会受到影响。从长远来说，似匹配技术是有价值的。

我们假定编排能够处理条件逻辑和元数据，那么编排可以用来动态组合分布式服务。这又带回到前面讨论过的服务等级定义的问题。编排可以考虑与每一个服务功能及其之间可用的连接实例相关的服务等级影响。在决定服务功能及其之间连接的特定集合是否满足端到端服务等级要求的过程中，可以使用这些数据。也可以使用这些数据来比较不同的选择。我们会联系到分布式来进一步讨论该问题。

在一个基本层次上，一个流程可以建模成为由互相可以交换消息的事件组成。事件与触发器、输入、行动和输出相关。触发器，定义事件什么时候被执行。借由对输入的适当建模我们可以把触发器定义为是由输入单独组成。因此，一个输入可以由来自其他流程的通信组成或由时间这样的情境因素组成。行动，定义什么构成一个事件，同时可以涉及其他事件。输出，定义行动部分完成之后将发生什么，通常需要向其他事件发送消息。一个事件可以与条件逻辑有关，因此所采取的行动依赖于输入，而输出取决于行动的结果。事件的 UML 模型如图 7.26 所示。在图中，派生是为了响应输入而采取的不同路线的行动及行动结果的占位符。

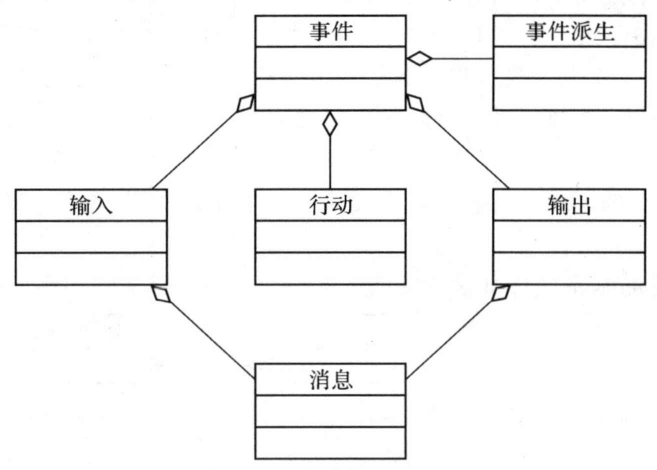

图 7.26　基于事件的流程建模

图 7.26 中实体描述如下：

- 事件：描述事件的一个基类。
- 事件派生：一个事件派生，事件的一种。
- 输入：与事件相关的输入。
- 行动：事件期间执行的行动。
- 输出：与事件相关的输出。
- 消息：属于输入与输出的消息。

注意，上面我们没有对行动和输出之间的关系进行建模。事件可以使用其他事件进行聚合，导致分层设计的出现。

同一种建模也可以应用于业务流程建模（Hollander *et al.*, 2000）。

5. 承载

承载是连接的一个特例，至少有两个与之相关的端点。一个承载使用一个预先确定的服务等级定义来代表在端点之间传输信息的能力。这里"定义"被解释为服务等级期望（SLO）类型。例如，在 3GPP 和 ITU-T 分析中，承载作为一个抽象层，它隐藏了与一个特定用途无关的底层技术的详情，如服务质量支持架构。承载能以分层的方式聚合，例如在 3GPP 定义中，一个端到端承载由移动网络承载、外部网络承载和通信端点内部承载组成。移动网络承载由一个无线接入承载和核心网络承载构成，其中每一个又由低层承载组成。

一般而言，我们可以确定面向连接的承载和无连接承载两种。面向连接的承载以位于通信终端之间的中间节点的预定能力为基础，通常与连接的稳定路由联系在一起。公共交换电话系统（PSTN）网络是这类型的典型例子。对于无连接承载，只有连接端点是稳定的，而且——原则上——每个传输分组可以分开传输。

由于面向连接的承载和无连接承载在基本特征方面的不同，想要给出承载的本质定义，在心里必须要有一个明确的目标。两种类型之间的基本共性是它们都与两个或多个连接端点和服务等级定义相关。后者(服务等级定义)指通信端点之间的性能。因此，对于这两类承载而言，原则上可以使用在端点之间执行的度量来对服务等级进行监管。请注意，该定义并不妨碍更细粒度的度量方法用于面向连接的承载。关于承载更详细的讨论可以参阅(SoIP business requirements，2005)。

承载相关的基本实体如图 7.27 所示。

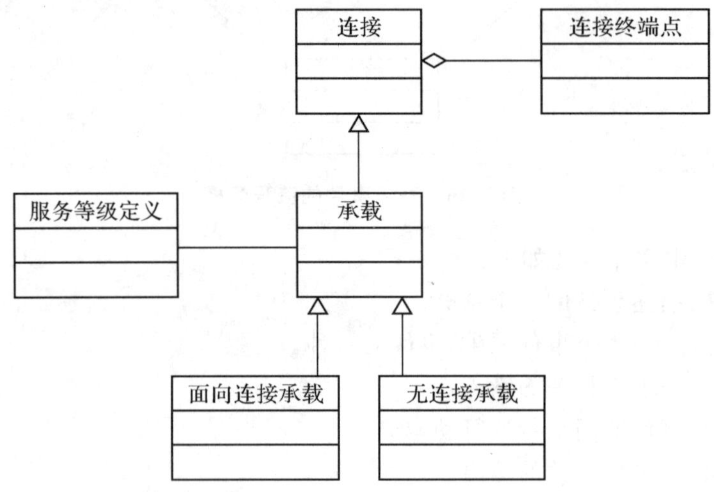

图 7.27　承载的基本模型

图 7.27 中实体描述如下：

- 连接：如前所述。
- 连接终端点：连接的终止点。
- 承载：与服务等级定义相关的一类连接。
- 服务等级定义：如前所述。
- 面向连接承载：面向连接的承载。
- 无连接承载：没有连接的承载。

6. 分布式

这里分布式是指从服务功能中组合服务的能力，这些服务功能可能在物理上是分布式的。在此我们不关心服务组合本质上是静态的还是动态的，后面，我们会讨论服务组合的标准。

分布式的一个重要因素是组合服务对连接和与单个服务功能有关的因素的依赖。对于纯粹的托管服务来说，服务功能间的连接最有可能是托管的，而点对点服务可能是无线自组织网络、非托管型的。混合的点对点/托管服务可以有两种连接。服务功能的运作——可以是面向产品的服务、抽象服务或面向资源的服务——取决于服务的执行情境。基本的关系如图 7.16 所示。

服务的分布受到服务等级目标定义的影响。每一项服务功能与服务等级影响(SLI)的相关,取决于所讨论的服务。而服务等级影响依赖服务执行环境的特征,比如处理能力和可用的内存容量。同样,服务功能之间的连接也与服务等级影响相关。相关的实体如图 7.28 所示。

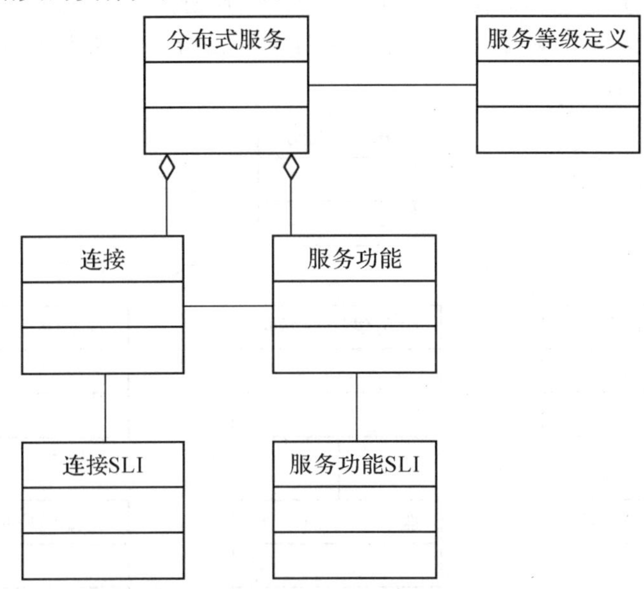

图 7.28 分布和服务等级的定义

图 7.28 中实体描述如下:

- 分布式服务、服务等级定义:如前所述。
- 连接、服务功能:如前所述。
- 连接 SLI:与连接有关的服务等级影响。
- 服务功能 SLI:与服务功能有关的服务等级影响。

服务等级影响的一个重要方面是其最终的动态特征本性。在服务功能需要大量的内存或处理能力的情况下,来自其他服务功能实例的负载会影响服务的影响力。因此,服务影响信息要么动态可用,要么以有限服务影响的方式加以控制。

由于连接的服务影响是另外一个重要的考虑因素。通常,在任意点之间没有可用的连接性能信息。在典型的骨干网中,格式良好的性能数据可供相对少数的对等点使用。对于托管连接来说,服务影响的评估逻辑可以围绕基于最近对等点的估计来建立。在一般情况下,在点对点、非托管网络中,很难评估服务影响,基本原因是没人能够提供关于服务质量的保证或信息。在最坏的情况下,无线自组织网络的拓扑随时都可能改变。

7. 点对点服务

服务可以由通信终端直接以点对点的方式提供，这一事实导致了新的建模模式的出现。在点对点通信中的参与方——自然，连同必要的设备一起——可以是终端用户、服务供应商或者连接供应商。上句的“或”，不是排他性的或者逻辑上的异或（XOR），而是点对点的参与方可以同时充当不同的角色。在建模过程中，再次证明角色的概念是有用的。对于点对点通信而言，每一个角色可以与一项政策联系在一起，政策是终端用户偏好的一部分。反映上述讨论的基本关系如图 7.29 所示。

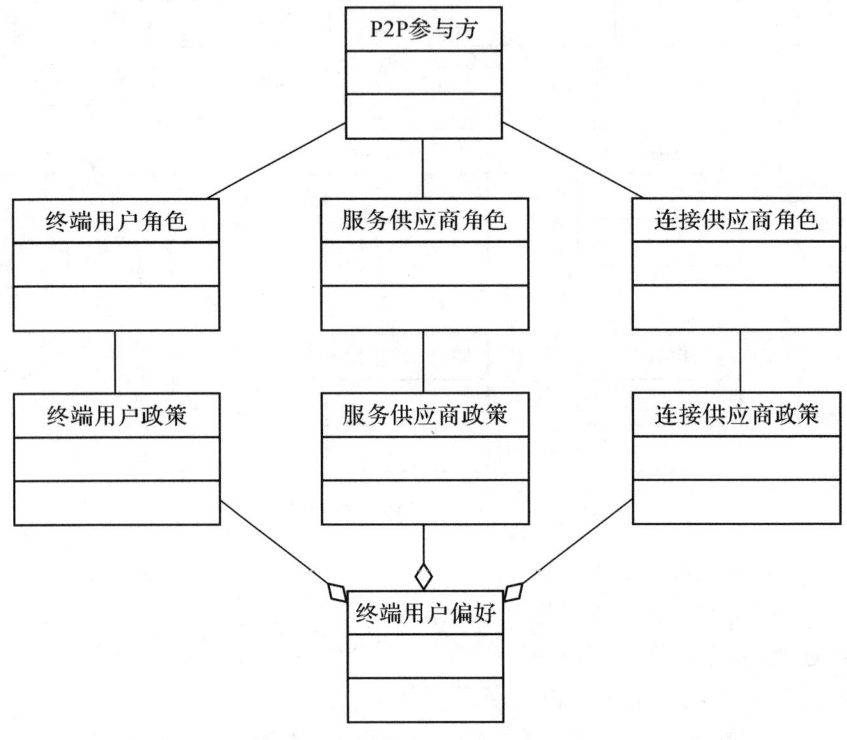

图 7.29　点对点的关系

图 7.29 中实体描述如下：

- P2P 参与方：点对点通信的参与者。
- 终端用户偏好：如前所述。
- 终端用户角色：从终端用户角度出发的 P2P 参与方的视图。
- 服务供应商角色：从服务供应商角度出发的 P2P 参与方的视图。
- 连接供应商角色：从连接供应商角度出发的 P2P 参与方的视图。
- 终端用户政策：在点对点通信中，与终端用户角色有关的终端用户偏好。
- 服务供应商政策：在点对点通信中，与服务供应商角色有关的终端用户偏好。
- 连接供应商政策：在点对点通信中，与连接供应商角色有关的终端用户偏好。

点对点连接的一个问题是：一个连接的形成通常需要征得参与其中的端点的同意。本质上，同意可以是明式或默式的。使用图 4.6 的分类，可以把点对点连接看成是一类非托管连接，需要参与端点的接受。我们可以用连接供应商政策来自动化对同意通信的管理。在资源方面，点对点连接要求要有参与端点。在直接的点对点连接的情况下不需要其他资源。

概念上，点对点连接有与之相关的服务等级定义。点对点连接被视为是非托管连接的一个子类，服务等级定义界定了连接的最高服务等级。此外，服务等级定义依赖于端点的能力和参与方的连接相关政策。以上所讨论的与点对点通信有关的关系如图 7.30 所示。

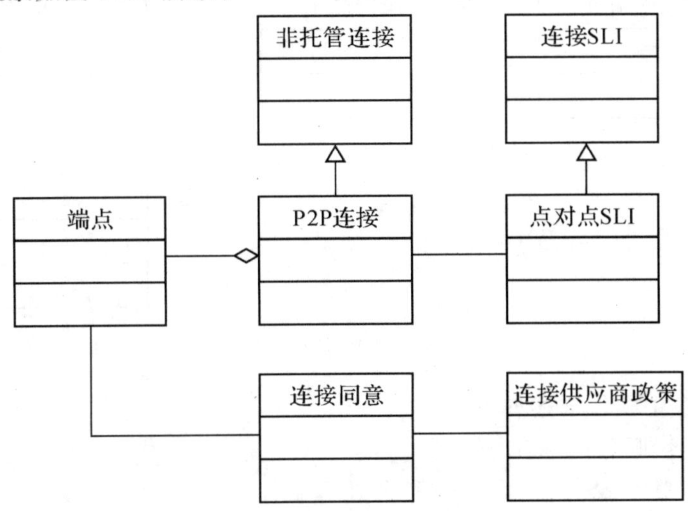

图 7.30　点对点的通信关系

图 7.30 中实体描述如下：

- 非托管连接：如前所述。
- 连接 SLI：如前所述。
- P2P 连接：如前所述。
- 点对点 SLI：点对点服务等级影响，连接 SLI 的一种。
- 端点：代表点对点通信的端点。
- 连接同意：同意点对点通信，与一个端点有关。
- 连接供应商政策：如前所述，这里可以用来控制连接的同意。

点对点服务属于非托管服务，也可以是分布式的。分布式可以指在无线自组织网络内的分布，或者也包括经由广域连接的托管服务功能或服务赋能者。点对点服务利用点对点连接。我们可以使用服务使用角色和服务组合角色来对点对点连接的两种使用进行建模，如图 7.31 所示。与连接类似，我们可以认为点对点服务有一个与之相关的服务等级定义。对于点对点服务而言，安全相关的定义比服务等级相关的定义可能更切合实际。

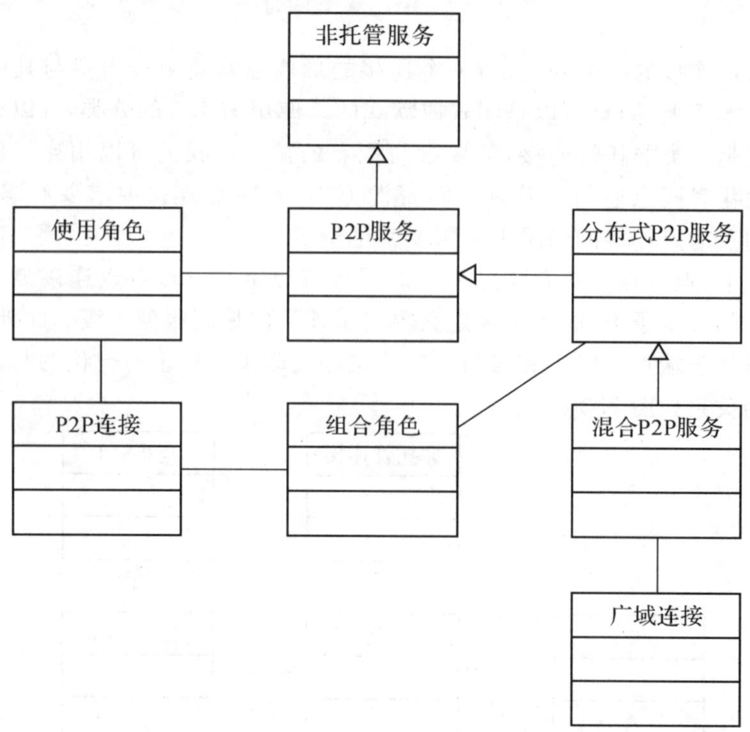

图 7.31　点对点的服务关系

图 7.31 中实体描述如下：

- 非托管服务：如前所述。
- P2P 服务：点对点服务，一种非托管服务。
- 分布式 P2P 服务：需要对服务功能进行连接的 P2P 服务。
- 使用角色：对 P2P 服务的一种视图。
- P2P 连接：如前所述。
- 组合角色：对涉及服务组合的分布式 P2P 服务的视图。
- 混合 P2P 服务：一种分布式 P2P 服务，要求服务功能不在点对点环境中出现。
- 广域连接：一种为了接入托管服务功能或服务赋能者的连接。

8. 隐私

正如前面所讨论的那样，随着应用和技术越来越复杂，隐私的重要性也与日俱增。隐私与安全紧密相连。如许多其他安全相关的问题一样，以最可能的方式利用隐私可能对小细节的作用非常敏感。在 Schneier(1996)可以找到这样的例子。正因为如此，通用的政策与特定的个人偏好的使用有望成为政策使用的一个重要成分。

隐私偏好可以分为两类，即通用隐私偏好和与角色相关的隐私政策。通用偏好提供可供基于角色的隐私政策重载的缺省值。对于角色来说，我们可以为各类角色定义缺省值，如人类行动者和组织者，以及各类具体的行动者类型，如"网上购物"。这些政策又可以针对具体行动者作进一步完善或重载。隐私关系如图 7.32 所示。

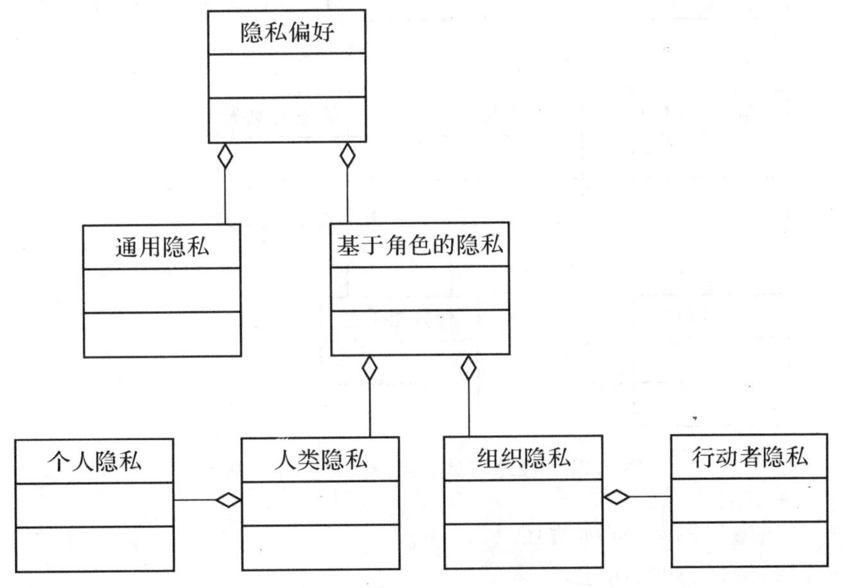

图 7.32 隐私关系

图 7.32 中实体描述如下：

- 隐私偏好：如前所述。
- 通用隐私：通用的隐私偏好，隐私偏好的一部分。
- 基于角色的隐私：角色相关的隐私偏好，隐私偏好的一部分。
- 人类隐私：与基于角色的隐私有关的人类通信。
- 组织隐私：与组织实体通信的基于角色的隐私。
- 个人隐私：涉及具体人的人类隐私。
- 行动者隐私：涉及具体组织的组织隐私。

9. 终端用户偏好

结合政策，我们把终端用户偏好建模成为政策的子类型(图 7.11)，包括与服务质量及隐私有关的偏好。终端用户偏好用于服务时，提供了一种自动化服务使用的手段。

偏好的管理要求有获取它们的手段。服务提供的一个或多个利益相关者可以提供默认的偏好，这些默认偏好可以被终端用户用来作为个性化偏好过程中的一个模板。服务供应商经由指定接口获取偏好的一个子集。偏好用于哪些项目在终端用户控制之下。

我们可以使用角色来对终端用户偏好的不同视角进行建模。与终端用户偏好有关的额外关系如图 7.33 所示。

图 7.33 中实体描述如下：

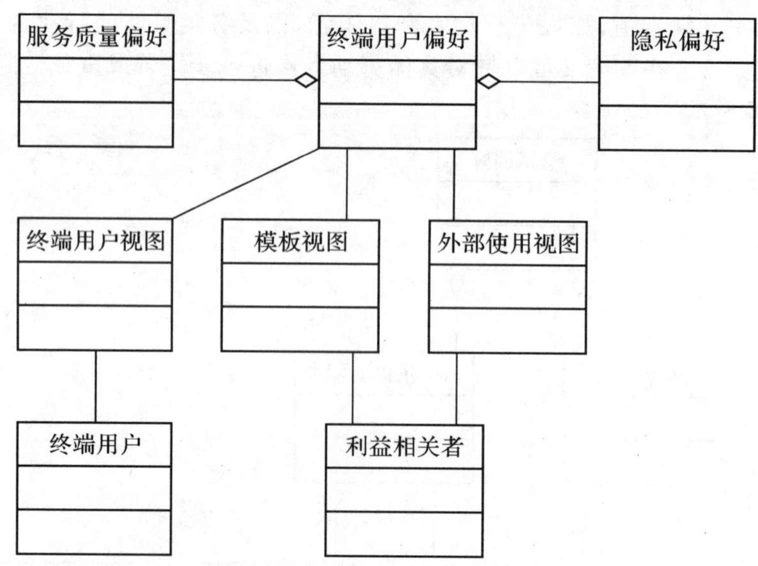

图 7.33 额外与终端用户偏好有关的关系

- 终端用户偏好：如前所述。
- 隐私偏好：如前所述。
- 服务质量偏好：如前所述。
- 终端用户视图：终端用户对终端用户偏好的视图。
- 模板视图：终端用户偏好的模板。
- 外部使用视图：对终端用户偏好的外部使用视图。
- 终端用户、利益相关者：如前所述。

7.3 关于使用服务模型模式的注意事项

在回顾了许多服务建模模式之后，我们将讨论一些与模式在通用的真实世界环境下使用有关的问题。该讨论将补充 7.1 节回顾的服务建模的背景。这里，这些问题部分是对框架的总结，部分提供了框架使用的新方面。

7.3.1 在模型中使用构成模块

以上提出的构成模块已经“按现状”引入，在一个服务模型中使用它们时，我们将会观察到某些问题。

使用模式需要设计一致的服务模型。要做到这一点可以使用一个类似于软件设计的流程，包括参与者和用例。在使用服务建模框架的地方，这些模式构成建模的边界条件。服务模型需要考虑在产品、服务和资源之中的必要拓扑（链接）。当使用可重用的组件时，服务建模也需要考虑组件的组合。

前面在构成模块的描述中，实体间的相互关系只是基本的，要应用到一个具体的环境中还需要重新评述。除了关系以外，需要决定哪些类可以直接实例化（是具体的），哪些类不能直接实例化（是抽象的）。实体间的相互关系必须比在前面任务说明中所包括的关系更准确，可以加入名字、更详细的说明和多重性。

在建立一个模型的过程中，必须决定哪些实体构成一个公共模型，哪些组成特定域的模型。特定域的模型应该视为公共模型的一个实例。实例化域模型的一个流程也需要加以界定。前面，我们已经讨论过模型实例化问题，包括动态聚合关系的处理。另外一个潜在的重要问题是目录的使用，既是为了确定在弹性组织中可用资源的数量，又是为了负载共享。

要全面地应用上述政策框架，要求能支持执行、允许规范和使用各种范围的政策。如果采用上述的多路优先法，必须要有政策优先权管理系统。

但仅仅开发一个模型是不够的，还需要定义维护模型的流程。除了扩展模型外，模型结构也可能随着使用模型期间所获得的经验而需要重新考虑。

需要注意的一个问题是服务派生、服务实例和终端用户体验的服务质量三者之间的关系。可以使用不同的参数来实例化服务的一个特定派生。使用 Räisänen(2003a)的术语，所有影响终端用户服务质量的因素并不总是像服务的参数一样明确可见，而是服务质量支持实例化的一个结果。

7.3.2 特定域的要求

前面，我们已经假定可以规定对一个服务的端到端要求。通常情况下，服务提供也需要考虑到不同网络域的端到端要求特征的分配。在服务质量情境中，习惯对单个特征如时延、时延抖动、数据包丢失等特征讨论端到端的预算。不同特征的域预算，要求用不同的方法来计算端到端效应。举例来说，时延是一个加性的特性，而丢包则需要应用概率进行积分。

图 7.34 阐述了端到端和特定域要求间的关系。这里我们不会讨论如何把端到端要求细分到特定域要求的细节。感兴趣的读者可以参考 Räisänen(2003a)。例如，像时延抖动和丢包这类映射的例子可以参考 Lakaniemi 等(2001)，而丢包相关性可以参阅 Räisänen(2003b)。

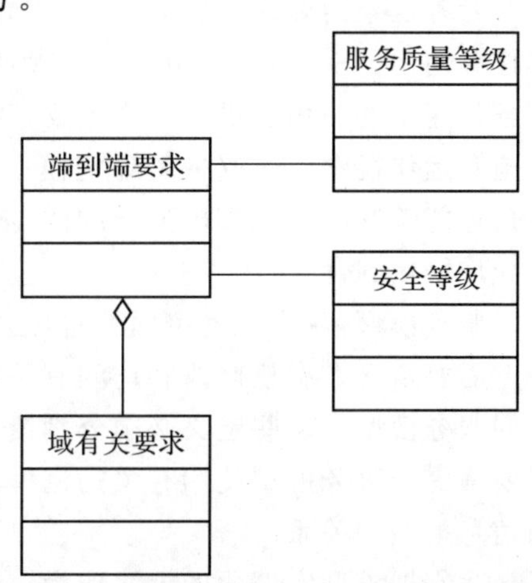

图 7.34 端到端和域有关要求间的关系

图 7.34 中实体描述如下：

- 端到端要求：端到端要求。
- 服务质量等级：如前所述。
- 安全等级：如前所述。
- 域有关要求：如前所述。

特定域的要求被映射到相关的服务质量支持机制上。映射的细节取决于所用的技术，这里不讨论。我们在第 3 部分会提供一些例子。

当缺乏坚定的服务等级保证时，也可以转向由特定域的要求决定端到端的服务质量。使用这种方法，特定域的要求为可达到的端到端水平设定了边界。

7.3.3 服务保证

在本书开始时，就把服务保证确定为服务建模的一个主要用途。可度量的服务质量已经是消费者利益团体评估的一个特征。毫无疑问，服务建模是一种工具，可以被服务保证使用。我们当前的主题应该是有效地利用服务建模并从中获得最大效益。

前面，我们描述了与服务等级定义有关的概念。服务供应商和接入供应商可能有与目标服务等级有关的服务等级定义和实际的服务等级信息。这些信息的一个子集作为SLA相关定义和报告的一部分，被传递给客户和对等供应商。

服务建模是用来把服务要素和资源与那些性能令人关注的服务链接起来。在对服务保证应用服务模型的过程中，可能简单链接并不够，而是需要使用特别的要求，如在计算对一体化服务性能的贡献时，使用可调的权值。在特定的地点，经常需要计算服务性能，所以把地理背景纳入计算。

从广义上考虑，服务保证除了考虑到服务性能评估外，还包括故障信息管理。了解到一个具体功能或资源的失败对一体化服务运作的影响程度有多大是重要的。使用诸如前面讨论过的弹性和簇这样的模式对服务保证是有价值的。

在本书第3部分，我们会讨论一些相关的问题。

7.3.4 链接到管理框架

管理框架需要联系服务模型，以定义模型的哪些方面可供特定的流程区域和任务使用。Service Framework(2004)中的服务生命周期为服务生命周期在服务创建中的使用提供了一个纲要，我们需要定义模型的业务、解决方案、设计、实施和运作视图。这些视图界定模型的哪些部分可见、使用哪一种格式以及哪些角色能够修改和观察模型。同样，前面回顾的管理框架提供了一个大背景，因此允许链接到优化。

服务模型，从广义的字面上看，还需要支持对流程的链接。部分是因为服务模型需要定义谁有权修改和访问有关数据，模型也需要定义谁有权创建、修改和访问服务模型。这些定义必须分别覆盖公共的和特定域的服务模型。服务模型需要考虑与服务模型使用有关的流程定义。这通常涉及定义服务管理角色及其与信息模型的关系。

我们把模型实例化的方法作为一组任务来定义。在模型指出所需资源的具体类型的地方，必须定义一个流程来界定从模型到网络的绑定。通常情况下，通过使用诸如网络目录系统这样的工具，该流程至少可以部分是自动化的，但也有可能涉及人类。实例化需要考虑一些问题如资源之间的逻辑连接等。

服务建模到管理的链接，可能涉及多方利益相关者和来自不同利益相关者的类似角色。

我们会在第3部分提供链接的一些例子。

7.4 与现有模型的关系

在回顾了一组与服务管理相关的模式之后，现在是时候退一步去评述本章的方法与前面工作的关系。

上述模式构成了在要求一节所列出问题的一个局部答案。因为要求部分地建立于本书前述部分相关活动的回顾之上，所以本章所述的模式显然归功于很多现有的工作。TMF SID 模型在电信领域众所周知，同时它对模式设计也提供了大量的输入。值得一提的是，对象管理组(OMG)和模型驱动架构(MDA)已经为以后的分布式架构提供了一个模型。诸如 MobiLife 和 WWRF 这些研究项目正在开展的活动，已经为使用基于环境的服务，提供了对使用分布式服务架构的深入洞察。

除了以上的"大图景"，另外这里有几个澄清说明。本书一直大力推动服务的管理，这个问题已经在建模中引起特别重视。举例来说，很多注意力一直致力于服务质量等级的定义。另外一个例子是已经增加抽象服务来补充面向资源的服务和面向产品的服务。

这里的基本做法与 TMF SID 模型是相同的，尽管我们在细节和完整性上不如后者。

7.5 小 结

上述模式是服务模型的构成。在建立服务模型过程中，必须对服务模型的预期使用有明确的视图。基于这种视图可以评述模式，同时有用的模式可以并入模型。在服务建模过程中，利益相关者、视角和电气电子工程师协会(IEEE)架构流程其他方面的使用都颇有价值。

这些模式是服务建模过程中一些相关问题的快照。在第3部分，我们会提供使用建模模式的例子，也会提供更多关于使用模式的方法之间的背景和衔接办法。

7.6 本章要点

本章需要铭记的十点：

- 描述了服务建模模式。
- 当装配实际的服务模型时，需要考虑到诸如域模型和实例化这样的问题。

- 模式分为抽象模式、基本实体以及混合模式。
- 角色是一种强大的模式，代表了一组任务或一种视角。
- SLA 是协议的一种特殊情况。
- 终端用户可以发挥订户的作用。
- 政策可以被供应商和终端用户使用。
- 服务分为面向资源的服务、抽象的服务和面向产品的服务。
- 服务可以与服务等级定义相关在一起。
- 服务等级定义可以与聚合服务、服务派生、服务事件和服务事件类型联系在一起。

第3部分

案例分析

在这部分中,我们将用实例来说明第2部分中所构建的服务建模概念是如何在实际中应用的。我们将用3个案例来说明服务建模的模式和服务框架的应用。

在第8章和第9章中,我们将分别采用区分服务网络案例和移动网络案例来说明服务建模的应用;第10章则以分布式网络环境建模为例。在每个案例中,我们首先对案例进行描述,然后说明在这些案例中服务框架是如何解决实际问题和建模的,同时说明模型如何应用到服务管理过程中。为了方便读者对案例作对比分析,在每个案例的描述中我们都采用了相同的描述方法。

我们将通过案例来说明服务建模在固定网络环境、移动网络环境和未来导向的分布式范例中的应用。

在案例中我们没有对利益相关者的业务模型或服务供应商价值网络进行建模。

8 区分服务网络案例

8.1 简 介

首先我们来看以区分服务网络为基础的案例。由于其技术结构清晰，我们选择传统的区分服务网络作为技术设置的首个范例。下面我们将对区分服务域的功能作简短的说明，同时推荐读者参考附录 B 或者 Räisänen(2003a)来进一步了解这方面的内容。

区分服务传输网络运营商基于静态服务等级协议在域内为客户提供服务质量支持。传输调节是服务等级协议的一部分。域内的服务质量通过附属于传输聚合的逐域行为(Per-Domain Behaviours, PDBs)来定义。我们可以认为一个区分服务供应商的域结构是有层级的：核心路由器构成枝干，边界路由器构成枝叶(如图 8.1 所示)。最后，我们可以看到相当琐细的事实，即进出服务提供域的传输并不对称：从 N 个出口发送，但是从数倍的入口接收。

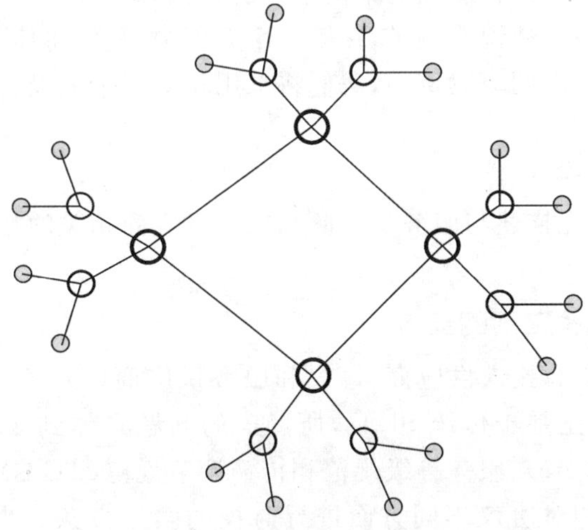

图 8.1　有边界路由器和多层核心路由器的区分服务域拓扑的例子

8.2 描 述

我们以 Räisänen(2005)中的例子为基础进行了整理和扩展，使用虚构的终端用户服务“扩音电话”的案例。这种终端用户服务有助于用户间的相互协作并包括以下组件：

- 会议管理功能。
- 语音会议桥接。
- 群聊天。
- 文献知识库。

为了更具体地描述案例，我们为终端用户服务设定了两类不同的终端用户类型：高端价格订购类(商业类)和折扣价格订购类(非商业类)。这两类终端用户都可以使用所有的服务功能。此外，对商业用户而言，使用群聊天和文献知识库功能属于基本的传输，但是对非商业用户而言则需要根据使用计费。

简单地说，我们假设所有的功能都由同样的组织团体来提供，但事实可能并不总是如此。在这个案例中，我们将使用互联网工程工作小组(IETF)的区分服务框架来进行分析。

8.2.1 利益相关者

在本案例中利益相关者包括：终端用户、订户、连接供应商和一个服务供应商。我们假设服务供应商不使用下级承包商，而是直接对整个终端用户服务负责。虽然在案例中增加一些连接供应商并不困难，但是我们将只设定一个连接供应商。我们把终端用户的雇主假定为订户，负责所有的合同；同时，终端用户并不扮演订户的角色。在后面的案例中，我们将遇到终端用户充当订户的情况。

为了能够更清楚地说明例子，在第一个案例中，我们将使用相对简单的利益相关者配置。在后面两个案例中，我们将采用相对复杂的设置。

8.2.2 系统描述

下面，我们将先描述与服务供应商和接入供应商相关的技术结构，然后再对客户进行描述。

1. 利益相关者之间的安排

我们假定订户和接入供应商、订户和服务供应商以及接入供应商和服务供应商之间的关系，是基于传统 SLAs，所涵盖的问题具体到区分服务框架，包括传输调节协议(TCAs)、服务等级规范和传输调节规范(TCSs)。SLAs 还定义了报告所用的程序和对协议不同方面进行监控的实用方法。当然，SLAs 可以是显式的也可以是默式的。

假定服务供应商和连接供应商之间的 SLAs 有一条款声明与传输流量有关

的条款可以周期性地重新商定。

2. 服务供应商

服务供应商负责扩音电话服务的运营环境，同时拥有提供电信级管理服务所必需的负载共享和弹性安排。服务供应商和订户有直接协议，并能够在服务域收费。

服务供应商在更详细的层次上对扩音电话服务进行了定义。

会议管理功能包括：

- 创建一个会议。
- 增加和撤消参与者。
- 对附加功能的控制(群聊天和文献知识库)。

语音会议桥接功能连同会议管理一起工作，这样允许参与会议的用户可以自动使用电话桥接功能。

群聊天在支持个人对个人的信息传递之外，也支持对群内所有成员的信息传递。

文献知识库具有基于会议管理功能的接入控制，同时支持上传和下载内容。群内的所有人都可以下载那些上传到服务器的文献。在我们这个例子中不考虑更加细粒的接入控制。

我们假设服务供应商拥有用于系统互连接的局域网(Local Area Network, LAN)。同时我们假定 LAN 是超量提供的，且内网传输并不需要服务质量支持机制。由于 TCAs 和 TCSs 的存在，使服务供应商得益于拥有监管和控制从 LAN 出口向连接供应商发出的传输聚合特征的方法。这种安排通过提供流量信息来支持涉及 SLAs 重协商的决定。传输调节意味着诸如缓冲和丢弃技术可以应用到网路出口。在 8.3 中我们将更具体地讨论传输聚合问题。依靠 TCSs，服务供应商可能不需要执行传输的区分服务标记字段(DiffServ Code Point, DSCP)。而是依靠连接供应商对传输的分类能力来标记传输，指出如何处理服务事件。

3. 连接供应商

服务供应商和用户，在连接点与连接供应商的传输网络进行连接。可以验证进入的传输与规定的一致性，同时可以在这些入口点执行传输调节和标记。对于来自客户的传输，进入服务供应商服务域的分组和基于 IP 分组头的协议信息决定了传输的标记。连接点连接聚合点，如对等接点。

我们假设连接供应商以统计的服务质量保证的形式，为连接点和选取的入口点或出口点之间的传输聚合提供服务等级定义。这种保证利用了区分服务的逐域行为概念，如丢包率、吞吐量和时延上限。

区分服务框架提供了所谓的单跳行为来映射进入的传输聚合。它包括了对低延迟传递加速转发和 12 个确保转发的 PHB。12 个 AF PHBs 组成 4 个转发类，每个类有 3 个丢包优先级。转发类可以和调度连接起来，丢包优先级指出在堵塞引起的缓冲饥饿中哪些包首先被处理掉。除了 EF 和 AF 群以外，通常使用其他 PHBs 所剩余的能力，来识别调度。连接供应商在网络进入点执行 DSCP 标记，同时 DSCP 在 PHBs 指出在核心路由器的基础服务质量支持。

除了区分服务框架的应用以外，连接供应商也可以使用传输工程工具，如在路由控制中使用多协议标签交换。但是，在我们的案例中没有涉及这些问题。

连接供应商使用合适的度量方法来监管其域内的服务质量，并且用这些数据作为列入 SLAs 报告中的一个基础。同时，我们假设在主要的表示点对之间，度量方法在 PHB 粒度是可用的。

根据 TCAs，连接供应商可以在域的出口点执行传输调节。

4. 客户描述

订户为了连接终端用户和连接供应商，运营一个 LAN 网络。服务质量支持机制如电气电子工程师协会(IEEE)802.1Q，可以用于确保 LAN 音频服务有足够的服务质量。在这里，我们不考虑客户内部的服务质量支持。

订户和连接供应商以及服务供应商之间达成的 SLAs 作为商业协议的一部分。对于连接供应商，订户同样也有 TCA 和相关的规范。客户并不执行传输的 DSCP 标记，相反，依靠连接供应商来执行这项工作。根据与供应商的 SLAs，客户可能在出口点执行传输调节。

8.3 服务框架

现在我们开始描述服务框架在案例中的应用。我们将通过讨论聚合服务、服务派生、服务事件和服务事件类型在案例中的使用，来说明服务框架的应用。我们把重点集中在服务质量和安全上，同时单独处理计费。

下面，我们说明服务供应商使用服务框架来定义服务质量的方式。描述计划的终端用户服务特征，参考了在连接供应商域的区分服务聚合映射。我们假设适当的聚合是根据连接供应商提供的 PDB 定义来选取的。因而，连接供应商使用其域内服务框架定义的映射。

8.3.1 聚合服务

我们把终端用户服务定义为由两种派生构成：商业服务和非商业服务。两种派生的区别在于知识库的上传和下载流量。全部终端用户服务的有效目标，定义为 99%，服务事件的缺省服务质量为 PHB 确保转发类 AF22。服务的整体使用统计的集合都在聚合层定义。

- 面向业务的参数

  服务的地理覆盖：整个接入网络。

  终端用户服务的有效期限：直到有另外的通知。

两种派生：商业与非商业。

- 服务质量要求

  有效性：99%。

  缺省 HB=AF22。

- 服务质量特征

  终端用户服务的整体使用统计数据将被存储。

- 安全性

  所有的服务事件都被缺省加密。

正如我们之前所讨论的，聚合服务的定义包括技术有关的参数(PHB定义)。

8.3.2 服务派生

我们现在来描述商业和非商业派生。相对于非商业派生而言，商业派生具有更高的性能。

商业派生

服务事件的构成包括：

- 会话管理信令。
- 电话媒体流群聊天。
- 数据上传/下载、高吞吐量。

参数包括：

- 面向业务的参数

  接入技术：固定 IP。

  终端用户群：商业。

- 技术参数

  使用供应商的会话启动协议创建电话媒体流。

- 服务质量要求

  服务实例化时间：2 秒。

- 服务质量特征

  使用非商业派生。

  与商业派生拥有同样的组合，但是文献知识库的吞吐量比商业派生要低。其服务质量参数也与商业派生的参数相同。

8.3.3 服务事件

下面我们讨论的服务事件都是属于终端用户服务的例子。它包括会话管理信令、电话媒体流、群聊天事件和数据的上传和下载(两种派生)。

1. 会话管理信令

这种服务事件类别包括与建立和关闭会话有关的传输、参与者的增加和删除。在这里我们假设增加一个会话参与者，也包括给该参与者建立一个音频流媒体。因此，不需要单独的电话控制信令服务事件。电信级的 IP 电话对电话信令有很严格的要求，但是在这里我们为了使问题简单化假设其有相对宽松的要求。

对服务质量参数，会话管理信令应该作出响应。下列是与单个请求和应答有关的参数：

- 服务质量要求

  设计型的服务质量；

  端到端的延迟交互；

  低的丢包以避免由于重发导致的延迟。

- 服务质量特征

  传输模式：会话内临时随机产生事件。大部分在会话开始的时候比较活跃。

2. 电话媒体流

在我们的案例中，电话媒体流包括两种周期性传输的分组：一种是从会话者到群“桥接”服务器的一个或多个分组（希望同一时刻不要太多），另一种是从桥接服务器到每个参与者分布公共声音信号的流。

- 服务质量要求

  内在的服务质量要求。

  端到端的延迟要求：包括接受器的抖动缓冲在内少于 400ms。

  延迟抖动要求：接受器内度量少于 30ms。

  丢包要求：少于 2%，低丢包相关性。

- 服务质量特征

  令牌桶参数：预留最大比特率容量。

  上行和下行传输模式：上行和下行必须始终可用。

  语言信号的持续可获得性取决于有效的统计能力预留。关于端到端的要求，端点同样有助于端到端的值（如，抖动缓冲对时延的影响）。

3. 群聊天

群聊天由单个参与者发送给其他参与者的上行信息构成。群聊天的控制消息与聊天的内容消息属于同样的事件。

- 服务质量要求

  要求类型：设计型的。

  端到端的延迟要求：相对低。

  丢包要求：相对低，避免重发。

- 服务质量特征

  上行和下行传输模式：随机。

4. 数据的上传/下载,低吞吐量

假设数据的上传和下载是由单个 FTP 或者 HTTP 数据传输交易构成,使用令牌率来控制平均速率;同时令牌桶的大小控制最大允许的“带宽迸发”大小。同时,我们假设传输的调节在存储服务器上进行。

- 服务质量要求

  要求类型:设计型的。

  端到端的延迟要求:相对较长。

  延迟变化要求:应该低。

  丢包要求:低的丢包率以保持吞吐量。

- 服务质量特征

  令牌桶参数:令牌率 256kbps,桶深=1MB。

  上行和下行传输模式:临时随机单向传输。

5. 数据的上传/下载,高吞吐量

其他都和低吞吐量要求一致,除了令牌桶参数为令牌率 512kbps。

8.3.4 服务事件类型

假设服务事件类型是用来把进入域的分组映射到特定区分服务 PHBs 上。

1. 实时传输

- 技术参数

  聚合标准:检测 RTP(实时传输协议)传输。

  传输调节方式:丢弃。

  令牌率足够用于语言编码方案。

- 服务质量要求

  映射到 BE PHB。

端到端的延迟,要求使用缓冲来作为传输调节的方式。在计算令牌率时,RTP 和 IP 分组头的影响,必须加以考虑。

2. 交互传输

交互传输服务事件支持的事件,不需要和实时事件一样短的延迟,但是比后台数据传输应该要有更好的性能。

- 技术参数

  聚合标准:检测会话管理信令和聊天消息。

  服务事件类型有关的服务质量政策。

  传输调节方式:丢弃或缓冲。

- 服务质量要求

  映射到 AF11 PHB。

交互传输使用的 AF11 PHB,具有最低的丢弃优先级(如,假如发生堵塞,最

后才丢弃）。假设 AF 的第一类有足够的带宽来容纳消息的实时转发。

3. 优先级数据

这类服务事件类型用于优先级数据，这种优先级数据不要求交互响应率。

- 技术参数

  聚合标准：检测数据的上传/下载。

  服务事件类型有关的服务质量政策。

  传输调节方式：丢弃或缓冲。

- 服务质量要求

  映射到 AF21 PHB。

  优先级传输使用 AF21 PHB，它与 AF11 有不同的转发处理措施，但是其丢弃优先级低。

4. 桶数据传输

桶数据通过后台数据传输，没有另外的规则来映射该传输。

- 技术参数

  聚合标准：任何进入的传输。

  传输调节方式：丢弃或缓冲。

- 服务质量要求

  映射到 BE PHB。

8.3.5 注解

为了使问题简单化，我们假设电话媒体流被映射到没有诸如网关这样的资源控制功能的 EF 类上。既然语音信号通过电话桥传递，因此可以检测，从而对实时服务质量支持的 IP 多媒体子系统(IMS)的授权就可以绕过了。

在所有的案例中，对于端到端的 VoIP 电话而言，都没有达到理想状态。如，在客户 LAN 中，可能同时有很多语音传输。处理这些语音传输，需要对连接结构增加基于资源有效性的准入控制。所有的服务事件类型可以对在聚合服务层规定的默认 PHB 进行重载。由于供应商级的缺省值，因此可能由一个单独的角色，而不是单个服务事件类型的 PHBs 来定义默认 PHB。

8.4 服务模型

下面，我们将用视图来说明服务建模在例子中的应用。在第一个案例中我们的重点在于服务框架的使用，而不是追求模型的完整。

8.4.1 用例视图

我们对选取的服务模型相关的用例，使用如图 8.2 所示的用例视图。包括 4 个用例：终端用户服务等级的定义、PDB 的定义、服务映射和实际的服务等级。

第一个用例与供应商型利益相关者对服务模型的使用有关,表示了服务模型的“元层视图”。相似的用例可以用来描绘服务的使用,但是在这里为了简要说明,我们将它们忽略。

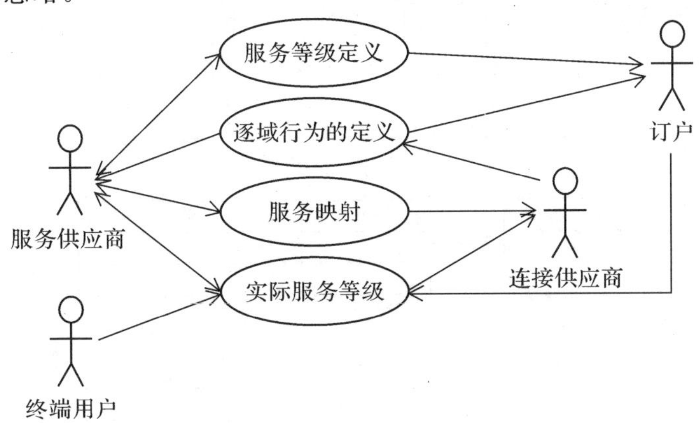

图 8.2　区分网络的用例总括:服务模型供应商使用相关用例

图 8.2 的实体描述如下:

- 服务供应商:如第 2 部分所述。
- 终端用户:如第 2 部分所述。
- 订户:如第 2 部分所述。
- 连接供应商:如第 2 部分所述。
- 服务等级定义:为终端用户服务,定义目标服务等级的用例。由扩音 IP 电话的服务供应商来完成,被订户使用。
- 逐域行为(PDB)的定义:定义区分服务的 PDBs 的用例,由连接供应商来完成,被服务供应商和订户使用。
- 服务映射:服务事件映射到传输聚合上的定义,由服务供应商来完成,被连接供应商使用。
- 实际服务等级:与实际的端到端服务等级相关的信息。由终端用户、订户、服务供应商提供,被服务供应商和连接供应商使用。

请注意,除了终端用户服务的供应商之外,连接供应商也提供服务。因此,关于实际服务等级的信息是被终端用户服务供应商和连接供应商一起使用的。

8.4.2　静态视图

我们将选取系统的某些方面,包括终端用户服务的组合、服务质量和计费,来说明服务建模的静态视图的使用,其目的不是为了提供例子的一个完整模型。

我们将通过引入涉及的服务类型的一个模型,来描述静态视图。服务包括一个终端用户服务(扩音电话)和传输服务,该传输服务被终端用户使用。“扩音电话”服务的基本构成如图 8.3 所示。在模型中,我们可以看出“扩音电话”产品聚合了面向产品的服务。

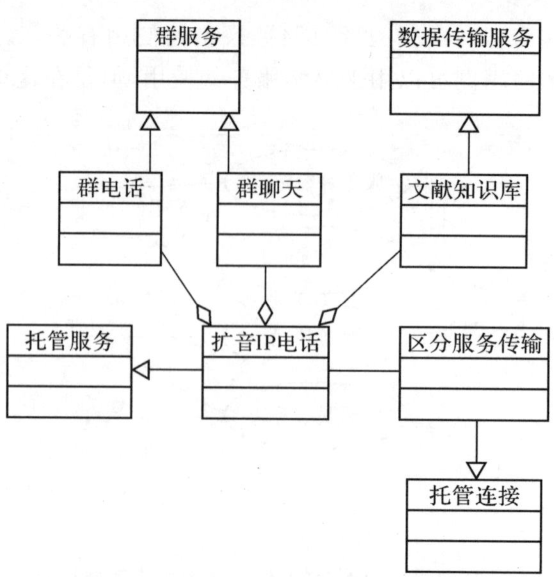

图 8.3 扩音电话服务的基本关系

图 8.3 中的实体描述如下：

- 群服务：如第 2 部分所述。
- 数据传输服务：如第 2 部分所述。
- 群电话：IP 电话桥接服务的表示。
- 群聊天：群聊天服务的表示。
- 文献知识库：文献知识库功能的表示。
- 扩音 IP 电话：由 IP 电话、群聊天和文献知识库构成的 IP 扩音电话服务的表示。
- 托管连接：如第 2 部分所述。
- 区分服务传输：基于区分服务的托管连接。在本例子中被 IP 扩音电话使用。

区分服务传输也是终端用户服务供应商和订户之间连接服务的基础。从这个角度来看，连接供应商也提供服务。相关的建模如图 8.4 所示，我们使用角色分别表示与终端用户连接和服务连接有关的连接服务方面。可以认为它们分别构成了企业对客户和企业对企业的视图。注意这也意味着连接供应商对客户和终端用户服务供应商，扮演了服务供应商的角色。

图 8.4 的实体描述如下：

- 连接服务：如第 2 部分所述。
- 区分服务传输：如前所述。
- 订户：如第 2 部分所述。
- 扩音 IP 电话：如前所述。
- 终端用户连接角色：对连接服务的面向终端用户连接视图。

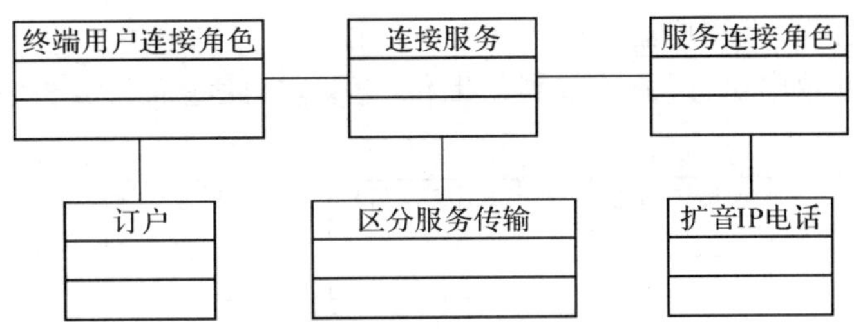

图 8.4 第一个例子的连接关系模型

- 服务连接角色:对连接服务的面向服务供应商视图。

图 8.5 描述了扩音 IP 电话在服务事件方面的组合。对不同服务派生公共的服务事件被表示为与聚合服务相关,但是特定派生的事件与派生相对应。请注意所示的建模与在C++语言中虚函数的使用相类似,没有为父类描述实际的功能,只是为了继承对象。可以定义一种另外的方法,例如,在扩音电话中,缺省为低数据流量,对于商业扩音 IP 电话来说要重载它。图 8.5 中的模型适用于一个工作流,在这个工作流中,服务设计者把数据传输服务事件的有关工作留给其他角色。

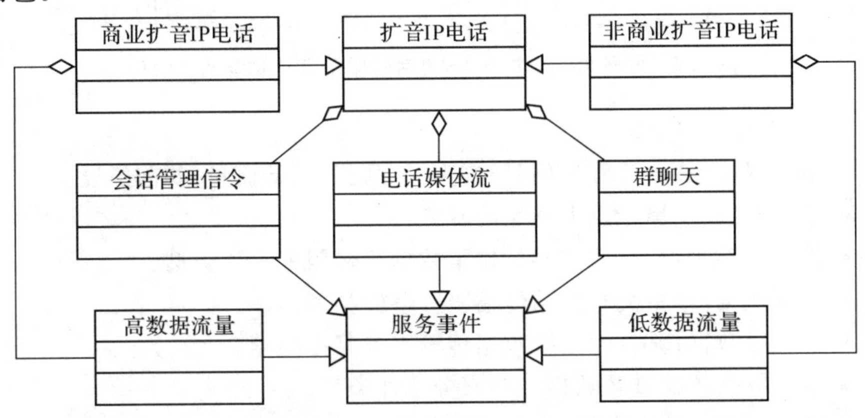

图 8.5 扩音 VoIP 服务构件的模型

图 8.5 中实体的描述如下:

- 扩音 IP 电话:如前所述。
- 商业扩音 IP 电话:扩音 IP 电话服务的商业派生。
- 非商业扩音 IP 电话:扩音 IP 电话服务的非商业派生。
- 会话管理信令:会话管理信令服务事件。
- 电话媒体流:电话媒体流服务事件。
- 群聊天:群聊天服务事件。
- 高数据流量:高吞吐量数据上传/下载服务事件。
- 低数据流量:低吞吐量数据上传/下载服务事件。

图 8.6 显示了之前讨论过的服务事件和区分服务传输聚合之间的映射。请

注意，这里也留有未知传输事件的一个占位符。同时也请注意，既然我们假设传输整形在服务域内执行，为了数据的上传/下载，因此我们只需要一个交互传输事件类型。

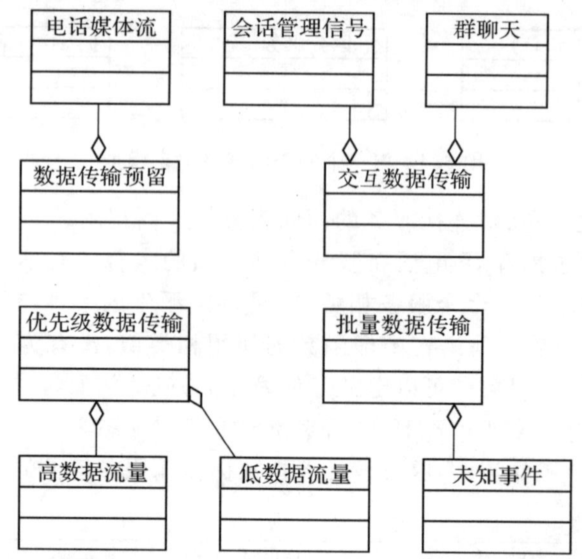

图 8.6 服务事件与扩音 IP 电话的服务事件类型间的映射

图 8.6 中实体的描述如下：

- 电话媒体流、会话管理信号、群聊天、高流量、低流量：如前所述。
- 未知事件：不属于以上类型的事件。
- 数据传输预留：有效的容量预留数据传输服务事件类型。
- 交互数据传输：交互数据传输服务事件类型。
- 优先级数据传输：优先级数据传输服务事件类型。
- 批量数据传输：BE 数据传输服务事件类型。

根据 8.2 小节的描述，计费方案取决于派生。为了说明不同的计费方式，我们假设把按会话计费应用于服务中，由会议安排者执行计费。根据基于时间的计费模式，对电话会话的参与者收费。对于非商业派生用户，群聊天的计费以事件数量为基础，而数据上传/下载根据传输量来计费，计费模型如图 8.7 所示。角色一方面用来描述派生的不同计费问题，另一方面也用来表示对群控制者所应用的计费。

图 8.7 中的实体描述如下：

- 商业扩音 IP 电话、非商业扩音 IP 电话：如前所述。
- 会话管理信令、电话媒体流、群聊天、低数据流量、高数据流量：如前所述。
- 基于会话的计费方式、基于流量的计费方式、基于事件的计费方式、基于时间的计费方式：如第 2 部分所述。

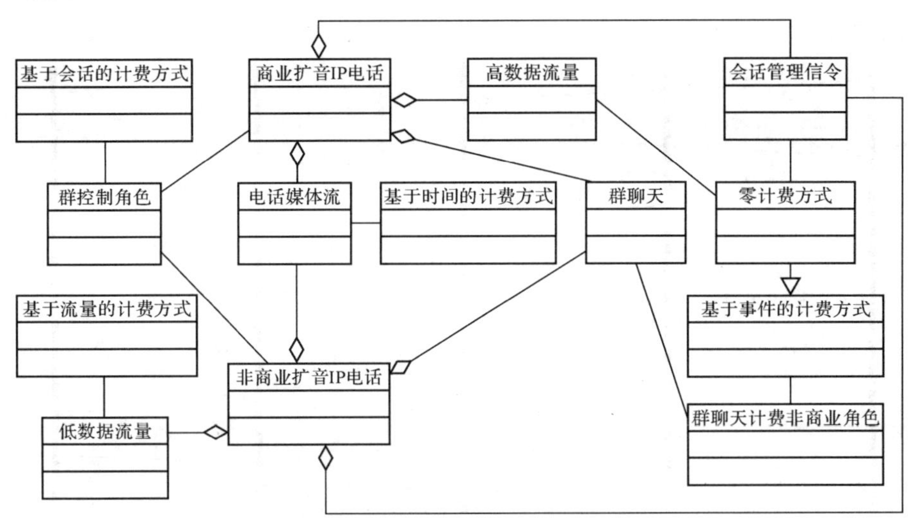

图 8.7 在区分服务网络例子中的计费模型

- 群控制角色：表示控制角色的会话参与者角色。
- 群聊天计费非商业角色：表示群聊天的非商业派生的计费方面的角色。
- 零计费方式：一个表示零计费的基于事件的计费方式的派生。

在这个例子中我们没有考虑对资源的映射，在下一章中我们会提供这方面的例子。

8.4.3 动态视图

在图 8.8 中显示了一个与服务使用会话相关的信令序列的例子。信令序列显示了一个会话的一部分，包括会话的建立、使用 IP 电话桥、从群控制者向其他参与者传输语音和参与者发出的一个聊天消息所涉及的群聊天相关的事件。

图 8.8 中的实体描述如下：

- 群控制者：控制会话方。
- 会话参与者：除了群控制者以外的会话参与者。
- 会话控制者：控制会话的逻辑资源。
- IP 电话桥：起 IP 电话桥作用的逻辑资源。
- 聊天服务器：起聊天服务器作用的逻辑资源。
- 发起会话：发起新会话的消息。
- 发起会话确认：创建新会话的确认消息。
- 传输语音：传送来自参与者的语音的服务事件。
- 接受语音：传送到参与者的语音的服务事件。
- 传输聊天信息：传送来自参与者的聊天消息的服务事件。
- 接受聊天信息：传送到参与者的聊天消息的服务事件。

与图 8.2 用例相关的动态视图我们就不在这里描述了。

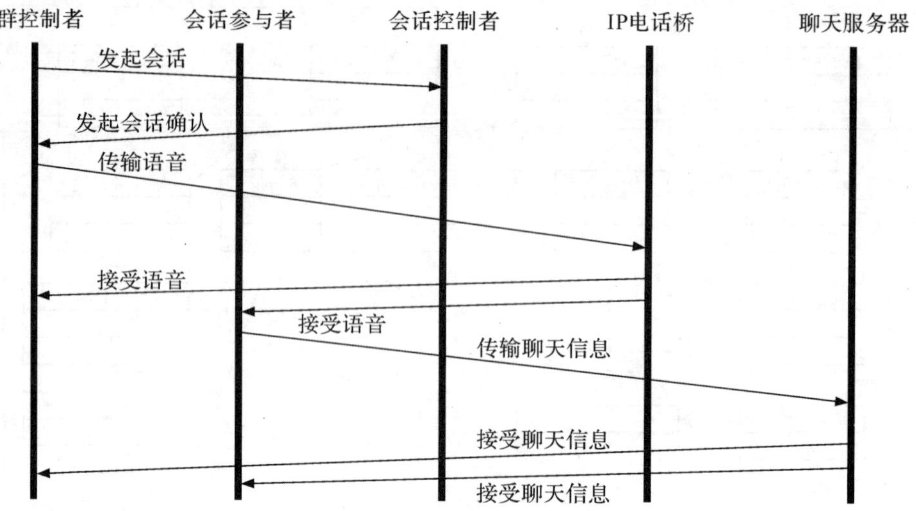

图 8.8　区分服务网络例子的动态视图

8.5　服务管理

接下去我们讨论如何将区分服务建模的例子应用在产品、服务和资源管理过程中。同时我们也简要地说明政策应该如何与这个例子联系起来。

8.5.1　服务配置

我们的例子要投入使用，需要首先对服务作一些配置。配置可以分为两类：全面的发起服务和为服务增加订户。接下去我们将讨论这些问题。我们仅考虑与聚合 IP 电话有关的运营活动，不处理其他活动，如区分服务连接等。

1. 发起服务

服务的全面投入使用涉及很多任务。这里我们侧重于与服务供应商和连接供应商有关的服务质量相关的任务。

服务供应商使用服务框架来描述终端用户服务的结构和单个服务事件的服务质量要求。连接供应商使用服务框架来把可用的服务质量支持聚合(PHBs)和相关的 PDBs 传达给服务供应商。服务供应商将服务事件映射到传输聚合，同时使用服务框架把这些映射传递给连接供应商。服务供应商也使用服务框架，描述目标端到端的性能水平，并把它们的一个子集作为其 SLAs 的一部分提供给订户。

连接供应商使用服务框架描述的映射，来配置区分服务边缘路由器。在最简单的情况下，所有的路由器都可以根据一个映射规则来配置：该映射规则必须应用到来自服务供应商域的所有分组头上。实际上，更复杂的规则可能被用于避免拒绝服务的攻击等用途上。

2. 增加一个订户

在上述最简单的情况下，为扩音 IP 电话服务增加一个新的订户，连接供应商不需要任何操作。因为订户已经与连接供应商达成了协议，所有的边缘路由器使用与指定的传输到服务供应商域的映射有关的“上行”规则来配置。

8.5.2 服务保证

订户和服务供应商可以收集端到端性能的实际服务等级的信息，连接服务商可以收集传输域内的性能的实际服务等级信息。服务框架可以用来在利益相关者之间进行信息交换，也可以用来比较预期目标值和实际目标值。

服务供应商可以通过使用主动的度量方式（发出测试传输）来度量在服务域内的流量。服务供应商也可以在选择的测试点，利用流媒体中实时控制协议(RTCP)的反馈被动地度量服务质量。必要的地方，这些方法也可以辅之以主动仿真度量（如，Lakanemi *et al.*，2001）。

在上面的讨论中，我们并没有对与服务相关的资源进行讨论。使用一个完整的包括资源链接的服务拓扑模型，有可能自动化关键性能指标(KPI)聚合并评估终端用户服务的性能退化和失效。

8.5.3 服务组合管理

本例由一个单一的服务构成，因而并没有涉及服务组合管理。关于服务的使用信息我们可以把它作为与服务参数调整有关决策的依据。例如，可以通过增加吞吐量来提高低吞吐量数据上传和下载服务的吸引力。

面向产品服务的服务要素可以作为其他产品的一部分，或作为模板重用。

8.5.4 资源开发

为了资源开发，服务供应商和连接供应商都可以使用服务框架表示服务的预期使用信息和实际使用信息。对于服务供应商而言，这涉及服务资源和 LAN 的能力。连接供应商则进行与核心网络传输能力和区分服务边缘路由器相关的资源开发活动。对此目的而言，在时域和地理背景下的使用模式的发展趋势信息是十分有价值的。再次强调，包括资源链接的完整服务模型可以用于流程的自动化。

8.5.5 产品管理

服务的使用信息可以用来调整与单个服务事件有关的计费方式和利率。同样，服务的使用信息也可以用来决定终端用户服务的分组变化，如，放入一个更大的产品包内。在可用的地方，人口使用的统计信息可以用于市场开发。

扩音 IP 电话可以作为复杂产品的构成模块来使用。

8.5.6 政策的使用

供应商类型的利益相关者在各自的域内，可以使用政策来自动化任务管理。连接供应商可以为大多数通用服务事件类型提供缺省政策，如，把扩音 IP 电话媒体流映射到 EF PHB、浏览 AF11 和把其他传输映射到 EF PHB。这种分组方式与要求有更多定制(涉及人的参与)的分组相比，可以以更低的价格提供给客户。当然，作为描述前面的服务框架使用的一部分，服务聚合等级将所有的服务事件缺省映射为 AF22。

8.6 小 结

在第一个案例中，我们对区分服务的各个方面进行了建模，包括使用角色来规定服务等级定义。在我们的例子中，服务建模能够直接被服务供应商和连接供应商使用。为了优化使用，完整的服务模型应包括资源到服务拓扑的链接。在这种条件下，它可能利用服务模型来自动完成服务保证和资源开发任务。

8.7 本章要点

本章需要铭记的十点：

- 这是一个区分服务传输网络案例。
- 传统的区分服务基于静态的服务质量提供。
- 在区分服务中，对于 1 对 N 的供应商/客户关系，上行和下行服务质量提供存在概念性的不同。
- 在这个案例中，连接供应商和服务供应商是独立的利益相关者。
- 我们使用扩音 IP 电话作为服务的案例。
- 在这个案例中包括了终端用户类的具体派生。
- 包括了扩音电话的计费。
- PDB 用来描述传输域对端到端服务质量的作用。
- 电话是一个要求实时的服务。
- 在局域网中的服务质量支持对 IP 电话有利。

移动网络案例

在了解了服务建模在相对简单的区分网络案例中的应用后，下面我们进一步来了解服务建模在更复杂的案例中的应用。

9.1 简 介

这个案例涉及多个移动网络运营商和一个与上个案例不同的价值网络思想。由于我们在第1部分中所描述的那些原因，此刻价值网络正处于变化的状态中。我们的案例试图描述传统的第三代合作伙伴计划(Third Generation Partnership Project，3GPP)在移动网络环境中自然演变的结果。

与上一个案例相比，移动网络作为一个技术平台带来了一些新的维度。作为广域无线接入技术，它在任何时间和地点都可用。因此，它为创新性服务提供了新的可能。3GPP移动网络在一个完整的架构下也提供先进的多服务支持。

下文中，我们将相对简要地描述3GPP的具体问题，同时，推荐读者参考附录A以了解更多的内容。

9.2 描 述

在这个案例中参与者包括终端用户、订户、物理移动网络运营商(Physical Mobile Network Operator，PMNO)、移动虚拟网络运营商(Mobile Virtual Network Operator，MVNO)、IP多媒体子系统(IP Multimedia Subsystem，IMS)服务供应商和外部服务供应商。物理移动网络扮演连接供应商的角色，它拥有所有的物理网络元件。物理移动网络运营商向移动虚拟网络运营商出售移动连接服务。从移动虚拟网络运营商的角度来看，它使用物理移动网络来为终端用户提供连接服务，至少要包括一个必要的订户寄存器，如归属位置寄存器(Home Location Register，HLR)或归属用户服务器(Home Subscriber Server，HSS)。我们假设在这个案例中，IMS服务是由独立于物理移动网络运营商和移动虚拟网络运营商的另一方提供。而且，我们进一步假设移动虚拟网络运营商将移动门户的内容服务(如新闻和气象等等)转包给了外部服务供应商。

我们假设订户只和移动虚拟网络运营商有协议，通过移动虚拟网络运营商来订购服务，同时通过手机账单来记录服务的使用费用。我们进一步假设终端用户，订户的雇员可以自己激活新的服务，同时能够管理服务有关的偏好。

在我们的案例中包括三种服务：基于 IMS 的出席服务、使用 IMS 的多人国际象棋游戏服务和移动虚拟网络运营商提供的包括新闻和气象服务的门户服务。我们假设出席服务可以被所有的终端用户使用，而新闻、国际象棋和气象服务则需要订购。

9.2.1 利益相关者

利益相关者在前面已经概述过了，下面我们来分析每个利益相关者所扮演的角色。

除了明显的使用角色以外，终端用户在激活新的服务时扮演了订户的角色。订户处理移动虚拟网络运营商描述的缺省集。

PMNO 在这个案例中扮演低层次的连接供应商。从 MVNO 的角度来看，PMNO 是一个服务供应商。既然只有 MVNO 与物理网络运营商有协议，那么 PMNO 对其他利益相关者不是直接可见的。从订户和服务供应商的角度来看，MVNO 为服务提供了连接。

对 MVNO 来说，IMS 供应商是一个服务供应商。与内容供应商的情况一样，IMS 供应商为 MVNO 提供转包服务，服务费用则由 MVNO 来征收。我们假定本案例中，新闻和气象服务各自有单独的内容供应商。总之，从用户的角度来看，MVNO 同样扮演了终端用户服务的服务供应商角色。

9.2.2 系统描述

下面我们来进一步讨论之前就描述过的安排。与区分网络服务案例一样，我们首先讨论利益相关者之间的安排，然后再讨论与每个利益相关者有关的问题。和第一个案例不同的是，我们将在本例的后半部分才使用角色这个概念，单个的利益相关者实体可以出现在多个分类中。

1. 利益相关者之间的安排

我们假设供应商型的利益相关者之间有正式的协议，该协议描述了服务和服务等级协议(SLAs)。从终端用户服务的角度来看，MVNO 与其他供应商和客户有最高层的 SLAs，同时使用与物理移动网络达成的、本质上作为一种资源的 SLAs。MVNO 和客户的协议中默认的内容包括通用分组无线业务(General Packet Radio Service，GPRS)接入和通用移动技术系统(Universal Mobile Telephony System，UMTS)接入，以及基于 IMS 的出席，并且允许终端用户自己赋能其他服务。

2. 服务供应商

IMS运营商提供两种终端用户服务：出席和国际象棋。出席意味着一个系统，这个系统中移动用户通过使用IMS可以指出他们目前的可用性和与所选的其他使用者进行通信的首选方法。例如，joe可以通过IMS检查jane的可用性，结果发现她正在开会，只能接收短信或E-mail。在我们这个案例中，IMS的可达性支持能够在国际象棋游戏中用于定位和与对手的沟通。例如，joe可以利用jane的邮件地址jane@provider.com来联系她。国际象棋游戏本身可以通过终端应用软件来处理，应用软件可以在服务供应商提供的应用服务器上得到支持。我们假设出席服务费用是每月订购费中的一部分，国际象棋游戏则使用基于会话的计费。

下面我们来讨论负责新闻和天气内容的内容供应商。他们为终端用户服务（MVNO的移动门户）提供内容。新闻服务很可能被分成很多类型，如本地新闻、国际新闻、商业新闻和社会新闻。我们假设在每月的新闻服务费中没有对新闻的浏览总量进行限制，新闻的影音剪辑则以观看次数为基础来计费。气象服务包括郊区气象信息、本地天气预报和降雨的多普勒雷达图。接入到郊区天气预报可以假设为是新闻包的一部分，而本地气象和多普勒雷达可能通过浏览次数计费。

在我们这个案例中，MVNO扮演的是多种角色的服务供应商。首先，它提供终端用户与服务、终端用户与互联网之间的蜂窝连接服务。在这个角色中，MVNO与服务供应商和订户都有协议。其次，MVNO还代表IMS供应商和内容供应商对服务进行计费和收费。最后，MVNO还扮演了门户服务的服务聚集者，把新闻和气象作为构成模块来组合终端用户服务（门户）。

PMNO为MVNO扮演了服务供应商的角色。

3. 接入供应商

从这个案例的角度来看，MVNO是唯一的面向客户的接入供应商。它需要同时为供应商和订户提供SLAs。虽然SLAs的总体格式基本上和固定互联网接入的公共结构一样，但是这里有两个移动网络特有的问题。

第一，在户内覆盖尚未普及的郊区，地理覆盖是一个具体的问题（多年来，即使在芬兰赫尔辛基的地铁隧道中，我们都拥有非常好的通信覆盖率）。因此，SLA中可能有关于地理应用的条款。相反的，SLA中可能有一个主要客户在首要位置的服务等级的具体条款。

第二，UMTS和GPRS网络提供比固定网络更好的多服务支持性能。对移动终端来说，这一点尤其准确。因此，在我们这个案例中的SLA可能处理后台数据的传输、浏览和流媒体。

在具体的层次上，连接当然也使用PMNO的网络来实现。因此，与前面讨论的面向客户的SLA相比，PMNO和MVNO之间的SLAs需要处理同样的位置有关的问题和多服务支持。

4. 客户描述

由于利益相关者之间复杂的关系结构，在我们的案例中，除了 PMNO 之外的所有利益相关者都有一个与之相关的客户角色或者实际的客户。

订户是最明显的客户，他和 MVNO 之间有与终端用户（雇员）的蜂窝连接和出席服务有关的协议。我们假设客户为终端用户订购手机，同时确保手机正确配置。订户关注于确保 SLA 的条件是否满足。

当终端用户向自己提供国际象棋服务、新闻服务或者气象服务时，他们扮演了订户的角色。他们同样是所有终端用户服务的最终用户，也是端到端服务性能的主要资源。自己提供的服务与雇主提供的服务相比，决定是否继续订购服务更直接。

在转包服务（出席、新闻和气象）中，MVNO 扮演了客户的角色。MVNO 也扮演了 PMNO 提供的物理连接服务的客户角色。

从 MVNO 提供的连接和计费服务来看，IMS 供应商和内容供应商是 MVNO 的客户。事实上，他们所扮演的角色并不一定有单独的协议，但是很有可能影响到他们和 MVNO 之间的协议条款。

9.3 服务框架

现在我们来讨论服务框架在这个案例中的应用。大体上，我们将使用和区分服务案例中一样的格式，但是从不同的视角来描述服务概念的应用。

我们将看到，服务框架用于各种成对的客户供应商角色配置利益相关者之间的信息交换。

9.3.1 聚合服务

下面我们描述 4 种不同的聚合服务：物理移动网络服务、对订户的 MVNO 服务、对供应商的 MVNO 服务和对 MVNO 的供应商服务。正如之前所描述的那样，后两种服务很有可能用一个单一的合同处理。

1. 物理网络运营商

以下是 PMNO 提供给 MVNO 的服务描述。考虑到 MVNO 适应传输流量增长的能力，与协议条款的修订相关的条款是非常重要的。

- 面向业务的参数

  服务的地理覆盖，考虑不同的传输类型；

  连接服务的有效期；

  SLAs 的监督和报告方式；

  与协议条款的修订相关的程序。

- 地理环境的服务质量要求

  可用性；

传输类型有关的参数。

- 地理环境的服务质量特征

  每种传输类型的传输使用模式。

2. 对订户的 MVNO 服务

下面我们将描述 MVNO 对订户所提供的服务，它包括三种相关的服务：基本蜂窝连接、出席和移动门户。我们假定这里只有单一的终端用户分类。

基本蜂窝连接：

- 面向业务的参数

  服务的地理覆盖；

  终端用户服务的有效期。

- 地理环境的服务质量要求

  可用性；

  传输类型有关的参数；

  吞吐量。

- 地理环境的服务质量特征

  使用统计。

出席：

- 面向业务的参数

  终端用户服务的有效期。

- 服务质量要求

  可用性；

  服务实例化时间；

  出席信息查询的响应时间。

- 服务质量特征

  使用统计。

请注意这里假定地理的可用性由蜂窝承载的可用性决定，所以不需要在终端用户服务环境中单独对这种信息进行声明。同样也请注意，在移动网络中这样的假设不一定总是正确的，但是一个服务的地理可用性可以被定义为比一个移动承载的可用性小。

门户服务：

- 面向业务的参数

  终端用户服务的有效期。

- 服务质量要求

  可用性；

  浏览的响应时间；

  吞吐量。

- 服务质量特征

使用统计。

3. 对供应商的 MVNO 服务

接下来我们来说明 MVNO 对供应商提供的服务。我们将分别讨论连接和计费。请注意，在我们的案例中，供应商只有在提供那些不是被 MVNO 转包的终端用户服务时，才需要连接服务。在我们这个案例结构中，对于出席而言，是不需要连接服务的。（当然也可能 IMS 供应商，把连接服务作为一个纯接入供应商，通过蜂窝运营商来单独出售它。）

连接：

- 面向业务的参数
  服务的地理覆盖；
  传输类型有关的参数；
  连接服务的有效期；
  SLAs 的监督和报告方式；
  与协议条款的修订相关的程序。
- 地理环境的服务质量要求
  传输类型有关的参数。
- 地理环境的服务质量特征
  每种传输类型的最大传输流量；
  令牌桶参数。

计费：

- 面向业务的参数
  可应用的服务；
  有效期；
  货币结算；
  合同修订遵循的程序。
- 服务质量要求
  计费的精确性。
- 服务质量特征
  服务的最大容量。

4. 对 MVNO 的供应商服务

供应商对 MVNO 有三种服务：新闻、气象和出席。关于最大服务使用量的信息是供应商资源战略的重要内容。

新闻：

- 面向业务的参数
  终端用户服务的有效期；
  两种派生：商业和非商业。
- 服务质量要求

可用性；
响应时间。
- 服务质量特征
最大服务使用量。

气象：
- 面向业务的参数
服务的地理覆盖：整个接入网络；
终端用户服务的有效期：直到有另外的通知；
两种派生：商业和非商业。
- 服务质量要求
可用性；
响应时间。
- 服务质量特征
最大服务使用量。

出席：
- 面向业务的参数
服务的地理覆盖：整个接入网络；
终端用户服务的有效期：直到有另外的通知；
两种派生：商业和非商业。
- 服务质量要求
可用性；
响应时间。
- 服务质量特征
最大服务使用量。

9.3.2 服务派生

因为我们已经在区分服务网络案例中讨论过这个基本概念，所以我们将不考虑终端用户类型的具体派生，这样也可以减少本案例的篇幅长度和复杂程度。我们也同样不考虑接入技术有关的派生，即使它们能够很容易地被囊括在服务框架中。这样，在每个聚合服务中我们只有一个服务派生。

我们将只考虑与终端用户服务相关的派生，其他服务的类似描述也可以很容易给出。请注意，国际象棋游戏被认为是IMS出席信息的一种应用。

1. 蜂窝连接

就像之前我们所描述的那样，存储在HLR中的客户服务质量概况决定了蜂窝连接的参数。这种信息由GPRS网关支持节点(Gateway GPRS Support Nodes，GGSN)上的每个接入点名称(Access Point Name，APNs)提供，由此，不同的服务可能有不同的性能水平。与后台、交互式和流媒体传输三种类型相对应，我们假设有三种缺省的 APNs。假定那些可能的基于会话的服务将使用次级 APNs，该 APNs 则使用 3GPP R5＋机制。

在本案例中，以服务事件表示的蜂窝连接组成如下：

- 后台传输；
- 浏览；
- 基于非会话的流媒体。

参数包括：

- 面向业务的参数

  可用性。
- 技术参数

  使用 UMTS 和 GPRS 承载激活或修改机制的服务质量支持的实例化。

  根据传输类型按每单位容量的计费方案应用于传输中。
- 服务质量要求

  承载激活。

  传输类型有关的 3GPP 服务质量参数。
- 服务质量特征

  使用信息。

如果在这个案例中，有基于会话的实时服务，服务质量支持的实例化就要求有 3GPP PDF 的授权。

2. 门户服务

假设门户服务包括多种不同的项目，但是在这里我们只描述新闻和气象服务。假设新闻和气象都是从各自供应商域内的服务器接入，在 MVNO 的域内不存在镜像。在必要的地方，高速缓冲存储器仍然可以在本地应用。

服务事件包括：

- 门户主页接入；
- 新闻服务接入：新闻浏览；
- 新闻服务接入：影音剪辑；
- 气象服务接入：全国气象；
- 气象服务接入：本地气象；
- 气象服务接入：多普勒雷达图。

参数包括：

- 面向业务的参数

  可用性。
- 技术参数

  门户接入要求 MVNO 无线应用协议（WAP）网关；

  新闻接入要求新闻供应商 WAP 网关；

  气象接入要求气象供应商 WAP 网关；

所应用的计费方式；
观看下载方式中的新闻剪辑要求有数字版权管理功能；
自动浏览多普勒雷达图要求终端具有Java(tm)功能。

- 服务质量要求
  服务实例化时间(首次接入门户)；
  浏览的响应时间；
  传输/下载的媒体剪辑性能。
- 服务质量特征
  独立存储的每个服务事件类型的使用信息；
  浏览和影音剪辑接入的令牌桶参数。

3. 出席服务

出席服务包括：接入权限管理、更新在IMS中个人的出席信息和其他对应信息的接入。

服务事件包括：

- 接入权限管理；
- 出席信息的更新；
- 出席信息接入；
- 门户主页接入。

参数包括：

- 面向业务的参数
  可用性。
- 技术参数
  出席服务的所有行动要求IMS中有出席服务器；
  与出席相关的所有操作都要求用户通过出席服务器进行自我认证。该方法的自动处理可能要求身份的传送，如在MVNO和IMS运营商之间的国际移动用户识别(IMSI)；
  应用的计费方式。
- 服务质量要求
  服务实例化时间；
  接入权更新的响应时间；
  出席信息更新的响应时间；
  出席信息接入的响应时间。
- 服务质量特征
  每个服务事件类型的使用；
  令牌桶参数。

4. 国际象棋服务

国际象棋服务包括对手定位、游戏控制信令和棋子的移动。

在服务事件方面的组合包括：

- 对手定位；
- 开始游戏消息；
- 暂停游戏消息；
- 停止游戏消息；
- 棋子的移动。

参数包括：

- 面向业务的参数
  可用性。
- 技术参数
  对手定位要求出席服务；
  所有其他的出席服务行动要求在 IMS 中有国际象棋应用程序服务器；
  应用的计费方式。
- 服务质量要求
  服务实例化时间；
  针对游戏控制消息的性能目标；
  服务质量特征；
  每个服务事件类型的使用；
  令牌桶参数。

请注意，对手定位的性能取决于出席服务的性能。

9.3.3 服务事件

目前为止，我们介绍的服务事件不少于 17 个。这里，我们将不考虑与通信承载相关的服务事件，剩下 14 个服务事件：门户主页接入、新闻浏览、新闻影音剪辑、全国气象、本地气象、多普勒雷达图、出席接入权限管理、出席信息更新、访问出席信息、下棋对手的定位、开始国际象棋游戏、暂停国际象棋游戏、停止国际象棋游戏和棋子的移动。下面我们把它们简要描述一遍。

1. 门户主页接入

这个服务事件包括使用手机上的浏览器接入门户的 WAP 主页。

- 服务质量要求
  设计型的服务质量；
  端到端延迟：交互式；
  相对低的丢包以避免重发。
- 服务质量特征
  传输模式：在会话过程中，临时、随机产生的事件。

2. 新闻浏览

这个服务事件等价于使用手机上的浏览器来访问链接到门户 WAP 主页上

的新闻内容。

- 服务质量要求
  设计型的服务质量；
  端到端延迟：交互式；
  相对低的丢包以避免重发。
- 服务质量特征
  传输模式：临时、随机的定位事件，通常在浏览的单个新闻条款之间具有时序相关性。

3. 新闻影音剪辑

这个服务事件由通过手机观看新闻的影音剪辑构成。影音剪辑既可以下载后观看又可以通过流媒体观看。

- 服务质量要求
  剪辑下载的设计型服务质量继承流媒体影音的服务质量；
  端到端交互式延迟启动下载或流媒体；
  丢包相对低。
- 服务质量特征

传输模式：临时、随机的剪辑接入，紧随影音剪辑请求其后是一个大的下载事件（接入/获取剪辑）。

观看流媒体剪辑，需要有较高传输类型的承载。

4. 全国气象

我们假设全国气象的描述是由文本描述和图片数据构成，并通过 WAP 接入。

- 服务质量要求
  设计型的服务质量；
  端到端延迟：交互式；
  相对低的丢包以避免重发。
- 服务质量特征
  传输模式：在会话过程中，临时、随机产生事件；
  下载事件（响应）的规模比上传事件（请求）要大。

5. 本地气象

假设本地气象的格式和全国气象一样，因此服务事件的描述也都一样。

6. 多普勒雷达图

多普勒雷达图通常被表示为动画序列或者一系列的图像。在这两种情况下，图像数据（量）通常要比气象图数据（量）大。

- 服务质量要求
  设计型的服务质量；

端到端延迟：交互式；

相对低的丢包以避免重发。

- 服务质量特征

传输模式：临时、随机地产生事件。下行事件的规模比上行事件要大一些。

7. 出席接入权限管理

出席接入权限管理包括查看出席配置、更新发送到出席服务器的消息和确认（肯定或否定）更新。更新通过 WAP 浏览器来完成，它和新闻浏览等具有相同的服务事件质量要求和服务质量特征。

8. 出席信息更新

出席信息更新包括更新信息和确认更新。它和出席接入权限管理具有相同的服务事件质量要求和服务质量特征。

9. 出席信息接入

出席信息接入，包括接入更新信息和应答。它和出席接入权限管理具有相同的服务事件质量要求和服务质量特征。

10. 国际象棋游戏事件

前面，我们定义了与国际象棋游戏相关的五种不同的事件：对手定位、游戏控制（开始/暂停/停止）和棋子的移动。可以假设它们具有大致同样的特征，包括紧随应答（对手定位）之后的消息或者确认（其他事件）。照此，它们与出席服务控制相关的事件具有相似的服务质量要求。

9.3.4 服务事件类型

在这个案例中，我们假设对不同传输类型（后台、交互式、基于非会话的流媒体）的服务事件，使用缺省的 MVNO APNs 来执行。也可以把它们与同名的 3GPP 传输类型联系起来。

每个事件类型的聚合标准为“所有经由（via）APN 的传输”，这意味着运营商根据分组分派的 APNs 来配置分类标准。我们将在稍后的建模中考虑分类标准。

1. 后台传输

这种服务事件类型用于非交互式数据传输，这种传输具有较低的优先级，比浏览还低。后台传输类传输并没有吞吐量保证，但是有最大比特率限制。

- 技术参数

聚合标准：所有传输流经由 APN；

传输调节方式：缓冲或丢弃；

最大吞吐量可以很大。

- 服务质量要求

映射到后台传输类和使用订户的归属位置寄存器(HLR)概况。

2. 交互式传输

这种服务事件类型被用于与交互服务相关的传输,如浏览。交互式传输类传输并没有吞吐量保证。

- 技术参数

  聚合标准:所有传输经由 APN;

  传输调节方式:缓冲或丢弃;

  限制最大吞吐量以匹配交互服务的消息规模。

- 服务质量要求

  映射后台传输类(传输)和使用订户的归属位置寄存器(HLR)概况。

3. 不基于会话的流媒体

不基于会话的流媒体支持受保证的比特率。最大比特率的配置可以与移动影音编码解码器所要求的典型值相对应。

- 技术参数

  聚合标准:所有传输经由 APN;

  传输调节方式:丢弃。

- 服务质量要求

  如果终端支持则映射到流媒体传输类上,否则使用交互式传输类。应用订户的归属位置寄存器(HLR)概况。

9.3.5 注解

在 3GPP 标准中,传输类和其他承载的服务质量参数用来定义服务质量等级。允许的服务质量范围使用先前描述的 GPRS 网关支持节点(Gateway GPRS Support Nodes,GGSN)中的 APN 机制来提供。APN 参数也形成了对外部网络提供的服务质量的基础。通常情况下,在网络边界存在规则,这些规则描述了传输类在区分服务单跳行为(Per-Hop Behaviour,PHB)和/或多协议标签交换(Multi-Protocol Label Switching,MPLS)的标签交换路径(Label Switched Paths,LSPs)之上的映射。因此,我们将不会为外部网络描述单独的服务事件类型,而是以 3GPP 服务事件类型为基础。

静态服务质量提供的分类标准比 APN 有更好的粒度,但是为了简化问题,我们将不讨论这种可能性。关于这类问题的讨论可以参阅 Koivukoski& Räisänen(2005)。

9.4 服务模型

下面我们以移动网络为例来描述服务模型。和上一个案例一样,我们提供的是一组视图而不是一个完整的模型。与区分服务的案例相比,我们把更多的篇幅放在模型的计费和所涉及的服务类型上。

9.4.1 用例视图

关于移动网络案例的一个用例视图涉及如图 9.1 所示的服务创建。由于篇幅原因，图 9.1 中只显示了利益相关者，但是用例可能涉及如 3.6.3 节和文献(服务框架，2004)所描述的角色粒度。例如，服务定义的阶段可以根据每个利益相关者内的业务和技术角色参与者来分析。

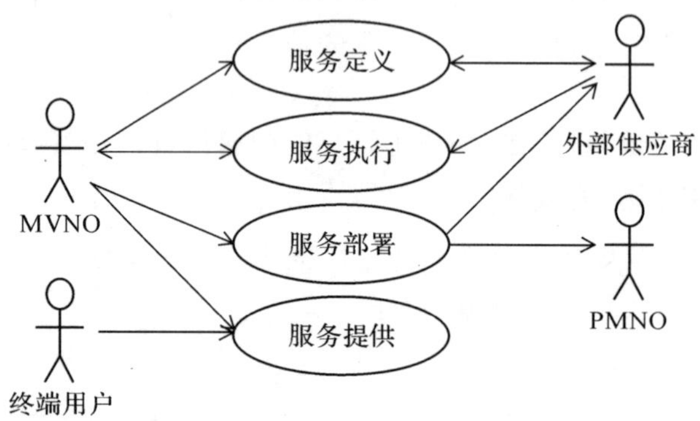

图 9.1 移动网络例子的服务创建高层次的使用案例

图 9.1 中的实体描述如下：

- MVNO：属于 MVNO 的角色设定。
- 外部供应商：属于服务供应商的角色设定。
- PMNO：属于物理移动网络运营商的角色设定。
- 终端用户：终端用户角色。
- 服务定义：定义服务的组成，包括业务部分和技术部分。
- 服务执行：服务的技术执行，包括执行新的配置和重用现有的配置。
- 服务部署：为了使服务生效，使必要的配置状况良好所要求的一系列行动。
- 服务提供：为终端用户实现服务可用所要求的一系列行动。可以通过服务供应商或终端用户自己(自提供)来实现。

另外一个用例——图 9.2 表示的是与门户服务的服务质量定义和管理相关的用例。它显示的阶段与图 8.2 区分服务网络的用例大致类似。

图 9.2 中的实体描述如下：

- MVNO：如前一个用例。
- 外部供应商：如前一个用例。
- PMNO：如前一个用例。
- 终端用户：如前一个用例。
- 服务质量概况定义：使用在 HLR 中的 3GPP 服务质量概况来对订户类的服务质量支持进行定义。

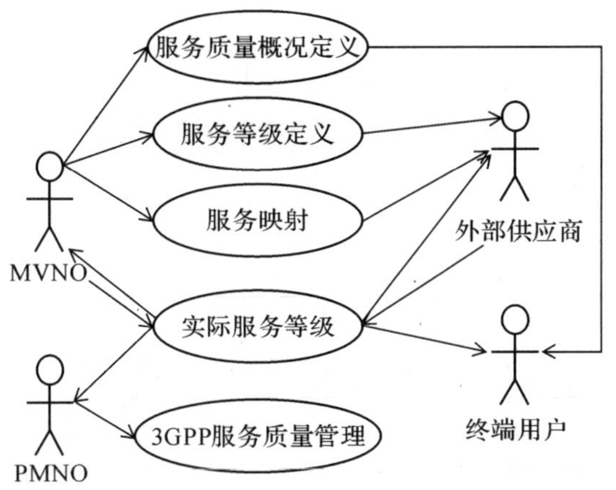

图 9.2 移动网络例子中门户服务的服务质量管理高层次使用案例

- 服务等级定义:终端用户服务的目标服务等级定义。
- 服务映射:终端用户服务和服务要素的事件到服务质量支持类的映射。
- 实际服务等级:关于实际服务等级信息的集合。
- 3GPP 服务质量管理:使用参数的服务质量支持机制管理。

在上面的用例中,MVNO 是负责全部门户服务的服务供应商,当然也负责相关的服务质量。其他的利益相关者使用由 MVNO 创建的定义。为了监督 MVNO 和 PMNO 之间 SLAs 的履行,已度量过的服务质量方面也同样对 PMNO 可用。

9.4.2 静态视图

下面,我们从描述终端用户服务之间的相互关系和它们与订户之间的关系入手,来对移动网络案例的静态视图进行描述。

我们从两个方面来对这些服务进行分析。第一个方面,终端用户服务、订阅和供应商之间的关系属于基本的包月关系,如图 9.3 所示。我们可以看出,在 MVNO 和订户之间的协议中描述了属于统一费用基本门户包的服务,供应商对服务要素负责。

图 9.3 中的实体描述如下:

- 订户:如前所述。
- MVNO 角色:MVNO 的角色作为服务供应商。
- 门户服务统一费用:门户协议中包含的部分门户服务。
- 门户协议:订户和 MVNO 角色之间关于门户服务统一费用使用的协议。
- IMS 角色:支持终端用户服务的 IMS 供应商的角色。
- 出席:出席服务。
- 门户浏览:门户协议包括的门户浏览。

请注意,统一费用的门户服务与出席服务和门户浏览都有聚合关系。使用

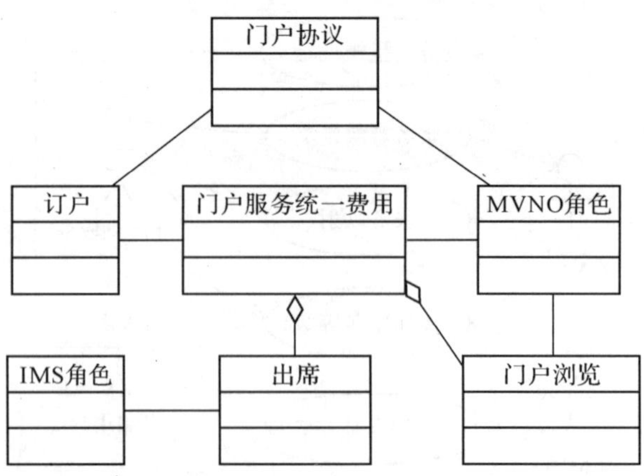

图 9.3　统一费用终端用户服务和订阅之间的内部关系

聚合而不是继承，允许可以在统一费用的门户浏览中，单独使用这些服务。虽然在上面的模型中没有显示，但是 MVNO 仍然可以对外部的转包服务应用模板。在这种情况下，这种服务可以看作单独的服务，它既作为门户的一部分又作为其他包的一部分来提供。

第二个方面与单独计费服务有关，如图 9.4 所示。通用门户服务是一种方便的类，它聚合了统一费用和增值门户服务。一个扮演订户角色的终端用户负责与增值服务有关的协议。

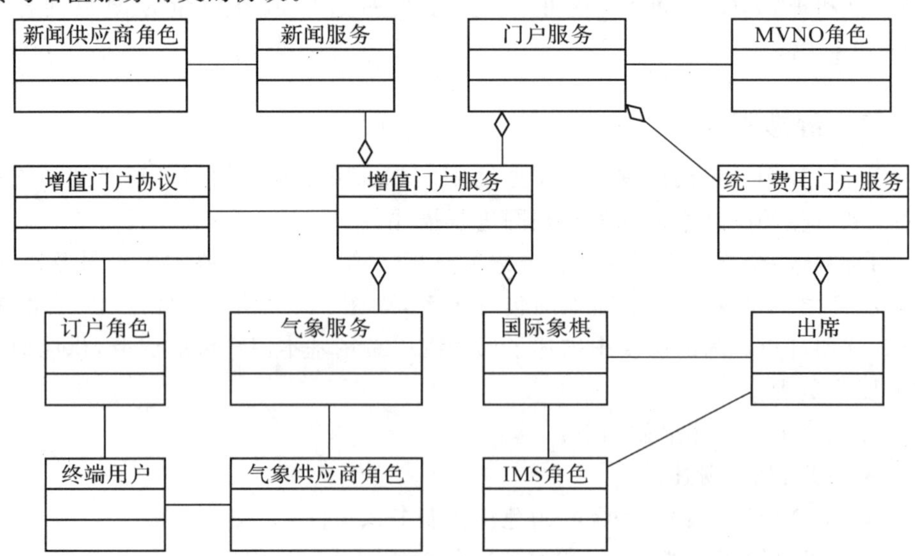

图 9.4　终端用户和订户单独收费的内部关系

图 9.4 中的实体描述如下：

- MVNO 角色：如前所述。
- IMS 角色：如前所述。
- 新闻供应商角色：作为终端用户支持者的新闻供应商。

- 气象供应商角色：作为终端用户支持者的气象供应商。
- 订户角色：如前所述。
- 终端用户：如前所述。
- 门户服务：MVNO 角色提供的全部门户服务。
- 增值门户服务：增值的门户服务。
- 统一费用门户服务：如前所述。
- 新闻服务：新闻服务。
- 气象服务：气象服务。
- 国际象棋：国际象棋服务。
- 出席：如前所述。
- 增值门户协议：订户角色和 MVNO 角色之间关于增值服务使用的协议。

增值门户服务可能依赖于统一费用门户服务，国际象棋和出席服务就是这样的情况。这意味着如果将出席从统一费用的门户服务中分离出来，那么它应该是作为增值门户服务的一部分来提供的。增值和统一费用服务的划分与 MVNO 提供的服务包有关。因此，一个外部服务供应商可以同时提供这两种服务。

我们下面将构建一个模型来说明在系统中出现的不同类型的服务。正如我们之前所说的那样，面向产品的服务、抽象服务和面向资源的服务可以被认为有不同的参数集合和与之相关的角色。

为了便于理解，服务层级将会用多个部分来显示。我们将以国际象棋服务的模型为例，同样的方法也可以用于其他服务。

图 9.5 说明了出席和国际象棋都是面向产品的服务，国际象棋依赖于出席，同时它们都需要用一个端到端 3GPP 承载来发挥作用。在模型中，端到端承载被建模为一种抽象服务。请注意，该图并没有包含图 9.3 和图 9.4 中所显示的关于产品包的信息，它只显示了国际象棋产品中所涉及的服务分类。

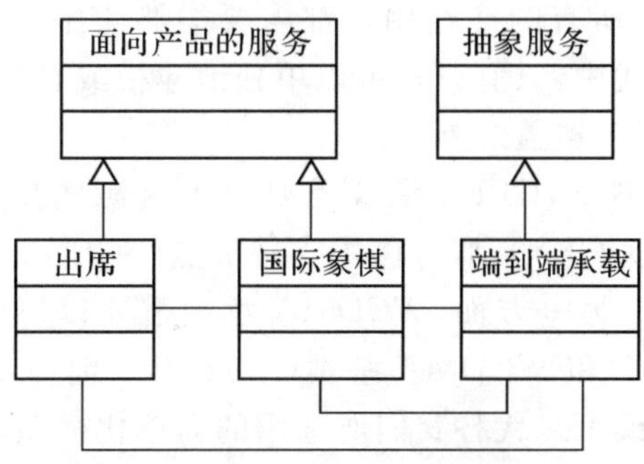

图 9.5 移动服务例子的顶层服务举例

图 9.5 中实体的描述如下：

- 面向产品的服务：如前所述。
- 抽象服务：如前所述。

- 出席、国际象棋：如前所述。
- 端到端承载：表示端到端的 3GPP 承载。

端到端承载的一个建模如图 9.6 所示。在这个简单的模型中，端到端承载依赖于被假定为面向资源服务的公用陆地移动通信网（the Public Land Mobile Network ,PLMN）承载和外部承载。PLMN 承载包括从通信端点到 GGSN 的全部连接，外部承载包括到达服务所需要的其他连接。请注意，如果想得到一个更具体的模型，这两种承载也可以被建模为抽象服务、由其他服务组成。

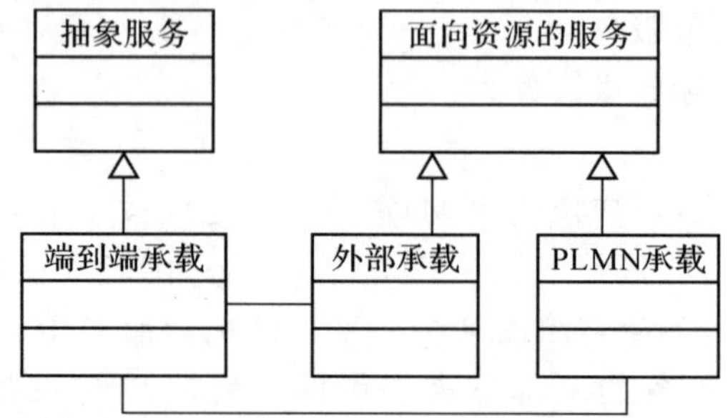

图 9.6　移动网络例子中端到端承载的从属关系

图 9.6 中的实体描述如下：

- 抽象服务、面向资源的服务：如前所述。
- 端到端承载：如前所述。
- PLMN 承载：在 3GPP 网络内的承载。
- 外部承载：在 GPP 网络外的承载。

下面我们将在 3GPP 标准架构的基础上深入分析 PLMN 承载（之间）的关系。我们假设宽带码分多址（Wideband Code Division Multiple Access, WCDMA）承载和 GPRS 承载都可以作为端到端承载的一部分来使用。目前，它是 WCDMA 手机的标准特征，当第三代覆盖不可用时，就使用第二代承载。请注意，这个假设暗含了所有的终端用户都需要能够使用 WCDMA，这与当前的情况并不相符。第二代中，只有订户可以单独地建模或者使用同一个模型建模，但是通常是在 WCDMA 覆盖之外。

在我们简单的模型中，GPRS 承载需要以下资源的支持来保持正常运转：GPRS 网关支持节点（GGSN）、服务网关支持节点（SGSN）、基站控制器（BSC）和基站收发信台（BTS）。另一方面，WCDMA 承载需要以下资源：GGSN、SGSN、无线网络控制器（RNC）和 WCDMA 基站（节点 B）。前面我们说明过我们可以用一个更具体详细的模型来代替我们所选用的简单化模型。在一个可选的模型中，由 GGSN 提供的有些功能，例如可以被建模为面向资源服务，而承载可以是抽象服务。

图 9.7 中的实体描述如下：

- PLMN 承载：如前所述。
- GPRS 承载：在 GPRS 网络中的 PLMN 承载。

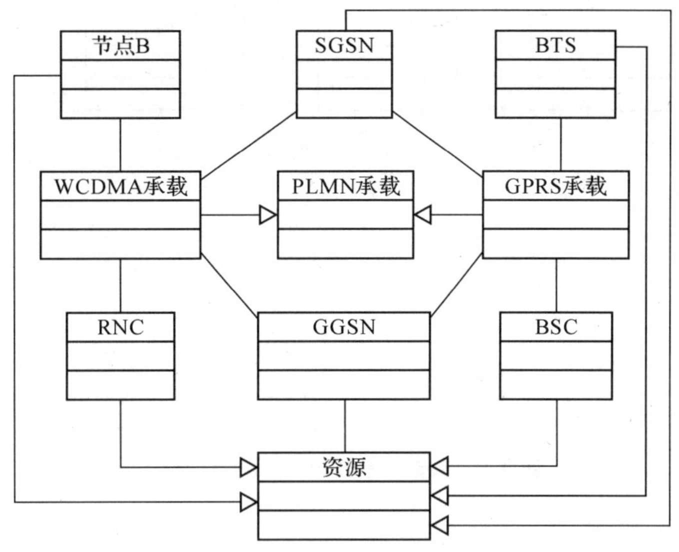

图 9.7 承载类型以及它们与移动网络例子的关系

- WCDMA 承载：在 WCDMA 网络中的 PLMN 承载。
- 资源：如前所述。
- GGSN：3GPP 网络的网关 GPRS 支持节点。
- SGSN：3GPP 网络的服务 GPRS 支持节点。
- BTS：基站收发信台。
- BSC：基站控制器。
- RNC：无线网络控制器。
- 节点 B：WCDMA 网络的基站。

图 9.7 中显示了一个承载所要求的各元件类型，这使得我们能够对必要的资源进行可用性检查。例如，没有 SGSN 功能，GPRS 和 WCDMA 承载都将不能工作，因此，端到端承载、出席和国际象棋服务也将不可用。对于一个特定的使用，与特定 SGSN 的关系可以作为模型实例化的一部分来处理。

在上文中，GPRS 承载和 WCDMA 承载被表示为面向资源的服务，被面向产品的服务使用。正如 3GPP 网络连接可以以一种单机方式出售一样，图 9.8 把蜂窝数据建模成一种产品。在这种观点下，我们保留两种面向资源的服务，同时引入基于 PLMN 承载的移动连接面向产品的服务。模型显示了与终端用户相对应的服务质量概况，因为它对服务的可达服务质量等级有影响。请注意，严格地说，服务质量概况与订购协议有关，同时应该与作为订户的终端用户角色联系在一起。

图 9.8 中的实体描述如下：

- 终端用户：如前所述。
- PLMN 承载：如前所述。
- GPRS 承载、WCDMA 承载：如前所述。

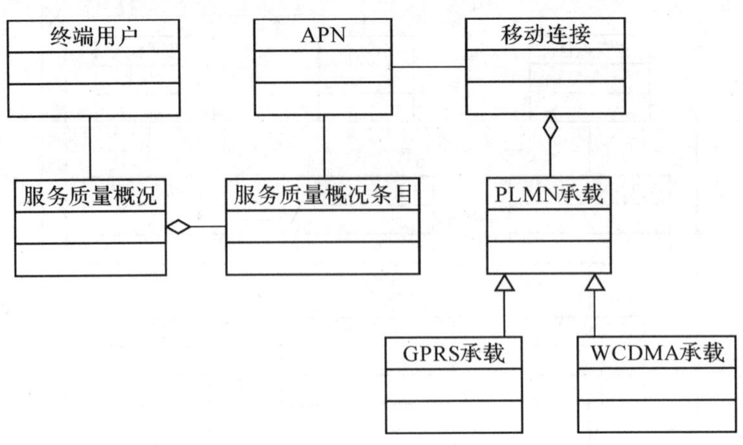

图 9.8 移动承载作为一种产品的建模

- 移动连接：移动连接服务。
- APN：与移动连接服务相关的接入点名称。
- 服务质量概况：终端用户服务质量概况。
- 服务质量概况条目：APN 的服务质量概况条目。

下面我们将考虑服务事件类型的服务质量支持提供。我们假设流媒体不需要基于会话的服务质量参数，因而静态的基于 APN 的提供就足够了。图 9.9 显示了一个模型，是关于 APNs 在服务质量支持提供中的使用。在模型中，APNs 和服务事件类型之间有一对一的映射。如图 9.8 中所示，在一个特定的 APN 内，可达的服务质量等级可能取决于用户。

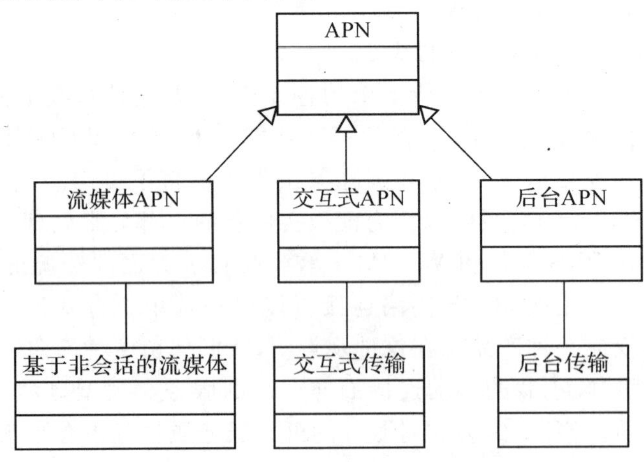

图 9.9 服务质量支持提供

图 9.9 中的实体描述如下：

- APN：如前所述。
- 流媒体 APN：不基于会话的流媒体的 APN。
- 交互式 APN：交互式传输的 APN。

- 后台 APN:后台传输的 APN。
- 基于非会话的流媒体:不基于会话的流媒体的服务事件类型。
- 交互式传输:交互式服务事件类型。
- 后台传输:后台传输服务事件类型。

下面让我们进一步讨论服务的服务质量如何定义。既然在我们的案例中,所有的面向产品的服务都使用了静态服务质量支持提供范式,所以只要研究其中之一就可以了。对于动态——会话有关的——服务质量,除了允许的服务质量范围要根据对应的 APN 而不是最大服务质量等级提供以外,程序基本上相同。除 APN 之外,技术执行还涉及 PDF,也与之前所描述的相同。

我们将使用流媒体影音剪辑来作为一个例子。服务质量支持的定义原则遵循图 7.25 的模式,所以在聚合层的服务等级定义,界定具体到聚合层的参数(如可用性)和不同的服务事件类型(在这个例子中,是浏览和流媒体)公共的参数。我们假设流媒体和浏览的 APN 也可以被属于其他服务的服务事件使用。

新闻服务供应商设计了流媒体的端到端服务质量目标。MVNP 提供流媒体 APN 的服务等级定义,定义流媒体在移动网络域公用陆地移动通信网(PLMN)的最低服务质量等级。除了 PLMN 之外,终端、传输网络和供应商自己的资源都对端到端的服务质量有影响。假设传输部分可以用一个区分服务逐域行为(PDB)描述,那么模型就如图 9.10 所示。

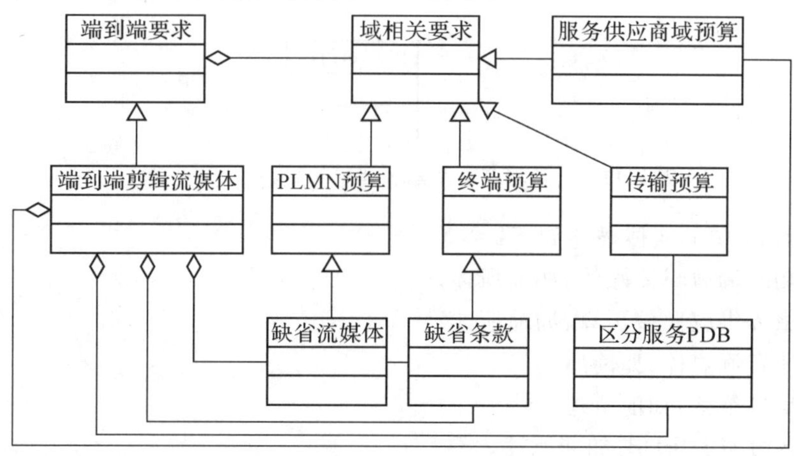

图 9.10 移动网络端到端的服务质量例子

图 9.10 中的实体描述如下:

- 端到端要求:如前所述。
- 域相关要求:如前所述。
- 端到端剪辑流媒体:影音剪辑流媒体的端到端要求,是一种端到端要求。
- PLMN 预算:PLMN 服务等级定义。
- 终端预算:终端对端到端服务质量的影响。
- 传输预算:服务供应商域和 PLMN 之间的传输对端到端服务质量的

影响。

- 服务供应商域预算：服务供应商域对端到端服务质量的影响。
- 缺省流媒体：在 PLMN 中的缺省流媒体服务等级定义。
- 缺省条款：缺省的终端服务等级影响。
- 区分服务 PDB：与 PLMN 服务供应商连接有关的区分服务 PDB。

为了简化问题，我们只考虑以上的缺省终端对服务等级的影响。我们应该注意到，现代移动网络有能力去发现个人移动终端的能力、调整内容与终端最佳匹配，以及在终端上设定与服务有关的配置信息。

根据利益相关者，我们可以进一步分析端到端服务质量（如图 9.11 所示）。在模型中，假设 PMNO 对传输网络和区分服务 PDB 负责。同样，我们假设 MVNO 能为任一终端提供一种缺省的服务质量影响定义。

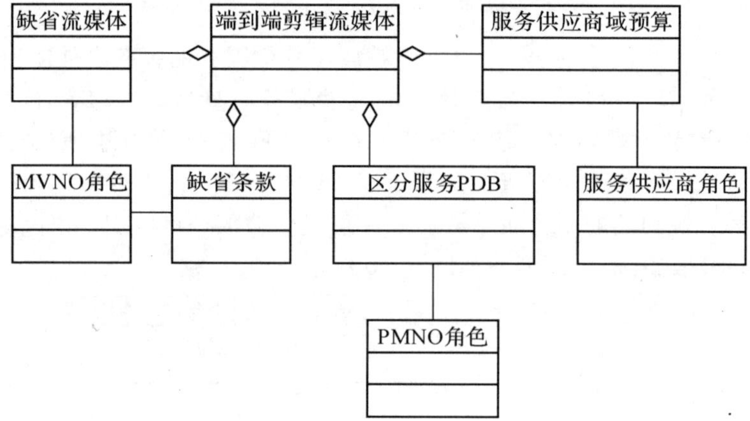

图 9.11　利益相关者与端到端服务质量定义的关系

图 9.11 中的实体描述如下：

- 端到端剪辑流媒体：如前所述。
- 服务供应商域预算：如前所述。
- 缺省流媒体：如前所述。
- 缺省条款：如前所述。
- 区分服务 PDB：如前所述。
- MVNO 角色、服务供应商角色：如前所述。
- PMNO 角色：物理移动网络运营商。

作为静态模型的最后一个视图，让我们来看一下影音剪辑的计费模型。在移动网络的案例中，要使用的计费方式通常是由服务供应商来定义的。另一方面，实际的计费由 MVNO 来执行。新闻服务的相关计费模型如图 9.12 所示。同样类似的模型可以应用到统一费用门户服务上。

图 9.12 中的实体描述如下：

- 新闻服务：如前所述。

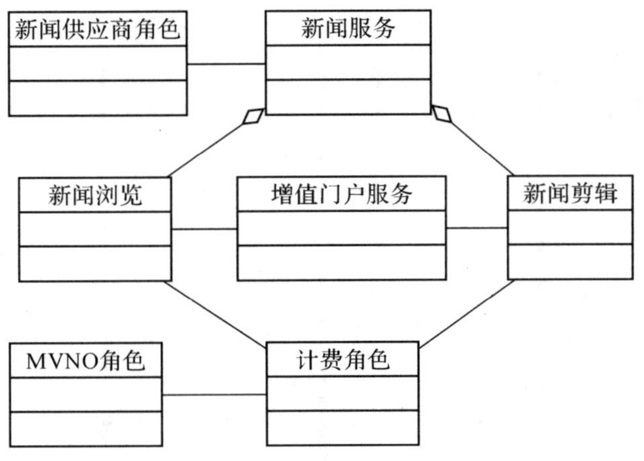

图 9.12 移动网络计费模型

- 新闻供应商角色:如前所述。
- 新闻浏览:基于浏览的新闻接入。
- 新闻剪辑:观看流媒体新闻剪辑。
- 增值门户服务:如前所述。
- 计费角色:与计费相联系的任务设定。
- MVNO 角色:如前所述。

9.4.3 动态视图

我们将国际象棋服务的自提供作为动态视图的例子。对动态视图,除了实际的自提供操作以外,我们将后退一步,列出保持服务正常运转的先决条件。这种"大图景"对故障检验非常有用,包括诸如服务台这样的客户接口操作。

我们在图 9.13 中列出下列阶段:订购激活、获取通信设置、连接激活和服务的实际提供。

图 9.13 中的实体描述如下:

- 终端用户:如前所述。
- 订户提供:MVNO 订户的提供。
- 终端管理服务器:能够检测终端类型和提供必要设置的服务器。
- GGSN:如前所述。
- 提供网关:自提供服务的门户。
- 激活订购:激活订购。
- 激活订购应答:激活订购的应答。
- 获取设置: 请求与 APNs、IMS 等相关的设置。
- 获取设置应答:返回相关的参数。
- 激活承载:承载激活请求。
- 激活承载确认:承载激活的确认。

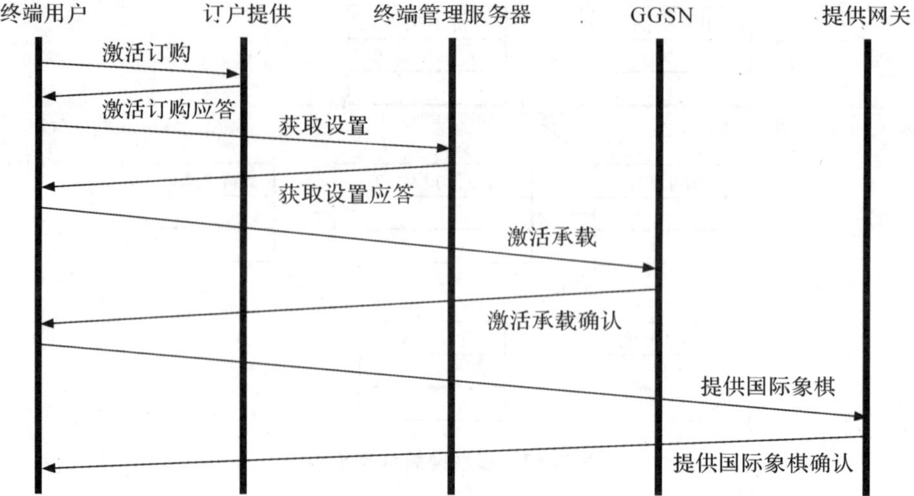

图 9.13　移动网络例子的动态视图

- 提供国际象棋:国际象棋服务的自提供请求。
- 提供国际象棋确认:提供国际象棋服务的确认。

以上给出的通信设置与用于 3GPP 网络中基于分组通信的 APNs 名称有关。

以上的服务被描述为“独立的”,但是很明显,它可以从门户服务中调用。以上的序列图是从终端用户的角度来设计的。

类似的序列可以用来描述供应商的内部活动,例如服务的配置和提供。

9.5　服务管理

我们现在将讨论服务建模与服务管理之间的联系。与区分服务网络案例相比,在服务管理中多个利益相关者的参与是我们这个案例的基本特点。

9.5.1　服务配置

服务配置相关的活动可以分为面向产品的服务配置、抽象服务配置和面向资源的服务配置。我们将在下面部分讨论这些问题。我们是从移动订户的视角来划分这三种类型的,牢记这些非常有用。举例来说,MNVO 是新闻服务供应商和 PMNO 的客户,因此,服务的类型可能取决于利益相关者所扮演的角色。

面向产品的服务配置活动,由所有供应商型利益相关者来运营。MVNO 负责门户服务和互联网连接服务。IMS 供应商负责出席和国际象棋。新闻供应商负责新闻服务,该新闻服务包括浏览和影音剪辑下载服务。每个面向产品的服务需要链接到可出售的产品,其中我们已经研究的服务包括:运营商门户服务、新闻服务和国际象棋服务。运营商门户是一个产品包,面向产品服务要素,也可以用作其他服务的组件。新闻服务和国际象棋服务本身就是产品。IMS

供应商当然也可以直接将出席作为一个产品来出售。此外,互联网连接也可以被 MVNO 单独出售。

在建模中,我们只考虑了一种抽象服务,就是由 MVNO 负责运营的端到端承载。一个实际的移动运营商可能使用抽象服务来精简服务管理流程。经常使用的面向资源的服务和抽象服务的组合可以表示为一种抽象服务。

我们考虑了两种面向资源的服务,即 PLMN 承载和外部承载。我们可以将它们分别与 MVNO 和 PMNO 联系起来。事实上,MVNO 和 PMNO 都可以运行大量的面向资源的服务。例如,可以把计费看作是由 MVNO 运作的一种面向资源的服务。

每个利益相关者内的服务配置流程都利用现有的服务拓扑信息。当创建新服务功能或修改服务功能时,要更新服务拓扑信息,同时保留关于最近的产品链接信息。拓扑信息描述了三种服务和它们之间的相互关系。

9.5.2 服务保证

在我们的案例中,服务保证流程可以与利益相关者运作的不同服务相联系。向面向服务的范式转移的动力之一是把实体确定为与服务等级定义相关服务的能力。服务拓扑信息与面向资源的服务的等级定义可以一起用来决定和定义抽象服务的服务等级,甚至是面向产品的服务的服务等级。服务等级定义可以用于触发与不同类型的服务和与资源有关的警告和警铃。类似地,服务拓扑可以用来评估失败对服务分类和产品的影响。

度量方法和报告构成不同参与者之间 SLAs 的基本部分。在我们的案例中,最重要的 SLA 接口是 MVNO 和 PMNO 之间的接口、MVNO 和服务供应商之间的接口。MVNO 与订户之间同样存在着某种 SLA。当把监管的实体建模为服务时,服务保证和建模之间的链接是自然的。

与其他类型的广域网络类似,在地理背景下,可能需要服务保证信息。例如,在特定的位置,MVNOs 可能有一个主要客户,并且该位置可能需要有具体的服务保证信息。某种无线接入技术内的移动支持、技术之间(GPRS 和 WCDMA)的移动支持,以及蜂窝和辅助接入技术之间的移动支持(如,802.11 和 802.16)可能都是规范的一部分。

9.5.3 服务组合管理

假设每个利益相关者都负责运营产品的一个知识库以及不同类型的服务。在 MVNO 的组合(服务)中增加门户服务也伴随着服务要素的增加。假设服务组合信息,包括产品和资源链接,被存储在一个知识库中。对转包服务而言,知识库存储着关于责任利益相关者信息和对外部服务的接口信息。为了方便外部服务供应商对所负责的服务相关信息进行自我管理,知识库可能包括面向外部服务供应商的一个接口。这种外部接口可能同样支持新服务的自动配置和提供。

创建新的面向产品的服务需要增加新的抽象服务和 RFSs，或修改现有的抽象服务和 RFSs。当新的资源种类进入系统中的时候，需要新的 RFSs。例如，在 IMS 域中增加一个国际象棋服务器，可能伴随着为支持国际象棋服务增加 RFSs 的建模。在这个赋能服务层的管理过程中，抽象服务是非常有价值的，它将 RFSs 包装成可重用的功能包。然后，新服务可以依靠模板初始化或者建立于模板中描述的功能之上。

9.5.4 资源开发

资源开发活动可以直接利用服务拓扑信息。服务使用信息连同 SLAs 的信息和服务保证都可以在服务中聚合，同时服务和资源使用的趋势可以确定，并与资源类型相关起来。在最简单的情况下，MVNO 和 PMNO 之间的接口可以建立在少量的传输聚合之上——例如，3GPP 传输类不需要涉及更高层次的服务。另一方面，在 MVNO 和服务供应商之间可能有很多种安排。标准的 3GPP APNs 使它有可能提供比传输类更好粒度的服务质量。

与资源开发有关的实际工作包括确保有足够的服务执行环境资源和对外部网络的连接(外部供应商)，确保与 PMNO 的 SLAs 能够容纳未来的传输容量，确保根据 SLAs 能支持在所有覆盖区域的传输聚合。

9.5.5 产品管理

在我们的案例中，产品管理活动与门户产品相关。MVNO 门户是一种使用其他产品(3GPP 承载、出席、国际象棋和新闻)的产品组合。在评价新产品可行性、设计有效的解决方案以及制订服务的执行要求过程中，产品管理系统需要对所涉及的业务角色加以支持。对我们这个案例中的 MVNO 而言，可行性评价涉及评述与外部供应商的伙伴协议。解决方案设计阶段考虑到与外部参与方的 SLAs。对“上行流”来说，产品管理需要能够输入关于产品使用的信息。产品管理系统需要支持产品的整个生命周期，包括产品的修改和撤退。

9.5.6 政策的使用

在我们的案例中，了解政策的使用并不困难。所有的利益相关者都可以使用它们。在案例中，MVNO 充当中心角色，所以我们以它为例来说明政策的使用。

政策的一种作用就是为外部参与方的接口提供模板。对服务供应商的基本连接包可以使用政策，这样其实例化不需要改变连接包，相比于那些需要定制的连接包，可以以更低的价格提供。在后一种情况下，供应商层政策可以被一个供应商特定的、范围更小的政策重载。

9.6 小 结

我们已经对与移动网络有关的一个相对复杂的价值链的各方面进行了建模。将能力表示为服务和使用服务建模传达相互关系的信息,既是单个利益相关者内的一种有力工具,也是利益相关者之间的有力工具。对具有更详细的相互关系的建模,角色将扮演更重要的作用。对不同的利益相关者,同样的实体能够表现为不同的角色。

在我们的案例中,我们考虑了这样一个模型:在模型中,移动网络运营商从其他供应商处转包服务,对产品和终端用户服务承担全部责任。这绝不是唯一的模型,移动网络运营商也可以为服务供应商自己的产品,扮演接入协导者的角色。这种方案和我们第一个案例更接近,但是仍然有差异。通常由移动网络供应商来处理计费和服务账单是最方便的。

9.7 本章要点

本章需要铭记的十点:

- 在本例中使用了静态提供模式。
- 服务质量提供基于与服务相关的 APNs。
- 为了使问题简单化,案例中使用了不基于会话的流媒体。
- 在本例中涉及的每种传输类都有一个 APN(后台、交互式和基于非会话的流媒体)。
- 对从 PMNO 处订购的连接能力来说,MVNO 是一个二手销售者。
- 在案例中使用了两种计费模型:属于统一费用门户服务的转包服务和单独计费的增值服务。
- 计费问题总是由 MVNO 负责。MVNO 把计费和连接作为服务提供给服务供应商。
- 在决定端到端的服务质量过程中,需要考虑终端的影响。
- 从使用结果意义来说,服务使用依赖于承载的可用性。
- 设置的可用性影响承载的可用性。

10 分布式网络案例

在最后一个案例中，我们将描述一个面向未来的分布式服务，这种服务涉及点对点连接、托管连接、效用计算和服务组合。虽然这个案例不是基于特定架构之上的，但是用到了与第1部分中 MobiLife 项目有关的一些理念。

10.1 简 介

接下去我们将要考虑的服务和之前所讨论的服务有很大的不同，因为在该案例中所有的服务责任都落在终端用户上。案例中使用了服务的动态组合，同时价格的自动协商也是所讨论内容的一部分。服务使用了无线自组织群通信，同时结合了托管和非托管的服务功能。

10.2 描 述

在这个案例中，我们假定的服务是点对点的无线组织群服务，它通过广域接入使用服务功能。我们假设服务是基于参与者收集信息的协作数据分析，分析时需要有相当大的处理能力。对收集数据的分析是通过计算设备远程实现的。请注意，参与者也可以是简单的、地理上分布的，不会对情景有重大改变。

10.2.1 利益相关者

以下是本例中的利益相关者：

- 终端用户 1；
- 终端用户 2；
- 终端用户 3；
- 内容中介商；
- 服务供应商；
- 广域连接供应商。

下面我们将讨论在本例中利益相关者所扮演的各种角色。

假设终端用户1是群服务的协调者,也是其他终端用户的数据收集和数据处理服务的服务供应商。为了执行实际的数据分析,终端用户1也与连接信息处理供应商协调来完成实际的数据分析。终端用户1对广域通信供应商来说是一位客户。为了定位信息处理供应商,我们需要内容信息用户这个角色来定位信息处理供应商。最后,用户1也扮演了连接供应商的角色(对无线自组织通信的参与者来说,协同供应商这个词可能更为合适)。

终端用户2和终端用户3扮演了信息收集服务的信息供应商角色,同时是构成无线自组织通信的参与者。他们也充当了数据收集和处理服务的用户角色。

在我们的案例中,内容中介商提供关于可用的服务信息,使数据分析服务所要求的信息处理定位成为可能。

10.2.2 系统描述

为了实现描述的情景,我们需要了解一定的工作背景,下面就是对工作背景的描述。

假设参与者用来收集数据和分析服务的通信端点,能够收集数据和附带必要的元数据,这样通信端点可以有针对性地联合和处理。相关的元数据能够建立在只有相关应用程序才能识别的专门本体之上,或者可以在网络中使用一种通用的本体。在后一种情况下,我们假设本体已经被缓冲,所以在案例中并不需要读取本体。用户2和用户3所使用的通信端点需要有向终端用户1传送所收集数据的功能。在我们的案例中,我们假设这是群通信功能的一部分,也可以作为群通信支持或终端平台的一部分。

用户1所运作的端点需要能使用无线自组织通信首先发现用户2、3的端点,同时确保通信所必要的隐私和信任行动被调用。假设用户1也是群通信的协调者,而这个角色对群通信会话负有管理责任。用户1运行的数据收集和分析应用程序必须能够发现和导入用户2和用户3的端点所提供的数据。该应用程序可以利用附带的元数据来度量数据以实现以下两个功能:与用户1数据的合并、定义远程执行的计算任务。假设数据分析任务可以被描述成一个通用的问题,这样就可以使用能理解算法描述的任何效用计算设备。我们需要一个接口来协商计算任务的价格。最后,用户1需要管理服务的整体编排。

1. 利益相关者之间的安排

用户1、2和3之间需要有信任关系,同时需要使用兼容的应用程序来共享数据收集和分析的结果。假设用户1与连接供应商之间有协议,协议中明确了用户1可以使用内容供应商的设备来定位服务。

假设服务供应商和内容供应商之间有关于使他们的服务在服务知识库中可见的协议。因此,用户1和内容供应商之间就不需要有单独的协议了。

2. 服务供应商

在我们的案例中，计算服务供应商提供效用计算服务。假设服务供应商提供了价格信息，这使他有可能为了服务的使用去比较单个供应商。计算服务是一种托管服务。

假设内容供应商拥有一个关于不同类型服务供应商及其能力的知识库，同时存在用户查询知识库的必要方法。在我们（相对简单）的案例中，我们假设精确匹配可以用于知识库的接入/访问。这就要求一个包含效用计算的本体。内容接入是一种托管服务。

用户 1 为用户 2 和 3 提供数据分析服务。这是一种非托管服务。

用户 1、2 和 3 互相提供无线自组织连接服务。这是一种非托管服务。

3. 接入供应商

接入供应商可以基于任何接入技术来运作互联网连接服务。为了便于在“任何地点、任何时间”进行分析，我们假设接入供应商使用了蜂窝连接。

用户 1、2 和 3 为彼此扮演连接供应商的角色。

10.2.3 客户描述

用户 2 和 3 是用户 1 的客户，依次，用户 1 是连接供应商、内容供应商以及效用计算供应商的客户。用户之间的客户关系以他们使用兼容的应用程序和执行相同任务为基础。对于全部服务来说，无线自组织群服务以服务功能的形式使用了用户 1 的协议。

在用户 1、2 和 3 之间不存在涉及数据分析服务的形式化协议。从概念上说，虽然数据分析的使用并不需要货币的补偿，但是数据分析可以看成是产品的一种形式。

10.3 服务框架

接下去，我们开始讨论服务框架在本例中的应用。服务框架是由用户 1 定义的（明式或默式），同时被情景的所有参与者以一种或另一种形式所使用。

10.3.1 聚合服务

在案例中处于最顶层的是由用户 1 提供的数据分析服务。它使用了无线自组织群服务、服务发现能力和效用计算。

- 面向业务的参数
  服务覆盖：无线自组织点对点通信；
  业务参数：没有任何保证，按现状提供。
- 服务质量要求：交互式响应
  可用性：没有保证；

传输类型有关参数。

- 服务质量特征

  收集的关于连接性能的信息。

所收集的连接性能信息可以用作优化通信的依据。实际的数据收集可以通过使用数据分析程序等来实现。

10.3.2 服务派生

确定两种服务派生：

- 数据分析控制者派生；
- 数据分析贡献者派生。

用户1实例化数据分析控制者派生，协调数据的收集和分析。用户2和3实例化数据分析贡献者派生，参与数据分析和共享结果。

1. 控制者派生

服务事件构成如下：

- 群通信广告；
- 服务供应商搜索消息；
- 与效用计算供应商的价格协商；
- 计算任务的提交；
- 返回计算任务结果；
- 在群内共享分析结果。

参数包括：

- 面向业务参数

  接入技术：无线自组织（支持群通信）、蜂窝（支持广域通信）。
- 技术参数

  用来分析数据的应用程序。
- 服务质量要求

  不可应用。
- 服务质量特征

  不相关。

2. 贡献者派生

服务事件构成如下：

- 群通信加入消息；
- 从贡献者到控制者的数据上传。

参数包括：

- 面向业务参数

  接入技术：无线自组织。
- 技术参数

用来给控制者传递数据的应用程序；
使用的数据格式。

- 服务质量要求
  不可应用。
- 服务质量要求
  不相关。

10.3.3 服务事件

确定以下服务事件：

- 群通信广告；
- 群通信加入消息；
- 从贡献者到控制者的数据上传；
- 内容供应商对服务供应商的搜索；
- 与效用计算供应商的价格协商；
- 计算任务的提交；
- 计算结果的返回；
- 群内分析结果的共享；
- 群通信终止消息。

在我们的列表中没有考虑可能与无线自组织通信的建立相关的消息。

在下面的内容中，我们将简要地描述这些事件。

1. 群通信广告

该服务事件在无线自组织群中进行广播以宣传群通信的可用性。

- 服务质量要求
  设计型的服务质量；
  端到端延迟：交互式；
  相对较低的丢包以避免重发。
- 服务质量特征
  传输模式：对每个群会话有临时、随机 one-off 事件；
  小规模服务事件。

2. 群通信加入消息

群通信的参与者发出该服务事件，以表示自己愿意加入群通信。从群控制者发出的加入确认，被认为是同一服务事件的一部分。

- 服务质量要求
  设计型的服务质量；
  端到端延迟：交互式；
  相对较低的丢包以避免重发。
- 服务质量特征

传输模式:通常与群通信广告时序相关;

小规模服务事件。

3. 从贡献者到控制者的数据上传

服务事件由从贡献者到控制者的数据传送组成。依赖于具体情况,数据量可能不太重要。

- 服务质量要求

  设计型的服务质量,大的吞吐量更可取;

  端到端延迟:交互式;

  相对较低的丢包以避免重发。

- 服务质量特征

  传输模式:临时、随机;

  可能是大规模服务事件。

4. 从内容供应商搜索服务供应商

服务供应商搜索事件由被搜索的服务描述组成。

- 服务质量要求

  设计型的服务质量;

  端到端延迟:交互式;

  相对较低的丢包以避免重发。

- 服务质量特征

  传输模式:临时、随机;

  小规模服务事件。

5. 和效用计算供应商的价格协商

价格商议事件由计算任务的描述和供应商的回复组成,其中供应商的回复指出与任务相关的价格。

- 服务质量要求

  设计型的服务质量;

  端到端延迟:交互式;

  相对较低的丢包以避免重发。

- 服务质量特征

  传输模式:临时、随机;

  小规模服务事件。

6. 计算任务提交

该事件包括准备实施的计算任务的描述和相关的输入数据。输入数据量可能会很大,例如在涉及矩阵或者长时间序列向量的计算时,数据就会很大。

- 服务质量要求

  设计型的服务质量,大的吞吐量更可取;

端到端延迟：交互式；
相对较低的丢包以避免重发。

- 服务质量特征
  传输模式：通常与价格协商事件时序相关；
  可能是大规模服务事件。

7. 计算任务结果返回

在这个服务事件中，返回了计算任务的结果。它包含的数据量可能很大。

- 服务质量要求
  设计型的服务质量，大的吞吐量更可取；
  端到端延迟：交互式；
  相对较低的丢包以避免重发。
- 服务质量特征
  传输模式：与计算任务提交构成对应，不一定是时序闭合的；
  事件规模可能很大。

8. 群内分析结果的共享

在这个事件中，数据分析的结果从用户 1 发布到用户 2 和 3。

- 服务质量要求
  设计型的服务质量，大的吞吐量更可取；
  端到端延迟：交互式；
  相对较低的丢包以避免重发。
- 服务质量特征
  传输模式：通常与计算结果返回时序相关；
  通常是小规模服务事件。

9. 群通信终止

这个服务事件用于终止群通信会话。

- 服务质量要求
  设计型的服务质量；
  端到端延迟：交互式；
  相对较低的丢包以避免重发。
- 服务质量特征
  传输模式：每个群会话都有临时、随机 one-off 事件；
  小规模服务事件。

10.3.4 服务事件类型

在我们的案例中，所有的服务事件都是交互型的。即使一个交易的完成可能需要一些时间，但它以一种交互方式发起。因此，交互式的服务事件类型适合该例中的所有事件。尽管如此，对无线自组织网络中的交互事件和在广域通信网络中的交互事件进行区分还是非常有必要的。下面我们将讨论这些。

1. 无线自组织交互服务事件

现有的无线自组织网络有很多派生。除了依照潜在的无线通信层的分类之外，单段和多跳无线自组织网络之间也有一个主要的区分。在前者中，所有的参与者能够直接联系对方来进行通信，而在后者中无需直接联系对方。在多跳无线自组织网络中，单个通信节点可以在其他节点之间传输(数据)。

大体上，多跳无线自组织网络的特点之一就是关于服务质量保证的缺乏。由于节点的移动性，路由拓扑可能随时改变；节点之间的单个连接可能被其他连接以动态的方式切断或代替。由于移动终端可能移动到覆盖区域之外，所以即使是单段网络(如一个 802.11 基础设施模式段)也没有保证；同时运行于同一频率之上的未经许可的其他设备，可能会降低有效的吞吐量和延迟。

在无线自组织网络中可以实现的是：在发送和/或中继节点中，相对于数据转移传输优先级调度交互式传输。

- 技术参数

  聚合标准：在无线自组织网络中，所有的服务事件都属于数据分析服务；

  传输调节方法：不相关(涉及)。

- 服务质量要求

  映射到连接层的次低优先级类。

在前文中，我们假设最低调度优先级类用于后台数据传输。传输调节并没有被使用，我们的示例应用程序可以使用所有可用的能力来进行信息输送，除非被一个并发的高优先级无线自组织服务抢占。

2. 广域交互服务事件

广域网络通过运行于许可频率之上的蜂窝网络来例证，因此可以通过法律来保护其免受干扰。由于许可频谱的成本，运行这些频率之上的连接供应商会最大限度地利用这些频谱资源。因此，接入网络如 GPRS 和 WCDMA，提供相对高级的多服务支持。之前我们讨论了 3GPP 的服务质量模型，同时也了解到它有一类传输是致力于交互传输的。

- 技术参数

  聚合标准：所有的传输流都经由交互传输类 APN；

  传输调节方法：缓冲或丢弃。

- 服务质量要求

  映射到交互传输类，同时使用订户的 HLR 概况。

以上讨论的对交互传输类的支持是以我们之前描述的基于 APN/HLR 概况的服务质量提供方法为基础。我们假设用户 1 的数据分析服务的控制者派生所使用的应用程序能够为服务请求交互传输类承载。

10.3.5 注解

在我们的案例中显示了托管的实体和非托管的实体是如何作为一个单一终端用户服务来使用。在案例中，连接和服务功能都扮演了双重角色。请牢记，即使我们使用了与托管和非托管域内具有相同标题的概念名称——正如我们所讨论的服务事件类型那样——但是实体的技术内容在两个域内可能彼此不同。

10.4 服务模型

下面开始讨论我们这个案例的模型视图。与之前的讨论模式相同，我们把重点放在之前的模型中没有说明过的问题上。

10.4.1 用例视图

从使用观点出发的用例视图子集如图 10.1 所示。列出的用例如我们之前描述的那样。为了简化问题，我们没有显示输入数据的上传和计算结果的传送。请注意，用户 2 和用户 3 所扮演的是对称的角色，并在图中作为一个单一的参与者来显示。

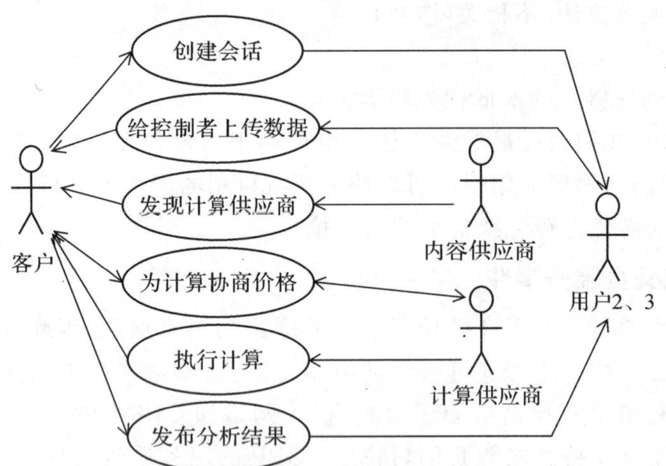

图 10.1 分布式网络例子的用例视图

图 10.1 中实体和消息的描述如下：

- 创建会话：创建群服务会话。
- 给控制者上传数据：把数据从贡献者传送到控制者。
- 发现计算供应商：利用计算服务的本地供应商。
- 为计算协商价格：为目前的计算任务商议价格。
- 执行计算：执行计算任务。
- 发布分析结果：发布分析结果给贡献者。

在这里我们将不考虑与服务创建有关的用例。原因之一是因为案例的托管组件是标准化的托管组件，所以与内容供应商和计算供应商内的配置有关的任务在本例中并不具体。与广域网相关的一些问题在之前的案例中已经描述过了。另外，在用例视图中我们也不描述会话终止。

另外一个比较有意思的用例是为之前的用例建立基础设施。这样的用例对用户1、2和3的雇主来说非常有用，但是我们在这里就不考虑该用例了。

10.4.2 静态视图

我们接下来讨论服务模型的静态视图。图10.2显示了全部数据分析服务构成要素的一个子集。

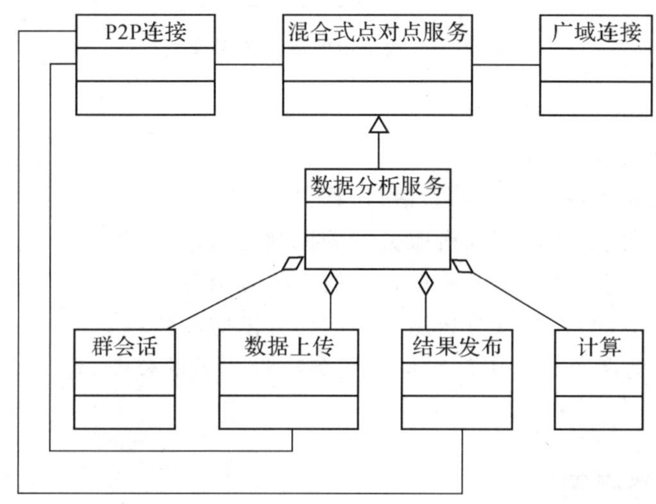

图 10.2 分布式网络的顶层服务子模型

图10.2中的实体描述如下：

- 混合式点对点服务(Mixed P2P Service)：如前所述。
- P2P 连接：如前所述。
- 广域连接：如前所述。
- 数据分析服务：数据分析服务的顶层视图。
- 群会话：群会话管理。
- 数据上传：从贡献者上传数据到控制者。
- 结果发布：从控制者下载数据到贡献者。
- 计算：计算任务的执行。

使用图10.2的一个例子是观测到某些任务(群会话建立、数据上传、结果发布)可以在没有广域连接的情况下执行，而计算任务并不要求点对点连接。这种分析能够通过技术分析程序自动执行，从而可以以无线自组织方式实现数据结合。

下面我们将为案例的责任关系提供一个模型。如图10.3所示。

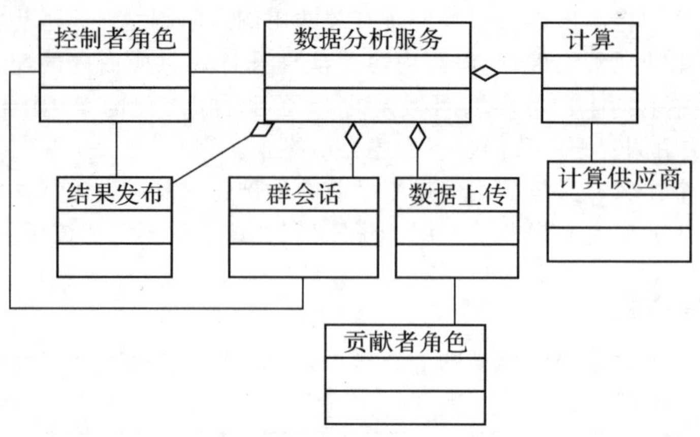

图 10.3　例子中的责任关系模型

图 10.3 中的实体描述如下：

- 数据分析服务：如前所述。
- 结果发布、数据上传、群会话、计算：如前所述。
- 控制者角色：在数据分析服务中的控制者角色。
- 贡献者角色：在数据分析服务中的贡献者角色。
- 计算供应商：在数据分析服务中的计算供应商角色。

因为在之前两个案例中都考虑了服务质量相关的模型，在这个案例中我们不考虑了。

10.4.3　动态视图

作为动态视图的一个案例，我们在图 10.4 中显示了服务的使用序列。请注意，为了简化问题我们忽略了与计算服务供应商的价格协商部分。同样我们也忽略了与建立点对点通信有关的阶段。

图 10.4 中的实体描述如下：

- 用户 1：如前所述。
- 用户 2 和 3：如前所述。
- 接入供应商：如前所述。
- 内容供应商：如前所述。
- 计算供应商：如前所述。
- 广告群：广告群通信。
- 加入群：加入群。
- 激活广域通信：激活广域通信。
- 承认广域通信：广域通信激活的确认。
- 搜索供应商：供应商搜索。
- 搜索回复：搜索回复。

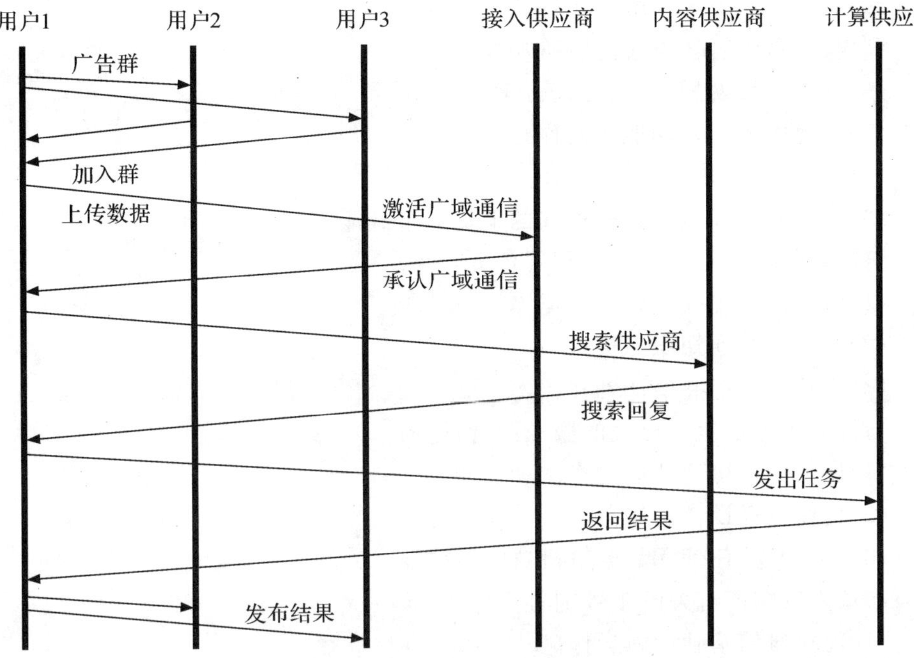

图 10.4　服务使用的次序图

- 发出任务：计算任务的提交。
- 返回结果：发送计算任务的结果。
- 发布结果：结果的发布。

与我们感兴趣的领域有关，一个与建立服务有关的序列图表将非常有助于我们对服务案例进行故障诊断与排除。

10.5　服务管理

我们下面将讨论本例的服务管理方面。由于存在非托管的组件以及服务的整体责任依赖于终端客户这一事实，所以这里的案例和之前的案例有所不同。我们可以看到这些事实也同样反映在服务管理上。

10.5.1　服务配置

总的来说，数据分析的服务配置包括很多不同任务。我们根据主要的利益相关者类来对它们进行分析。请注意，只有与用户相关的任务才与我们的例子服务有直接链接，而其他任务有一个赋能角色，可能在不同的地方及时执行。

与用户相关的服务配置任务：

(1)确保对所有的群通信参与者的点对点通信能力。

(2)确保所有参与者都支持群通信。

(3)确保贡献者能够用正确的格式导出数据和元数据。

(4)检验控制者客户端的正确功能。

(5)检验贡献者客户端的正确功能。

(6)设定广域网配置。

(7)确保内容接入功能的运作。

(8)确保价格协商功能的运作。

(9)确保使用互操作数据格式的上传和下载能力。

与内容供应商有关的服务配置任务：

(1)将用户 1 提供给客户数据库。

(2)为客户开通知识库接入。

(3)把计算供应商增加到知识库。

与计算服务供应商有关的服务配置任务：

(1)促使价格协商功能运作。

(2)促使计算设备运作。

(3)促使计算任务元数据解析功能运作。

与接入供应商有关的服务配置任务：

(1)促使通信基础设施运作。

(2)定义每个 APN 的服务质量概况。

(3)定义终端用户类。

(4)把用户 1 提供给数据库。

10.5.2 服务保证

与服务配置一样，很多不同的任务也属于服务保证。我们案例中的大部分任务都是为了确保面向群的通信按照案例要求的方式来运作。供应商类型的利益相关者执行任务去验证他们提供的外部服务是否按照承诺的方式运作。

在我们的案例中，用户 1 对服务的端到端运作负责。与服务保证最直接相关的任务就是观察应用程序使用时的行为。很多工具，如主动度量，可以用来探查连接服务的技术运作。

10.5.3 服务组合管理

因为本例只包括了一个单一的服务，所以终端用户组合管理和用户 1 不相关。确保点对点连接和广域通信服务最大效率地支持目前的任务是一种低层次的服务组合管理形式，支持顶层服务的使用。类似的观点也涉及控制者和贡献者为了分析数据和群通信所使用的应用程序版本。

内容供应商需要监控服务的普及程度并确保知识库能够满足用户的需求。

10.5.4 资源开发

对用户来说，资源开发活动与通信端点有关。内容供应商需要确保可用的资源能力与需求平衡。鉴于计算任务的工作量,计算服务供应商需要考虑可用的 CPU 能力。

10.5.5 产品管理

既然用户 1 没有向用户 2 和 3 出售数据分析服务,这里就不涉及产品管理的业务方面。从把服务作为一个与使用条款相关的分组来提供的意义上看,产品管理仍然可以看成是可用的。

内容供应商需要将知识库接入包装成表格或产品,同时计算供应商也需要对计算服务做同样的工作。接入供应商需要从广域连接之中制定一种产品,在我们的案例中也包括接入内容供应商的服务。内容供应商的服务也可能被其他参与者作为单独的产品来使用。

10.5.6 政策的使用

正如之前所描述的那样,为了自动化相关的活动,单个用户可以对点对点通信采用偏好。因为在之前的案例中我们讨论过供应商在数据分析服务中如何使用政策,所以在这里我们就不讨论这个问题了。

10.6 小 结

本例显示了如何在混合点对点/托管服务环境下使用服务建模。服务建模可以用于确保所有功能状况良好。与之前的案例相比,本例中的服务建模最有可能被除服务供应商(用户 1)之外的其他参与者使用。例如,终端用户雇主的 IT 部门可以用它来确保所有必需功能的存在。

这种未来的情景,提供了很多引人关注的服务建模的潜在用途。可以预计:以一种或另外形式表示的服务模型,可以为利益相关者之间的交互自动化提供基础。

10.7 本章要点

本章需要铭记的十点:

- 分布式网络案例同时涉及即时连接和广域连接。
- 同样的方案也可以支持远程点对点参与。
- 一个终端用户(控制者)对所有的服务负责。
- 其他终端用户(贡献者)使用控制者提供的服务。
- 贡献者使用控制者的订阅。
- 服务使用了群通信。
- 效用计算用于数据的远程处理。

- 元数据用于控制者与贡献者之间的数据交换，同时也用来提交效用计算任务。
- 效用计算任务以一种通用的形式描述。
- 计算的结果通过控制者发布到贡献者。

第 4 部分

总　　结

在这个部分中，我们将总结之前 3 部分中的基本知识，并指出未来服务建模可能的研究方向。

11 总 结

这是本书的最后一章，我们将首先回顾本书所涵盖的最重要的主题。服务建模的主题领域相对较新，范围很广，涉及多种新技术的研究领域。通过总结，我们将这些主题进行简要归纳。

我们已经讨论过提供基于分组的服务的技术现状，同时界定了与本书中的主题相关的重要问题。在系统和服务变得更加复杂的同时，业务的处理方式也正在发生改变。由于激烈的竞争和技术的进步，企业能够比以前更加容易地构建价值网络，从而提高运营效率和明确企业焦点。为了实现该目标，要为基础设施设定新的要求等级，并强调开放标准与合作的重要性。GSM 标准的成功已经证明了协同概念工作的重要性，它在今后通信技术的发展中将会愈发重要。

在本书的实际主题领域中，管理软件配置的重要性将是从硬件转移到软件过程中的下一个研究焦点。管理复杂性问题的一个有效的方式就是把服务器和系统的能力作为服务表示，把结构引入配置管理中。服务可以利用其他服务，链接到资源，支持对终端用户可见的功能。这种方法有助于服务的重用。服务具有一个与之相关的生命周期，与服务管理流程有关。在此基础上，服务建模中引入了两种重要的视角：服务拓扑和流程建模。我们从静态信息和流程开始回顾建模方法，注意，一些软件开发实践涉及了服务建模和服务管理，即使没有开发出实际的软件。

考虑到与服务建模的相关性，我们回顾了一些行业举措。包含了如 3GPP 和 IETF 这些标准团体，为服务的连接和服务的使用提供了架构和协议。3GPP 和开放移动联盟(Open Mobile Alliance，OMA)致力于服务运营的平台标准化，如 IMS 和 OMA 服务供应商环境这些例子。对象管理组织(Object Management Group，OMG)规定了统一建模语言(Unified Modelling Language，UML)和方法论建模。电气电子工程师协会(Institute of Electrical and Electronics Engineers，IEEE)描述了将在建模过程中遵循的架构实践。电信管理论坛(TeleManagement Forum)在流程和信息建模领域已经做了一些工作。不同的论坛在面向未来的研究项目中存在互动，如 EU FP6 项目和 WWRF。

接下来，我们总结了在一个通用范围内服务建模的一些关键要求。我们使用一些视角来组织关注和要求，使用了具有重要作用的利益相关者有关的视角。

管理运营框架为利益相关者之间的交互以及利益相关者内与服务管理有关的运营提供了一种框架。利益相关者之间的业务交易要求支配着服务生命周期。服务建模使利益相关者提高运作效率，同样在利益相关者之间相互交易中起到了重要作用。不同的服务生命周期运作能够与特定的角色或者任务设置相链接，并提供一种把服务生命周期映射到管理框架上的方法。作为服务模型的一部分，服务框架把一个服务的技术定义分解成一系列的实体以及它们的相互关系。我们对与终端用户服务联系起来的服务框架用例子进行了阐述。

我们回顾了大量的建模模式来阐明服务建模使用的问题，紧接着，对在一个特定的运营环境构建一个完整服务模型所需的步骤进行了讨论。使用与区分服务网络、移动网络和分布式网络有关的三个例子，来阐述和补充我们的服务建模模式。

在向基于能力表示为服务的架构迈进过程中，服务等级管理的重要性凸显出来了。当服务聚合的时候，不同层级的服务等级定义的重要性就更为突出。在分布式系统中，对服务功能之间连接的服务等级建模为我们展示了更前沿的观点。

11.1 未来的研究焦点

经过几年的缓慢发展之后，市场中的技术不断体现出多样性的特点。例如，效用计算和网格计算已经引起了大家的注意。尽管如此，在未来几年中，把已知的技术和理论范式以给终端用户带来增值的形式结合在一起，似乎是最重要的，至少是最有用的革新。这种形式可以在实际条款中解释给终端用户，但却没有增加服务使用的复杂性。

服务建模带来了更多可用的高级能力，但没有过分增加负责创建和运营服务的终端用户或者个人的工作难度。服务建模已经被连接和服务供应商用来推广新服务和新服务的管理。服务建模也可能使终端用户的生活更方便，但是目前还没有达到这样的水平。未来的内容敏感服务平台可以使用服务模型来减少终端用户服务的明显复杂性。正如早期的汽车紧接方向盘有一个点火调节器，但是这个功能在现代汽车里已经自动处理了。取而代之的是用户将得到更多有用的信息，例如，一个即将定期维护的提示。

让我们拭目以待吧！

附录 A

3GPP 承载的概念

在本文以下部分，我们将回顾第三代合作伙伴计划（Third Generation Partnership Project）（3GPP）承载的概念，以及它与服务质量提供的关系。这种关系的实际发生过程在细节上存在着微小的变化，但是我们在这里将会描述一种与 3GPP 第 5 版大致相对应的简化版。我们的描述基于（3GPP TS 23.107，2004）和（3GPP TS 23.207，2004）中对 3GPP 的描述。

3GPP 架构建立在终端用户与服务之间的端到端承载基础之上。这个架构被设计用来支持有着明确的服务质量要求和特征的不同服务，同时也用来支持多种服务的同时使用。

原则上来说，高层的 3GPP 架构也支持涉及移动网络外的信令的端到端协商。图 A.1 显示了 3GPP 高层参照图。实际上，承载相关的信令只发生在网络内，外部服务质量通过服务等级协议解决。

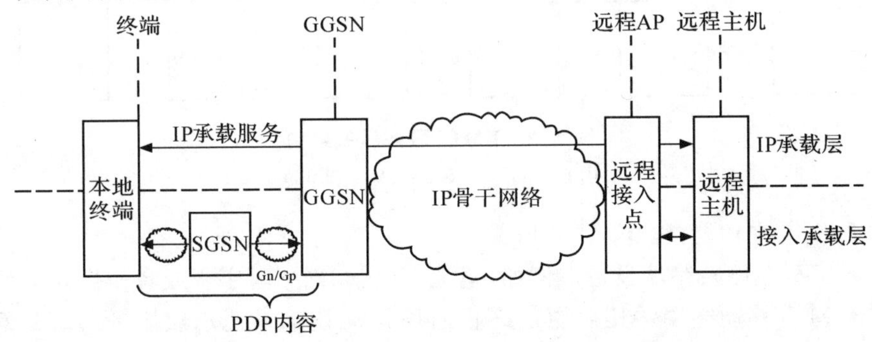

图 A.1　第三代合作伙伴计划（3GPP）服务质量（QoS）架构的高层次端对端参考模型

蜂窝域内的服务质量基于终端用户设备和网络之间的协商承载之上。当前这一标准的具体体现是：终端用户设备负责激活承载，可允许的承载参数范围由网络供应商提供。原则上来讲，提供可以在用户和服务粒度上执行，但是在实际执行当中，是针对一类服务和一群终端用户给出一个范围。

为了接入一个特定服务，可以激活一个新的承载，或者也可以通过修改一个现有的承载来使用一个服务。以后者用途来说，修改一个承载的属性是可行的。

值得一提的是，使用现有的承载可能会涉及多种不相关的服务流向同一承载的多路复用。

为了充分理解 3GPP 服务质量支持，有必要对 3GPP 服务质量架构有一个基本理解。因此，在对承载和服务提供进行讨论之前，我们将首先来回顾中心的架构概念。

1. 架构

图 A.2 显示了 3GPP 服务质量结构的顶层概念性图解。它由在架构中功能模块之间的承载分层组成。我们将在下文概括这些功能模块和承载，进而描述不同承载之间如何相互相关。

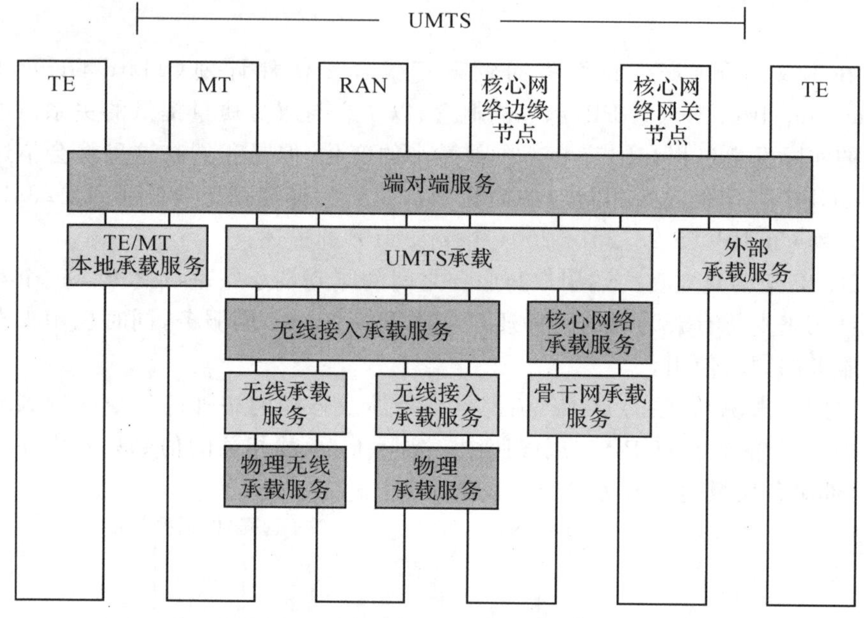

图 A.2　UMTS 服务质量架构

引自(3GPP TS 23.207，2004)

图 A.2 中功能模块介绍如下：

- TE(左侧)：终端设备。例如，笔记本电脑、网络写字板或者便携式电话。
- MT：移动终端。其功能是终止通用移动技术系统承载服务。MT 处理 UMTS 承载协商的一个终端。
- RAN：无线接入网络。其功能在于控制无线接口资源的访问，并处理大部分的移动性支持如基站之间的移交。
- 核心网络边缘节点：终端无线接入承载服务。实际上在当前架构中意味着服务网关 GPRS 支持节点
- 核心网络网关节点：网络中通用移动电话系统(UMTS)承载服务的端点。它是网络中 UMTS 承载协商的主要节点。事实上，GPRS 网关支持节点(GGSN)履行此项功能。

- TE(右侧):服务的另一个终端。

图 A.2 中顶端的横向实体是端到端服务,描述了终端用户和另一通信终端之间概念上的承载。它由三个低层的承载支持,分别叫做"TE/MT 本地承载服务"、"UMTS 承载服务"和"外部承载服务"。这种关系意味着低层的承载服务是以这样一种方式实例化的,即给使用它的高层承载服务产生出想要的属性。同样的方式,UMTS 承载服务由"无线接入承载服务"和"核心网络(CN)承载服务"支持,依次,它们可以根据低层承载来分析。最终,映射到提供足够服务质量支持的资源上。

我们不需要说明所有的承载,以目前的目标来看,已经足够理解该原则了。但是,我们将会研究一下第二层的承载,因为这里有某些重要方面与之相关。

UMTS 承载提供了服务质量的移动网络支持,它是一个实际协商的承载。为了达到充分的端到端服务质量,其余的承载也应该与端到端性能目标相匹配。尤其是,它与链接外部服务(或其他终端)的外部承载以及移动网络的连接相关。在实际执行当中,多重服务质量支持分类,可以与面向非蜂窝网络的差分服务和面向蜂窝网络的通用分组无线业务(GPRS)的漫游交换机制一起执行。由协商产生的 UMTS 承载被映射到一个适当的外部服务质量支持分类上。我们在这里不讨论本地 TE/MT 承载,因为它是典型的处于运营商控制范围之外的承载。

在下文中以两张图的形式,来展示 3GPP 架构文档提供的关于 UMTS 承载协商涉及的逻辑功能的一个总览。

图 A.3 显示了"控制层",或建立 UMTS 承载涉及的功能。每一个 UMTS 承载涉及的架构功能模块都与准入控制和承载服务管理器有关。从概念上来讲,多层承载与功能的一个管理器联系在一起,例如,UMTS 承载管理器与 RAB 管理器和核心网络承载管理器相连。这张图很好地描绘了 GGSN 在 UMTS 承载协商过程中的中心作用。

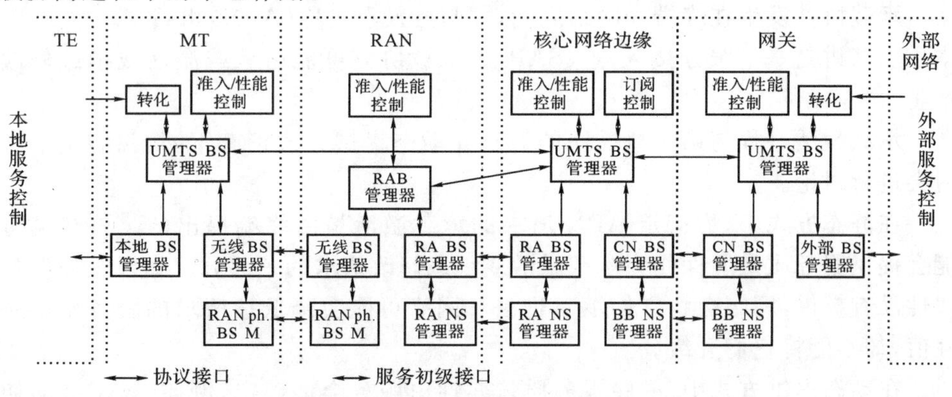

图 A.3 UMTS 承载的控制层功能

引自(3GPP TS 23.207, 2004)

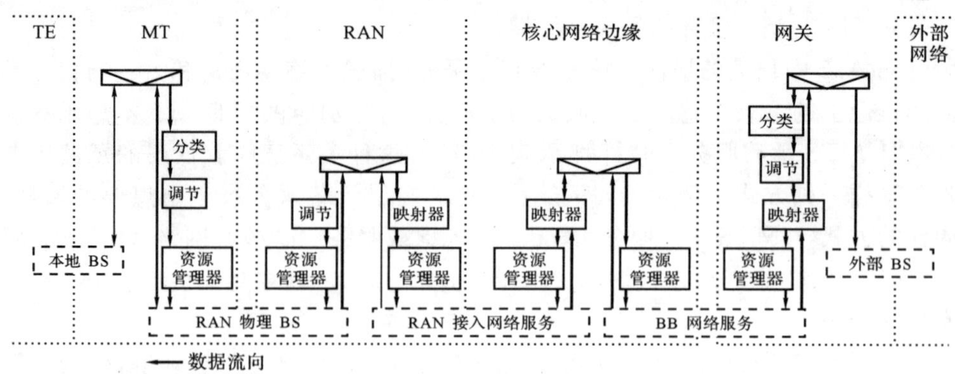

图 A.4 UMTS 承载的用户层功能

引自(3GPP TS 23.207，2004)

依次，图 A.4 描绘了属于 UMTS 承载的“用户层”功能，与遵照 UMTS 承载数据路径的处理分组相对应。这里，中心思想是在功能模块之间提供服务质量支持。在每一个模块内部，下面的操作可以应用于构成用户层传输的分组：

- 分类：为待处理的分组检测合适的服务质量支持。
- 调节：诸如为控制令牌桶参数所作的传输调整和/或缓冲操作的应用。
- 映射：把分组映射到与分类相对应的适当的传输聚合上。

资源管理器处理对传输资源的低层访问。在前文中我们提到过在因特网路由精神实质下的每一分组的运作，实际上，我们需要考虑流的方向。

正如我们在第 1 章讨论过的，我们可以对服务的静态和动态提供进行区分。3GPP 架构支持这两种方式，提供承载属性与服务使用会话动态链接的能力，如图 1.4 所示。

2. 承载协商

承载协商发生在终端和网络之间，并与接入点名称(APN)相关。一个 APN 本质上来讲是一个服务接入点 (SAP)。承载协商可能由承载激活或承载修改产生。

承载激活过程与第 1 章描述的静态和动态提供方式稍有不同，我们接下来将会进行讨论。

在静态方式中，为特定 APN 请求的承载激活是由终端提出的。该终端可能会提供服务质量属性作为承载激活或承载修改请求的一部分。如果服务质量属性没有提供，网络会将它们填写进去。网络可能会降低被请求的服务质量属性值，却不能将它们升级。

在动态提供方式中，一些服务质量属性由服务会话确定，例如，属于会话初始协议(SIP)多媒体会话的媒体流。在这个例子中，IP 多媒体子系统(IMS)提供了一个特殊的授权令牌作为承载激活请求的一部分。GGSN 用这个令牌来检查被请求的特性是否确实与会话参数相对应。

与承载可以相关的服务质量属性如表 A.1 所示。一些属性只与一些传输分类有关，正如表 A.1 中显示的那样。例如，保证类型的属性只与实时传输分类有关（会话和流媒体），因为它们需要持续的令牌率。交互式的传输分类适合于浏览，在标准化执行过程中并不提供带宽保证。在交互式分类中，提供传输处理优先权作为区分服务数据单元优先次序的手段。

表 A.1 3GPP 承载服务质量属性和它们与 4 种 3GPP 传输类型的关系

（会话的传输、流媒体传输、交互式传输和后台传输）

属性	会话类	流媒体类	交互类	后台类
最大比特率	X	X	X	X
交付状态(delivery order)	X	X	X	X
最大 SDU 大小	X	X	X	X
SDU 格式信息	X	X		
SDU 出错率	X	X	X	X
剩余比特差错率	X	X	X	X
错误 SDU 的交付	X	X	X	X
传输延迟	X	X		
授权比特率	X	X		
传输处理优先级			X	
分配/保持优先级	X	X	X	X
源统计描述符	X	X		
信令指示			X	

3. 服务供应

在第 1 章中已经描述过静态和动态提供方式。它们与 GGSN 中主要和次要 APNs 相对应。在下文中，我们将会集中讨论主要 APN 提供。

一个 APN 代表了一个网络运营商的提供点，考虑了服务分类有关的政策到 APN 映射的应用。最重要的政策之一是服务质量控制。在归属位置寄存器(Home Location Register，HLR)中的每一个 APN，给终端用户提供最高的服务质量等级。在承载协商的背景下，除了 APN 有关的最高服务质量之外，还要考虑资源可用性。除了服务质量，一个 APN 还可以与其他参数相关，包括安全隧道和 IP 隧道相关的参数。

对于网络运营商来说，APN 是影响服务质量和服务安全支持的主要手段。从基于 IP 的终端用户服务视角来看，它可以被看作是与逻辑的资源流程相关，并有着赋能者的特性。值得牢记的是，因特网接入也可以看作是面向产品服务。

附录 B 区分服务的服务等级协议概念

在本部分附录中，我们将会更加详细地描述在本书中用到的一些区分服务的服务等级协议相关的概念。我们会先从简短的区分服务入门开始讨论，进而描述区分服务的服务等级协议（Service Level Agreement，SLA）概念，最后来讨论逐域行为（Per-Domain Behaviours，PDBs）。区分服务的服务等级术语描述和PDB文本分别以（Grossman，2002）和（Nichols and Carpenter，2001）的研究为基础

1. 区分服务入门

区分服务是在网络域内提供统计服务质量支持的一种方法。它并没有假设服务质量支持沿着整个端到端传输链，也没有要服务质量支持的实例化。因此，在网络域内并不为特定的会话预留资源，通信终端也不需要专属功能。

在区分服务框架中，转发节点（路由器）被分成可以在网络的进口和出口提供特殊处理的边缘路由器和只用来进行转发的核心路由器。这个结构的基本原理的提出是基于这样一个事实，即典型的核心路由器聚合来自多路接入路由器的传输（很有可能在多个阶段中）。而相比于核心路由器，相对多数的接入路由器促使域边缘的操作复杂化。图 B.1 描述了一个区分服务域的概念结构。

对服务质量的需求源自于在力争更有效地使用网络资源时要同时为多种用户提供服务质量的需要。最简单但同时也是最高成本的解决方案是构建足够大的容量能力，使得不管多少传输量进入网络域，转发资源永远都不会饱和。区分服务方法通过权衡不同的传输流对服务质量有不同的要求这一事实，考虑到了对更小的安装基数的使用。图 B.2 提供了这样一个例子。

在图 B.2 的例子中，从用户 1 到用户 2 的传输横穿路由器 A、F、G 和 C。从用户 3 到用户 4 的传输横穿路由器 B、F、G 和 D。因此，F—G 连接表示这两个传输聚合之间的共享容量，并且在我们的例子中，路由器 F 向连接 F—G 的出口调度程序需要在这两个聚合之间分配连接。如果这两个传输聚合包含了更加急迫的传输流，就会以较高的优先级调度它们。这是区分服务以及其他区分转发框架的基本思想。

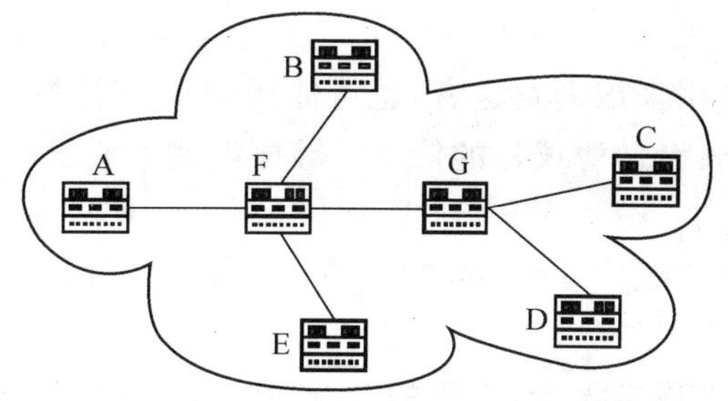

图 B.1　一个区分服务域的结构图解

（A～E 是边界路由器，F 和 G 是核心路由器）

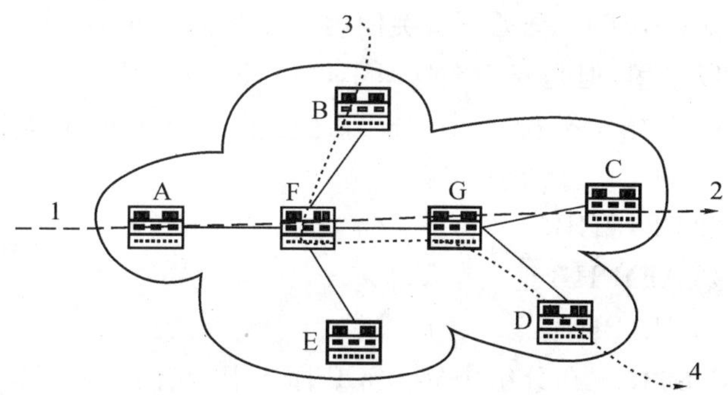

图 B.2　能力分享的实例

（用户 1、3 对用户 2、4 发送信息）

区分服务框架建立在对网络域边缘的传输进行分类和调节，以及在域内基于这些分类提供差别处理的基础之上。让我们接下来研究一下一个 IP 分组横穿区分服务网络域时所经历的不同阶段。在因特网世界里，区分服务是面向分组的而非面向会话的。

对这些阶段的大概叙述如下：

- 分类；
- 逐域行为 (PHB)分配；
- 入口调节；
- 转发；
- 出口调节。

下面我们来讨论这些不同的阶段：

分类是为区分服务域的分组分配服务质量支持的基础。分类可以遵照多种标准，如所讨论的服务或订户的类型。由于分类与流有关的协商无关，因此它基于 IP 分组头部的信息。可以用作分类基础的信息包含以下内容：

- 源 IP 地址；
- 目的 IP 地址；
- 区分服务标记字段(DSCP)；
- 协议号；

• 流标签(IPv6)。

源 IP 地址可以用来识别发送者，也可能用来识别服务。目的 IP 地址可以用来识别分组的接收者。协议号的信息能够提供关于第 4+层(L4+)协议和与之相关的服务的线索。分组的解密，同加密一样，都使这种方法的应用面临挑战。流标签仅在 IPv6 版本中支持，它提供了一种识别区分服务域中单个流的手段。

为了识别发送者或接收者，订购的有关 SLA 可以被用作分类决定的基础。运营商可以用服务有关的政策来强化关于可以使用的服务的信息。为了防止未经批准而使用资源，通常基于服务的政策需要用相关的订购认证来补充。有一些方法如 IP 电话(VoIP)、会话一有关网关以及类似于在 IP 多媒体子系统中使用的方法，都可以采用，但是我们在这里不再深入讨论。

基于分类，一个分组分配一个 PHB，区分服务标准框架描述了下面的一些 PHB：

• 加速转发(EF)PHB；
• 确保转发(AF)PHB 组；
• 尽力而为(BE)PHB。

被选中的 PHB 体现在分组中的 DSCP 标记上，我们会在下文中回顾它们在区分服务域内如何决定服务质量支持。在(Raisanen, 2003a)的例子中可以找到更多在细节方面的概括介绍。

加速转发意味着作为低损失、低延迟、保证带宽的端到端传输服务的积木使用。它适合那些有着严格的内在服务质量要求的服务，如 VoIP 媒体流。

确保转发 PHB 组有着至少 12 个变量，被组织成四个 AF 类别，每一种类别包含三个丢弃优先级。AF 类别意味着与传输转发资源的分配如单个路由器中的缓冲空间和出口接口连接能力联系在一起。所提供的这四个类别其本身并没有任何内在含义。丢弃优先级指出当发生缓冲空间不足时，首先丢弃一个 AF 类别中的哪一个分组。概括来说，转发类型可以与调度程序参数相关，优先级可以与缓冲管理参数相联系。

尽力而为(BE)PHB 并没有被定义有任何服务质量支持行为，它可以用来传输不属于其他 PHBs 的分组。

传输调节是一项操作，它在域入口和域出口都可以使用。在网络入口，传输调节的目的是减轻非期望发生的影响，如大量分组的丢失和/或消除传输抖动所带来的延迟时间的增加。用缓冲和包丢弃的方法所进行的传输调整适合这一目标。在网络出口，传输调节的目的是使传输方向朝向与相关的传输调节协议(TCAs)相符合的其他域。

以上所有的操作都在网络出口节点执行。在网络核心路由器中的传输转发建立在正常 IP 路由的基础上，这个正常 IP 路由是由与分组头部的 DSCP 符号检测到的与 PHB 相关的每一个节点操作来补充。区分服务框架并不对在核心路由器内部转发的实际执行进行定义，而是对所选择机制使用应该产生的效果进行描述。优先调度程序常常被用于 EF PHB 以及例如在加权公平队列中用于 AF PHB 组。如上所述，在丢弃优先管理需要用到缓冲管理算法。

标准的区分服务框架基于静态提供范例，分类、调节和转发配置都是在离线的情况下形成的。研究团体已经开发出动态提供方案，常常被称作带宽代理，以实例化的服务质量支持方案来补充静态区分服务方案。

传输供应商可能采用传输工程学方法来在区分服务域中提供额外的控制。例如，分组的路程可以由 MPLS 标签交换路径进行控制。传输可以映射到一个基于与区分服务相同的分类标准的 LSP 之上，因而也可以支持逐域行为有关的标签交换路径。相同终端之间的不同 LSPs 可以有不同的路由，除 PHB 有关的路由之外，例如也可以被用于弹性目的。

在例子(Raisanen, 2003a)中，我们可以找到更多有关带宽代理和传输工程学的信息。

我们接下来继续描述区分服务的 SLA 概念。

2. 区分服务的 SLA

区分服务的 SLA 是一组概念，描述的是在区分服务域中，SLAs 是如何被执行和使用的。区分服务的 SLA 框架包含以下概念：

- 服务等级协议(SLA)。
- 服务等级规范(SLS)。
- 传输调节协议(TCA)。
- 传输调节规范(TCS)。

接下来我们对这些概念进行解释。

一个 SLA 是一个在区分服务传输提供方和用户之间的服务契约，指定授权给用户的转发服务。

服务等级规范是一组技术参数，提供关于在区分服务域内转发服务的详细信息。SLS 可能包含与传输聚合相关的 PDB 定义。

传输调节协议描述了分类规则以及与传输概况有关的度量、标记、丢弃和调整规则。

传输调节规范包含与传输调节相关的技术参数。

一个 SLA 一般都包含与应用、监督和报告有关的不同部分，这些我们在这里不进行介绍。读者如需要了解更多的信息可以参考 Raisanen(2003a)的例子。

3. 逐域行为

前面我们已经讨论过区分服务是基于统计的静态服务质量支持，由分配给待处理的传输的 PHB 决定。区分服务域对于终端点对点服务质量的作用受到以下因素影响：

- 域内参数：分类的配置、调节、PHB 分配和传输的转发。
- 用户传输的特征。

• 其他共享传输聚合的传输。

在对区分服务基本原理进行描述后，就应该能清楚地了解域内参数影响每域服务质量支持的原因了。

进入到区分服务域的用户传输特征决定了在网络入口对它应用的调节，并潜在地影响了每域性能。

其他共享聚合的用户传输影响到单个核心网络路由中的转发。

传输调节协议阐明了第二个因素的作用效果，用户不需要知道与第一个和第三个因素有关的细节，但是却需要知道它自己传输的网络结果。为了满足这一需要，提出了区分服务逐域行为(PDBs)的定义。

一个 PDB 描述了在区分服务域中可确认的一组分组所经历的、边对边的预期处理措施。为了提高有用性，PDB 必须以可度量实体的方式来描述预期的处理措施。与 PDBs 相关的典型特征包括丢包率和延迟。正常情况下这些特征是用统计学陈述语来描述的，如“99%的分组”。该 PDBs 可以从网络方面来定义，也可以从接入服务提供点(Points of Presence，PoP)间来定义。

既然 PDB 本质上是按度量方法来描述的，那么在度量特征时所采用的方法论就非常重要。所要考虑的问题包括：度量方法(主动的或被动的)、采样方法、单个度量长度。因特网工程 IP 性能度量工作组开发出一种度量框架，以及在该环境下的可能最行之有效的一套度量方法。采样法可以为异类的混合传输提供最通用的结果，然而定期的度量可以为特定的应用(如 IP 电话)产生出主要的信息。

参考文献

[1] 3GPP TS 23.107, *Quality of Service* (*QoS*) *Concept and Architecture*, version 5.13, December 2004.

[2] 3GPP TS 23.207, *End-to-end Quality of Service* (*QoS*) *Concept and Architecture*, version 5.9, December 2004.

[3] A conversation with Roger Sessions and Terry Coatta, *ACM Queue* **3**, issue 7, p. 16ff., 2005.

[4] Aftelak A., Häyrynen A., Klemettinen M., and Steglich S., *MobiLife*: *applications and services for the user-centric wireless world*, IST Mobile and Wireless Communications Summit 2004, Lyon, France.

[5] Ahmavaara K., Haverinen H., and Pichna R., Interworking architecture between 3GPP and WLAN systems, *IEEE Communications Magazine* **41**, p. 74 ff., 2003.

[6] Ambient: please see project home page at http://www.ambient-networks.org, February 2006.

[7] Armitage G., *Quality of Service in IP networks*, MacMillan Technical Publishing, Indianapolis, USA, 2000.

[8] Berners-Lee T., Hendler J., and Lassila O., *The Semantic Web*, Scientific American, 2001.

[9] Black D., Blake S., Carlson M., Davies E., Wang Z., and Weiss W., *An Architecture for Differentiated Services*, RFC 2475, IETF, December 1998.

[10] Bouch A., Sasse M., DeMeer H., Of packets and people: a user-centered approach to Quality of Service, *Proceedings of the IWQoS'00*, IEEE, Pittsburgh, USA, June 2000.

[11] Braden R., Clark D., and Shenker S., *Integrated Services in the Internet Architecture*: *An Overview*, RFC 1633, IETF, June 1994.

[12] Brereton P., The software customer/supplier relationship, *Communications of the ACM* **47**, p. 77 ff., February 2004.

[13] *cdma2000 Evaluation Methodology*, revision 0, version 1.0, C. R1002-0, 3GPP2, December 2004.

[14] Churchill E., Girgensohn A., Nelson L., and Lee A., Blending digital and physical spaces for ubiquitous community participation, *Communications of the ACM* **47**, p. 39 ff., February 2004.

[15] *Common Object Request Broker Architecture*: *Core Specification*, OMG, March 2004.

[16] Cortese G., Fiutem R., Cremonese P., D'Antonio S., Esposito M., Romano S. P., and Diaconescu A., Cadenus: creation and deployment of end-user services in premium IP networks, *IEEE Communications Magazine* **41**, p. 54 ff., 2003.

[17] *DAML-S: Semantic Markup for Web Services*, version 0.9, the DAML services coalition, DARPA, May 2003.

[18] Davies N., Fensel D., and Richardson M., The future of web services, *BT Technology Journal* **22**, p. 118 ff., January 2004.

[19] de Marca J., Tafazolli R., and Uusitalo M., WWRF visions and research challenges for future wireless world, a series of articles within *IEEE Communications Magazine* **42**, 2004.

[20] E2R: please see project web site at http://e2r.motlabs.com, February 2006.

[21] ETSI, *End-to-end Quality of Service in TIPHON Systems, Part 2: Definition of Speech Quality of Service (QoS) Classes*, TS/TIPHON 101329-2, 2000.

[22] *Enhanced Telecom Operations Map (eTOM)*, version 4.5, GB 921, TMF, December 2004.

[23] *eTOM Application Note V: an Interim View of an Interpreter's Guide for eTOM and ITIL Practitioners*, GB 921V, TMF, February 2005.

[24] Ferguson D., Sairamesh J., and Feldman S., Open frameworks for information cities, *Communications of the ACM* **47**, p. 45 ff., February 2004.

[25] Foster I., Service-oriented science, *Science* **308**, p. 814 ff., 2005.

[26] Gamma E., Helm R., Johnson R., and Vlissides J., *Design Patterns — Elements of Reusable Object-Oriented Software*, Addison-Wesley, Indianapolis, USA, 2004.

[27] Goldstein H., Who killed the virtual case file? *IEEE Spectrum*, September issue, **42**, p. 18 ff., 2005.

[28] Grossman D., *New Terminology and Clarifications for DiffServ*, RFC 3260, IETF, April 2002.

[29] Halonen T., Romero J., and Melero J., *GSM, GPRS, and EDGE Performance — Evolution Towards 3G/UMTS*, John Wiley & Sons, Chichester, England, 2003.

[30] Handley M., Schulzrinne H., Schooler E., and Rosenberg J., *SIP: Session Initiation Protocol*, RFC 2543, IETF, March 1999.

[31] Heckmann O., Rohmer F., and Schnitt J., *The token bucket allocation and reallocation problem*, http://www.kom.e-technik.tu-darmstad.de/publications/abstracts/HRS01-1.html, 2002.

[32] Henderson-Sellers B., Understanding metamodelling, in *Proc. ER2003*, Chicago, USA, October 2003. Homepage at http://www.er.byu.edu/er2003/.

[33] Hill J., A management platform for commercial web services, *BT Technology Journal* **22**, January 2004.

[34] Hollander A., Denna E., and Cherrington J., *Accounting Information Technology, and Business Solutions*, McGraw Hill, Singapore, 2000.

[35] Hollingsworth D., *The Workflow Reference Model*, TC00-1003, Workflow Management Coalition, 1995.

[36] *IEEE Recommended Practice for Architectural Description of Software-Intensive Systems*, IEEE *standard* 1471-2000, 2000.

[37] *Introductory Overview of ITIL*, http://www.itsmf.com, itSMF, 2004.

[38] ITU-T Recommendation Y. 110, *Global Information Infrastructure Principles and Framework Architecture*, June 1998.

[39] ITU-T Recommendation G. 109, *Definition of Categories of Speech Transmission Quality*, September 1999.

[40] ITU-T Recommendation G. 1000, *Communications Quality of Service: A Framework and Definitions*, November 2001.

[41] ITU-T Recommendation G. 1010, *End-user Multimedia QoS Categories*, November 2001.

[42] ITU-T Recommendation G. 809, *Functional Architecture of Connectionless Layer Networks*, March 2003.

[43] Jones S., Toward an acceptable definition of service, *IEEE Software* **22**, p. 87 ff., 2005.

[44] Kelly F., Models for self-managed Internet, *Philosophical Transactions of the Royal Society* **A358**, p. 2335 ff., 2000.

[45] Kilkki K., *Differentiated Services for the Internet*, MacMillan Technical Publishing, Indianapolis, 1999.

[46] Klemm A., Lindemann C., and Lohmann M., Traffic modelling and characterization for UMTS networks, *Proceedings of the GLOBECOM'01*, IEEE, 2001.

[47] Koivukoski U. and Räisänen V. (editors), *Managing Mobile Services- Technologies and Business Practices*, John Wiley & Sons, Chichester, England, 2005.

[48] Koodli R. and Puuskari M., Supporting packet-based data QoS in next-generation cellular networks, *IEEE Communications Magazine* **39**, p. 180 ff., February 2001.

[49] Laiho J. and Acker W. (editors), *WCDMA for UMTS*, 2nd edition, John Wiley & Sons, Chichester, England, September 2005.

[50] Lakaniemi A., Rosti J., and Räisänen V., Subjective VoIP speech quality evaluation based on network measurements, *Proceedings of the ICC' 01*, IEEE, Helsinki, Finland, 2001.

[51] Lassila O. and Dixit S., Simple approach to automatic service substitution, in *Proc. AAAI Spring Symposium on Web Services*, Stanford, USA, 2004.

[52] Leung K., Massey W., and Whitt W., Traffic models for wireless communications networks, *IEEE Journal on Selected Areas of Communications* **12**, p. 1353 ff., 1994.

[53] Liberty: please see web site at http://www.projectliberty.org, February 2006.

[54] Martin-Flatin J-P., Srivastava D., and Westerinen A., Iterative multi-tier management information modelling, *IEEE Communications Magazine* **41**, p. 92 ff, December 2003.

[55] Mayer R. E., Models for understanding, *Review of Educational Research* **59**, p. 43 ff., 1989.

[56] McDysan D., *QoS and Traffic Management in IP and ATM Networks*, McGraw Hill, New York, USA, 2000.

[57] *Meta Object Facility (MOF) Specification*, version 1.3, OMG, March 2000.

[58] Miller J. and Mukerji J. (editors), *MDA Guide*, version 1.0.1, OMG, June 2003.

[59] MobiLife: please see project home page at http://www.ist-mobilife.org, February 2006.

[60] Mockford K., Web services architecture, *BT Technology Journal* **22**, January 2004.

[61] *MOF 2.0 IDL Specification*, OMG, July 2001.

[62] Nichols K. and Carpenter B., *Definition of Differentiated Services Per-Domain Behaviours and Rules for Their Specification*, RFC 3086, IETF, April 2001.

[63] OASIS: please see home page at http://www.oasis-open.org, February 2006.

[64] *Service Oriented Architecture Reference Model*, working draft 07, OASIS, May 2005.

[65] *The NGOSS Lifecycle and Methodology*, version 1.3, TMF, November 2004.

[66] *The NGOSS Technology-Neutral Architecture*, version 4.1, TMF, August 2004.

[67] *The Oxford English Reference Dictionary*, Oxford University Press, Oxford, England, 1995.

[68] *The Workflow Reference Model*, issue 1.1, WfMC, January 1995.

[69] Object Management Group: please see website at http://www.omg.org, February 2006.

[70] *OSS through Java as an implementation of NGOSS — a White Paper*, TMF and OSS/J, April 2004.

[71] Padhye J., Firoiu V., Towsley D., and Kurose J., Modeling TCP Reno performance, *IEEE/ACM Transactions in Networking* **8**, p. 133 ff., 2000.

[72] Papazoglou M. P. and Georgapoulos D., Service-oriented computing, *Communications of the ACM* **46**, p. 25 ff., October 2003.

[73] Parsons J., An information model based on classification theory, *Management Science* **42**, p. 1437 ff., 1996.

[74] *Personal router whitepaper*, http://wireless.ittoolbox.com/documents/academicarticles/the-personal- router-whitepaper-1395, February 2006.

[75] Poikselkä M., Mayer G., Khartabil H., and Niemi A., *The IMS-IP Multimedia Concepts and Services in the Mobile Domain*, John Wiley & Sons, Chichester, England, 2004.

[76] Räisänen V., *Implementing Service Quality in IP Networks*, John Wiley & Sons, Chichester, England, 2003a.

[77] Räisänen V., On end-to-end analysis of packet loss, *Computer Communications* **26**, p. 1693 ff., 2003b.

[78] Räisänen V., Service quality support — an overview, *Computer Communications* **24**, p. 1539 ff., 2004.

[79] Räisänen V., *A framework for service quality management*, submitted, 2005.

[80] Räisänen V., Kellerer W., H¨olttä P., Karasti O., and Heikkinen S., *Service management evolution*, in *Proceedings of IST summit*, Dresden, Germany, June 2005.

[81] Ruutu J. and Kilkki K., Simple integrated media access - a comprehensive service for the future Internet, in *Proc. IFIP Performance and Communication Systems*, Lund, Sweden, May 1998.

[82] Schneier B. , *Applied Cryptography*, John Wiley & Sons, New York, USA, 1996.

[83] Semret N. , Liao R. R-F. , Campbell A. T. , and Lazar A. A. , Pricing provisioning and peering dynamic markets for differentiated Internet services and implications for network interconnections, *IEEE Journal of Selected Areas of Communications* **18**, p. 2499 ff. , 2000.

[84] *Service Framework*, GB 924, version 1. 9, TMF, December 2004.

[85] *Services Over IP Business Requirements*, version 1. 2, TMF, March 2005.

[86] *Shared Information/Data (SID) Model*, version 4. 5, TMF 516, TMF, November 2004.

[87] *SLA Management Handbook*, version 1. 5, GB 917, TMF, June 2001.

[88] Strostroup B. , *C++ Programming Language*, 3rd edition, Addison-Wesley, Reading, USA, 1997.

[89] Tafazolli R. (editor), *Technologies for the Wireless Future*, John Wiley & Sons, Chichester, England, 2004.

[90] TMF: please see TMF website at http://www. tmforum. org, February 2006.

[91] UMA: please see UMA website at http://www. umatechnology. org, February 2006.

[92] *Unified Modelling Language Specification*, version 1. 5, OMG, March 2003.

[93] W3C: please see home page at http://www. w3c. org, February 2006.

[94] WfMC: please see coalition home page at http://www. wfmc. org, February 2006.

[95] WINNER: please see project home page at http://www. ist-winner. org, February 2006.

[96] *Wireless Service Measurements Handbook*, version 3. 0, GB923, TMF, March 2004.

[97] WS-I: please see home page at http://www. WS-i. org, February 2006.

[98] WWRF: please see project home page at http://www. wireless-world-research. org, February 2006.

[99] *XML Metadata Interchange (XMI) Specification*, version 2. 0, OMG, May 2002.

[100] Zuidweg M. , Filho J. G. P. , and van Sinderen M. , Using P3P in web services-based context-aware application platform, in *Proc. W3C Workshop on the Long Term Future of P3P and Enterprise Privacy Languages 2003*, Kiel, Germany, 2003.

缩写词

3G	Third Generation：第三代
3GPP	Third Generation Partnership Project:第三代通用伙伴关系计划
3NF	Third Normal Form:第三范式
5NF	Fifth Normal Form:第五范式
ADSL	Asymmetric Digital Subscriber Line:非对称数字用户线
AF	Assured Forwarding:确保转发
AI	Artificial Intelligence:人工智能
ASIC	Application-Specific Integrated Circuit:应用有关的集成电路
B3G	Beyond 3G:后 3G
BCP	Best Current Practices:最佳当前实践
BE	Best Effort:尽力而为
BNF	Backus-Naur Form:巴克斯范式
BPEL[4WS]	Business Process Execution Language [for Web Services]:业务流程执行语言
BPMI	Business Process Management Initiative:业务流程管理计划
BPMN	Business Process Modeling Notation:业务流程建模符号
BPSM	Business Process Semantic Model:业务流程语义模型
BSC	Base Station Controller:基站控制器
BSS	Business Support System:业务支持系统
BTS	Base Transceiver Station:信号收发基站
CBE	Component-Based Engineering:基于组件的工程
CBE	Core Business Entity (OSS/J):核心业务实体
CFS	Customer-Facing Service:面向客户服务
CIM	Computation Independent Model:计算无关模型
CORBA	Common Object Request Broker Architecture:公共对象请求中间商体系
COTS	Commercial, Off-The-Shelf:现成商品
CPU	Central Processing Unit:中央处理单元
CRM	Customer Relationship Management:客户关系管理
DiffServ	Differentiated Services:区分服务
DAML	DARPA Agent Markup Language:DARPA 代理标识语言
DARPA	Defence Advanced Research Projects Agency:美国国防高级研究计划署
DEN	Directory Enabled Networking:目录激活网络

DEN-ng DEN new generation:新一代 DEN
DMTF Distributed Management Task Force:分布式管理任务组
DNS Domain Name System:域名系统
DoS Denial of Service:拒绝服务
DRM Digital Rights Management:数字版权管理
DSCP DiffServ Code Point:区分服务代码点
DVB-H Digital Video Broadcasting for Handhelds:手持数字视频广播
EBNF Extended BNF:扩展的巴科斯范式
EDW Enterprise Data Warehousing:企业数据仓库
EF Expedited Forwarding:加速转发
ER Entity/Relationship (Model):实体关系模型
eTOM Enhanced Telecom Operations Map:增强电信运营图
EU European Union:欧盟
FCC Federal Communications Commission:联邦通信委员会
FMC Fixed-Mobile Convergence:固定移动融合
FP6 Sixth Framework Programme:第六个框架计划
GAA Generic Authentication Architecture:通用认证架构
GGSN GPRS Gateway Support Node:GPRS 网关支持节点
GPRS General Packet Radio Services:通用分组无线业务
GUI Graphical User Interface:图形用户接口
HLR Home Location Register:归属位置寄存器
HSDPA High-Speed Downlink Packet Access:高速下行链路分组接入
HSPA High-Speed Packet Access:高速分组接入
HSUPA High-Speed Uplink Packet Access:高速上行链路分组接入
HTTP Hyper Text Transfer Protocol:超文本传输协议
IDL Interface Description Language:接口描述语言
IdP Identity Provider:身份供应商
IEEE Institute for Electrical and Electronics Engineers:电气电子工程师协会
IETF Internet Engineering Task Force:因特网工程任务组
IM Instant Messaging:即时通讯
IP Internet Protocol:因特网协议
IPv6 IP version 6:IPv6
IMS IP Multimedia Subsystem:IP 多媒体子系统
IMSI International Mobile Subscriber Identity:国际移动用户识别(码)
IPPM IP Performance Measurement:IP 性能度量
ISO International Standardization Organisation:国际标准化组织
IT Information Technology:信息技术
itSMF IT Service Management Forum:IT 服务管理论坛
ITIL IT Infrastructure Library:IT 基础设施库
ITU International Telecommunications Union:国际电信联盟
KQI Key Quality Indicator:主要质量指标

KPI	Key Performance Indicator：主要性能指标
LAN	Local Area Network：局域网
LBS	Location-Based Services：基于位置的服务
MDA	Model Driven Architecture：模型驱动架构
MPLS	Multi-Protocol Label Switching：多协议标签交换
MVC	Model/View/Controller：模型/视图/控制器
MVNO	Mobile Virtual Network Operator：移动虚拟网络运营商
N/A	Not Applicable：不适用
NAT	Network Address Translation：网络地址转换
NF	Normal Form：正则形式
NFC	Near Field Communications：近距离通信
NGN	Next Generation Networks：下一代网络
NGOSS	New Generation OSS：新一代 OSS
Node B	base station in WCDMA networks：WCDMA 网络基站
OBSAI	Open Base Station Architecture Initiative：开放式基站架构计划
OCL	Object Constraint Language：对象约束语言
OMA	Open Mobile Alliance：开放移动联盟
OMG	Object Management Group：对象管理组
OOM	Object-Oriented Modeling：面向对象建模
OOP	Object-Oriented Programming：面向对象编程
ORB	Object Request Broker：对象请求中间商
OSE	OMA Service Environment：OMA 业务环境
OSI	Open Systems Interconnect：开放系统互联
OSPE	OMA Service Provider Environment：OMA 业务供应商环境
OSS	Operations Support System：运营支撑系统
OSS/J	OSS through Java (TM)：基于 Java 的 OSS
OWL	Web Ontology Language：Web 本体语言
P2P	Peer-to-Peer：点对点
PBM	Policy-Based Management：基于策略的管理
PDB	Per-Domain Behaviour：逐域行为
PDF	Policy Decision Function：决策功能
PDM	Product Data Modeling：产品数据模型
PDP	Packet Data Protocol：分组数据协议
PIN	Personal Identification Number：个人识别码
PLM	Product Life cycle Management：产品生命周期管理
PLMN	Public Land Mobile Network：公共陆地移动网络
PMNO	Physical Mobile Network Operator：物理移动网络运营商
PoP	Point of Presence：接入服务提供点
PSTN	Public Switched Telephony Network：公共交换电话网
PTT	Push-to-Talk：一键通
QoS	Quality of Service：服务质量

R6	Release 6：版本 6
RDF	Resource Description Framework：资源描述框架
RFS	Resource-Facing Service：面向资源服务
RMI	Remote Method Invocation：远程方法调用
RNC	Radio Network Controller：无线网络控制器
RTCP	Real-Time Control Protocol：实时控制协议
SAP	Service Access Point：服务接入点
SDP	Session Description Protocol：会话描述协议
SDR	Software Defined Radio：软件无线电
SDU	Service Data Unit：服务数据单元
SFT	Service Framework Team：服务框架组
SGSN	Service Gateway GPRS Support Node：服务网关 GPRS 支持节点
SID	Shared Information/Data [model]：共享信息/数据模型
SIP	Session Initiation Protocol：会话初始协议
SLA	Service Level Agreement：服务等级协议
SLO	Service Level Objective：服务等级期望
SLS	Service Level Specification：服务等级规范
SMF	Service Modeling Framework：服务建模框架
SoA	Service-Oriented Architectures：面向服务架构
SOAP	Simple Object Access Protocol：简单对象访问协议
SoIP	Services over IP：IP 服务
SSE	Software Service Engineering：软件服务工程
SSO	Single Sign-On：单点登录
TCA	Traffic Conditioning Agreement：传输调节协议
TCP	Transmission Control Protocol：传输控制协议
TCS	Traffic Conditioning Specification：传输调节规范
THP	Traffic Handling Priority：流量处理优先级
TMF	TeleManagement Forum：电信管理论坛
TNA	Technology-Neutral Architecture：技术中立架构
UCD	User-Centred Design：以用户为中心设计
UDDI	Universal Description, Discovery, and Integration：统一描述、发现、集成
UMA	Unlicensed Mobile Access：非授权移动接入
UML	Unified Modeling Language：统一建模语言
UMTS	Universal Mobile Telephony System：通用移动电信系统
UWB	Ultra-Wide Band：超宽带
VoIP	Voice over IP：IP 电话
VPN	Virtual Private Network：虚拟专用网
W3C	World Wide Web Consortium：万维网联盟
WCDMA	Wideband Code Division Multiple Access：宽带码分多址
WfMC	Workflow Management Coalition：工作流管理联盟
WLAN	Wireless Local Area Network：无线局域网

WP	Work Package：工作分组
WSDL	Web Service Description Language：Web 服务描述语言
WFQ	Weighted Fair Queuing：加权公平队列
WS-I	Web Services Interoperability Organisation：Web 服务互操作组织
WSI	Web Services Interfaces：Web 服务接口
WSMF	Web Service Modeling Framework：Web 服务建模框架
WSMT	Wireless Services Measurement Team：无线服务度量队
WWI	Wireless World Initiative：无线世界倡议
WWRF	Wireless World Research Forum：无线世界研究论坛
XMI	XML Metadata Interchange：XML 元数据交换
XML	eXtensible Mark-up Language：可扩展标记语言
XOR	eXclusive OR：异或
XP	Extreme Programming：极限编程

常用词语对照

A

Abstract services	抽象服务
Access technologies	接入技术
Action	行为、行动
Actor	参与者
Ad hoc	无线自组织
Agility	敏捷
Aggregation/ Aggregate	聚合
Aggregator	聚集
Aggregate Service	聚合服务
Agreement	协议
Always on	永远在线
Arrangement	安排
Architecture	架构
Assurance	保证
Augmented telephony	扩音电话
Authorization	授权
Authentication	认证
Automating service usage	自动化服务使用
Availability	可用性

B

Background-like	类似后台
Back-pressure	背压
Background data transfer	后台数据传输
Bearer	承载
Be associated with	与…相关
Best-effort	尽力而为
Big picture	大图景
Broker	中间商
Budget	预算

Building blocks	积木
Bulk data transfer	桶数据传输
Business	业务
Business Entity	业务实体
Business management	业务管理
Business models	业务模型
Business process	业务流程
Business to Business	企业到企业

C

Capacity management	能力管理
Cellular	蜂窝
Cellular network	蜂窝网络
Charging	计费
Charging mode	计费方式
Choreography	编排
Cluster	簇
Cluster head	簇头
Cluster member	簇成员
Coherence	一致性
Conceptually	概念性
Communications bearer	通信承载
Completeness	完全性
Conciseness	简洁性
Concreteness	具体性
Consideration	体谅
Concern	关注
Confidentiality	保密性
Conferencing	会议
Configuration	配置
Connectivity provider	连接供应商
Connectionless bearers	无连接承载
Constituent	要素
Constituent service	要素服务
Context	环境，内容
Context broker	内容中介商
Control signaling	控制信令
Convergence	汇聚
Copetition	竞合
Correctness	正确性
Customer-facing service(CFS)	面向客户服务

D

Data collection	数据收集
Delay variation	延迟抖动
Delivery	交付,传递
Denial of Service (DoS)	拒绝服务
Dependency	依赖(关系)
Deeper integration	深度融合
Deployment	部署
Designed(service quality requirement)	设计型的(服务质量要求)
Diagrams	图表
DiffServe	区分服务
Directed	有向的
Disparate information model	异类的信息模型
Distribution	分布
Distributed Service	分布式服务
Domain-Specific	域有关的
Domain-Specific requirements	域有关的要求
Wide-area connectivity	广域连接
Downlink	下行
Driver	驱动力
Dynamic View	动态视图

E

Element	元素、网元、元件
Element management	网元管理
Elementary service	基本服务
Emerging Technologies	新兴技术
Endpoint	端点
End-to-end	端到端
End-to-end requirement	端到端要求
End-user	终端用户
End-user preferences	终端用户偏好
End-user service	终端用户服务
Enabler	赋能者
Enabler provider	赋能供应商
Entity	实体
Existing Framework	现有框架
Explicit agreement	明式协议

F

Failover support	故障支持
Fixed-Mobile Convergence (FMC)	固定一移动融合

Flat rate charging	统一费用收费
Flow	流
Framework	框架
Full-duplex	全双工
Push mail	随身电邮

G

General	通用的
Generalisation	通用化

H

Hard-wired meta-model	硬连线元模型

I

Identity federation	身份联邦
Implicit terms	默式条款
Inherent service quality requirement	内在的服务质量要求
Industry forum	行业论坛
Industry Initiatives	行业举措
Inference engine	推理引擎
Infrastructure	基础设施
Installed bases	安装基数
Instantiation	实例化
Interactive data transfer	交互式数据传输
Interface	接口
Interfacing	接口连接
Integrity	完整性
Integration	整合，一体化
Interoperability	互操作性
Inter-relations	相互关系

L

Law of Demeter	笛米特法则
Lean processes	精益流程
Level	等级/层
Link. n，linkage	连接
Linking，link. v	链接
Life cycle	生命周期

M

Mass market product	大众市场产品
Managed service	托管服务
Media stream	媒体流
Messaging	消息

Metadata	元数据
Metrics	量制
Miscellaneous patterns	杂类模式
Mobile bearer	移动承载
Mobility	移动性
Mode	方式
Model	模型
Modeling	建模
Meta-model	元模型
Meta-modeling	元建模
Meta-Object Facility	元对象设施
Monolithic service	一体化服务
Multiple access technologies	多路接入技术
Multi-vendor	多厂商

N

Negotiation	协商
News video clips	新闻影音剪辑
Non-managed service	非托管服务
Non-repudiation	不可抵赖
Note	注解

O

Ontology	本体
Operate, operation, operational	运作,运营,操作
Operator	运营商
Over-provisioning	超量提供

P

Packet	分组,包
IP Packet	IP 分组
Packet-based services	基于分组服务
Packet prioritization	包优先
Packet loss	丢包率
Packaging	包装
Partner-related processes	合伙人相关的流程
Paradigm	范例
Primary cluster head	主要簇头
Party	参与方
Pattern	模式
Peer-to-peer service	点对点服务
Per-hop behavior(PHB)	逐跳行为
Policy	政策

Portal	门户
Portal service	门户服务
Preferences	偏好
Presence	出席
Product offering	产品出售
Profile	概况
Prose	文字
Primary support	主要支持
Privacy	隐私
Process	流程
Product-facing service	面向产品服务
Provision	供应
Provisioning	提供

R

Request and reply temporally correlated	请求与应答时序相关
Relating to, related to	与…有关
Repository	知识库
Require	要求,需要
Requirement	要求,需求
Requirement specification	要求说明
Reseller	经销商
Resilience	弹性
Resource-facing service(FRS)	面向资源服务
Resource-related processes	资源相关的流程
Role	角色,作用
Router	路由器
Rule-based programming	基于规则的编程

S

Scheduling	调度
Secondary cluster head	次要簇头
Security level	安全等级
Scenario	情景
Semiformal	半形式化
Session	会话
Set-up	结构,建立
Service components	服务组件
Service composition	服务组合
Service choreography	服务编排
Service functionality	服务功能
Service granularity	服务粒度

Service Level Agreement(SLA)	服务等级协议
Service Level Impact(SLI)	服务等级影响
Service Level Objective(SLO)	服务等级期望
Service Level Specification(SLS)	服务等级规范
Service Event	服务事件
Service Event Type	服务事件类型
Service Level Definition(SLD)	服务等级定义
Service ontology	服务本体
Service package	服务包
Service Portfolio Management	服务组合管理
Service provider	服务供应商
Service provisioning	服务提供
Service Quality Framework	服务质量框架
Service quality levels	服务质量等级
Service quality support allocation	服务质量支持分配
Service quality support management	服务质量支持管理
Service inventories	服务目录
Service-related processes	服务相关的流程
Service Subcontracting	服务转包
Service topology	服务拓扑
Service usage experience	服务使用体验
Service Variant	服务派生
Silo-word	筒仓世界
Specification	规范,说明
Stakeholder	利益相关者
Static View	静态视图
Streamlining	精简
Streamlining operation	简化操作
Streaming/stream/streamed	流媒体
Subcontractor	下级承包商
Subscriber	订户
Subscriber profile	订户概况

T

Tailored product	定制产品
Traffic Conditioning Agreement(TCA)	传输调节协议
Traffic Conditioning Specification(TCS)	传输调节规范
Traffic profiles	传输概况
Throughput	吞吐量
Trust	信任

U

Usage scenario	使用情景

Usability	可用性
Use case	用例
Uplink	上行
Utility computing	效用计算

V

Vicinity information	邻近信息
View	视图，看法
Viewpoint	观点，角度，视角
Volume	容量

W

Well-defined	良定义
Workflow	工作流
Working memory	工作记忆